大手ゼネコンは業績急回復するも人手不足が深刻化！

視点❶ 大手ゼネコンの業績が回復

大手ゼネコンの業績が急回復し、特に2015年度以降は、利益額が大きく伸びています。建設工事の増加により、安値受注・不採算工事がなくなったことが要因です。一方、建設業の人手不足が深刻化しています。高齢化と若手入職者の減少、そして他産業に比べて定着率が低いことが原因です。

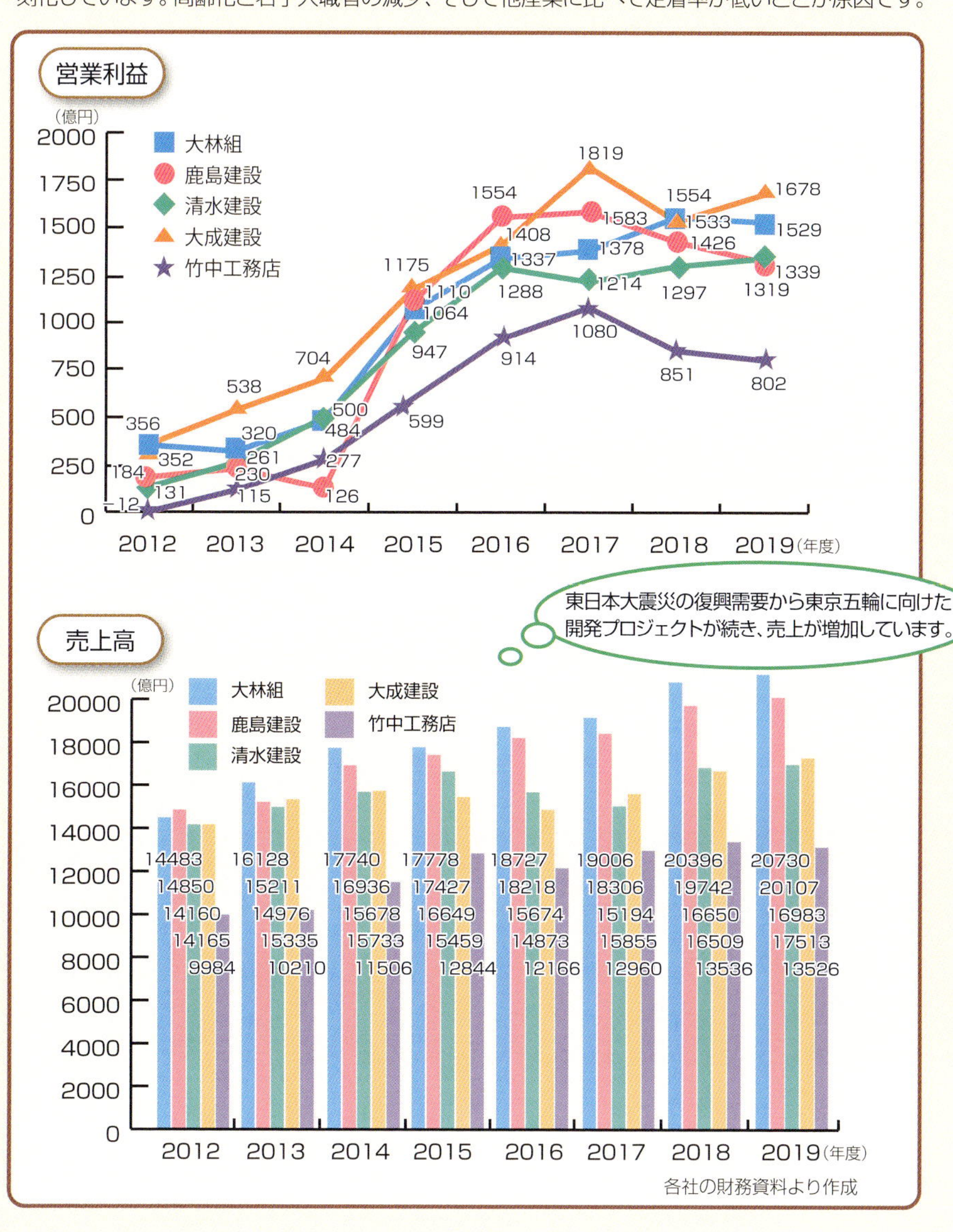

各社の財務資料より作成

経済の発展を支える社会資本の整備

視点❷　整備が進む社会資本

高速自動車国道の延長は、昭和40年の190ｋｍから平成29年の8,893ｋｍへ47倍となりました。下水道の普及率も8%から79%へと飛躍的に増加しています。

社会資本整備の状況

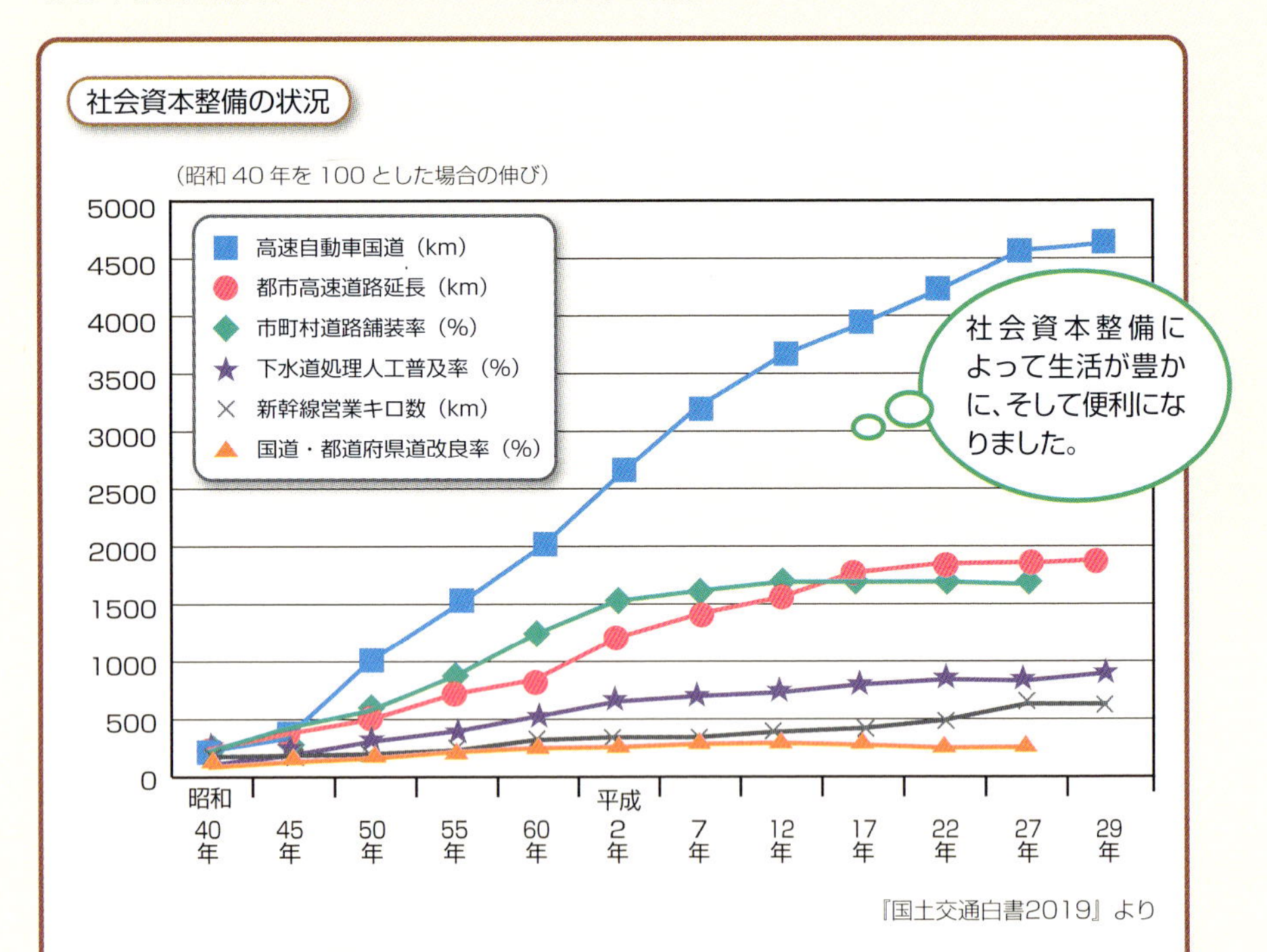

『国土交通白書2019』より

社会資本	昭和40	50	60	平成2	7	12	17	22	29
高速自動車国道（km）	190	1,888	3,759	4,869	5,930	6,861	7,389	7,895	8,893
都市高速道路延長（km）	40	199	332	465	552	617	689	747	793
国道・都道府県道改良率(%)	38.9	62.2	71.3	75.4	78.5	71.5	73.8	75.6	−
市町村道路舗装率（%）	4.4	27.0	54.4	65.5	70.2	73.4	75.9	77.5	−
下水道処理人口普及率(%)	8	23	36	44	54	62	69	75	78.8
新幹線営業キロ数（km）	553	1,175	2,010	2,010	2,014	2,131	2,365	2,599	2,997

『国土交通白書2019』より

国土を守る建設業界

視点❸　自然災害が多い日本の国土

世界の活火山の7.0%が日本にあり、マグニチュード6以上の地震の20.5%が日本で起こっています。また、世界の災害被害額の11.9%が日本の被害額となっています。

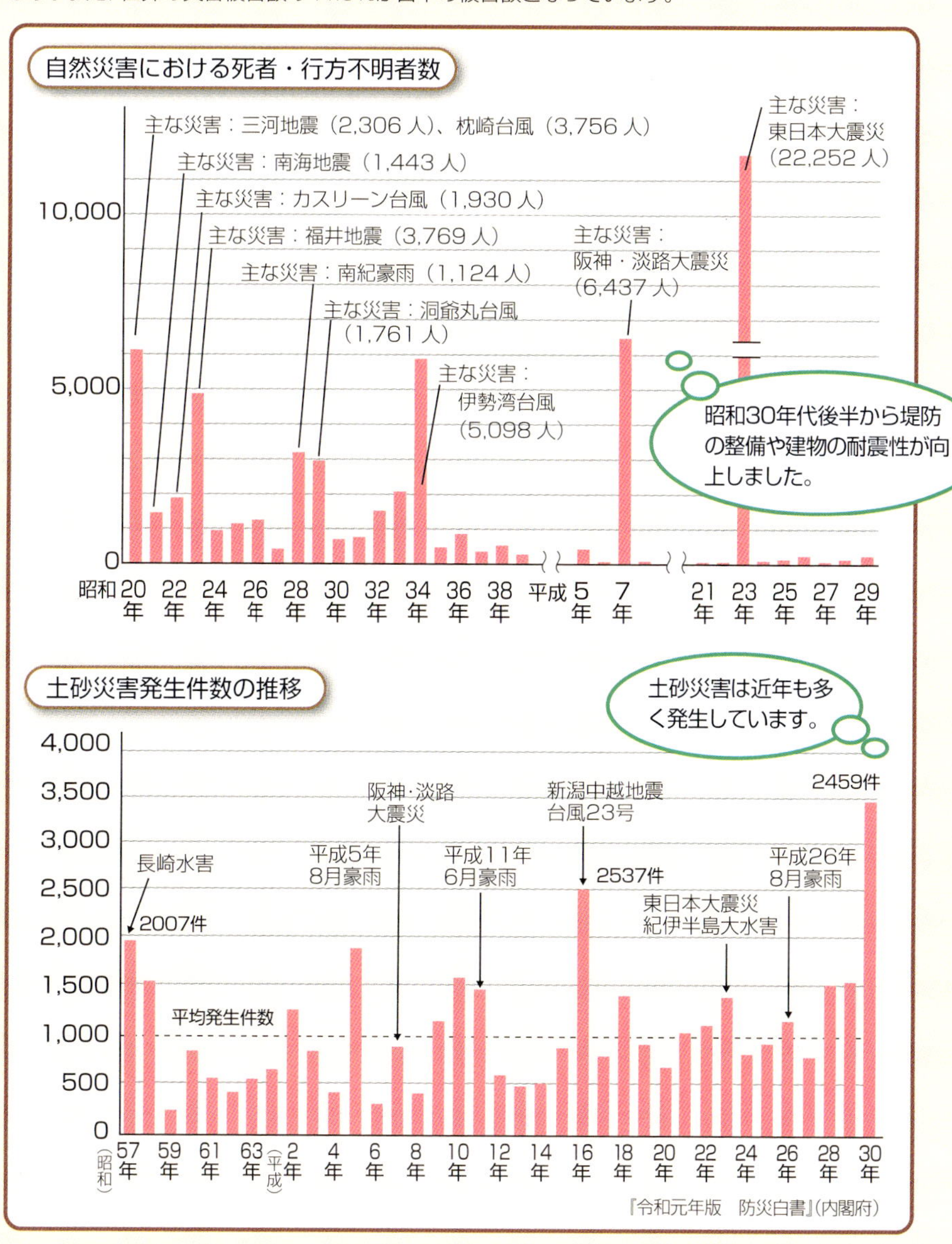

『令和元年版　防災白書』(内閣府)

これからの建設業界

視点❹　技術開発が促進する建設業の生産性向上

インフラの整備や維持管理において、建設機械や測量機器等の新しい技術開発が進んでいます。ドローンによる現場の計測や高解像度カメラによる保守点検、無人建設機械による自動施工などが実用化されています。VRやAR、AIの活用も進んでいます。

従来の人力に比べて、スピードと品質の向上を実現します。

▼カメラを搭載したドローン

国土交通省「建設ロボット技術」のホームページより

視点❺　これから始まる膨大な維持更新需要

今後30～50年間、高度成長期からバブル期にかけて建設された多くの構造物が更新時期を迎えます。民間建築、公共インフラも同様です。

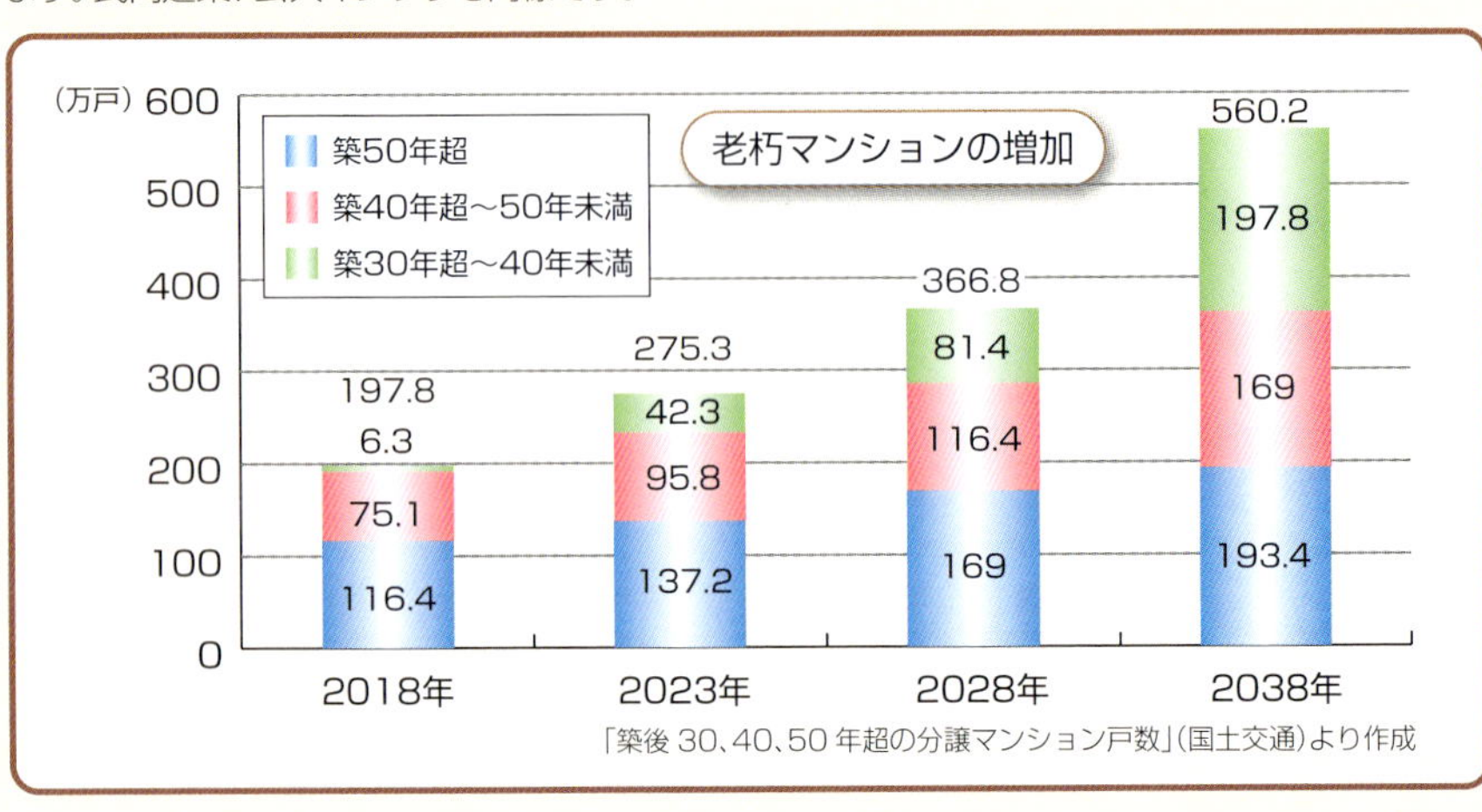

「築後 30、40、50 年超の分譲マンション戸数」（国土交通）より作成

How-nual　Shuwasystem Industry Trend Guide Book

最新 建設業界の動向とカラクリがよ～くわかる本

業界人、就職、転職に役立つ情報満載

［第4版］

阿部 守 著

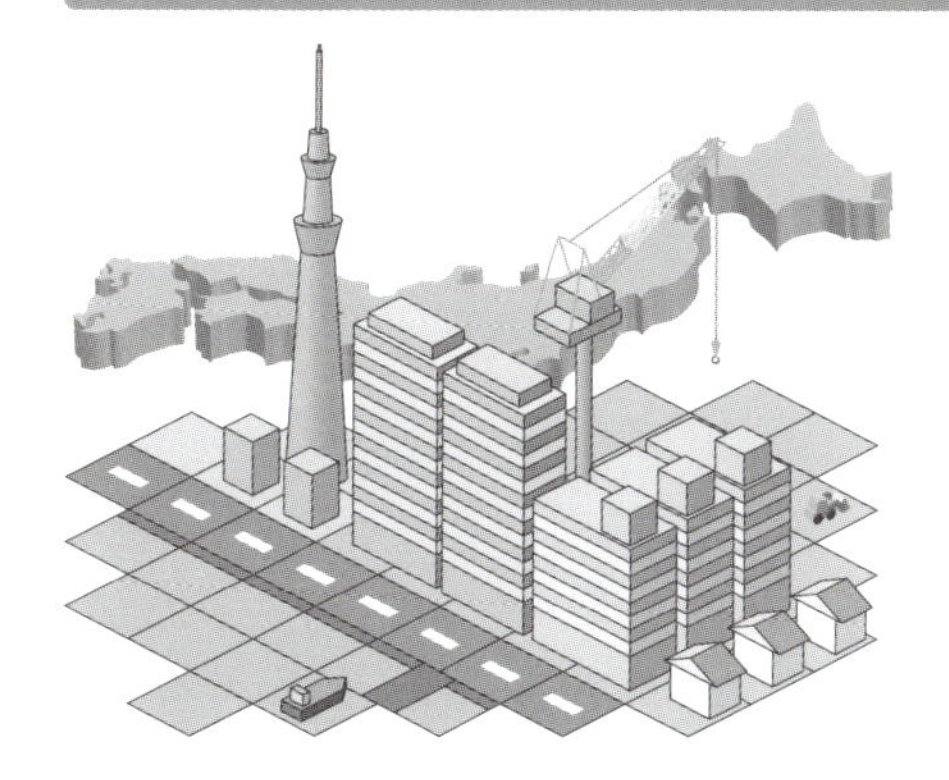

●注意

(1) 本書は著者が独自に調査した結果を出版したものです。
(2) 本書は内容について万全を期して作成いたしましたが、万一、ご不審な点や誤り、記載漏れなどお気付きの点がありましたら、出版元まで書面にてご連絡ください。
(3) 本書の内容に関して運用した結果の影響については、上記(2)項にかかわらず責任を負いかねます。あらかじめご了承ください。
(4) 本書の全部または一部について、出版元から文書による承諾を得ずに複製することは禁じられています。
(5) 本書に記載されているホームページのアドレスなどは、予告なく変更されることがあります。
(6) 商標
本書に記載されている会社名、商品名などは一般に各社の商標または登録商標です。

はじめに

新型コロナウイルス感染症の拡大が世界の経済活動に大きな影響を与え、東京オリンピックも延期となりました。東日本大震災からの復興に続いて東京オリンピック・パラリンピックの開催に向けた建設需要が拡大し、活気が戻っていた建設業界の見通しも再び不透明になっています。

山地が多く平野が狭い、しかも災害の多いわが国の国土を、江戸時代以前から河川工事や埋立工事などを行って整備してきたのが、建設業界です。戦後も高度成長期、バブル期を通じて日本中にビルや道路、橋やダムなどを建設し、公共事業を中心にインフラ環境を整備してきました。バブル崩壊後の二〇年、建設需要は減少し、公共工事も大幅に削減されましたが、これは社会が豊かになるにつれて、建設業の役割であったインフラ整備が地域で最優先の課題ではなくなり、建設業の地位がそれまでに比べて相対的に低下してきたからです。

しかし、鉄道網や道路網がここまで発達していなかったら、わが国はここまでの経済成長を遂げることができたでしょうか。国土を高度に活用できることは、国の繁栄の基本です。毎年のように繰り返される自然災害で、公共工事の重要性も再び認識が高まっています。コロナ禍での工事中断を経て、終息後の社会環境が変わるといわれていますが、これから高度成長期に建設した多くの構造物も更新時期を迎えます。建設業の役割が再び重要になることは明らかです。

建設構造物は読者にとっても身近なものですが、建設業界の実態はとてもわかりにくいものです。建設業界の事件も、事件を起こした個人の問題ではなく、建設業界が抱える根深い問題があるといわれています。本書は、この建設業界の仕組みを、建設業界を志す方、建設業界のことを調べようとする方々のためにわかりやすく書いたものです。

第三版から四年を経過し、その間に建設業界では新しい法律の制定や制度の変更、新技術の開発、新しいプロジェクトの完成など多くの変化がありました。そこで、全面的に再編して、データも最新のものに改めました。コロナ禍で不透明になってきた建設業界の今後の変化や成長分野などについても触れています。

本書が建設業界の発展のために少しでもお役に立てばこれに勝る喜びはありません。

二〇二〇年七月　ＭＡＢコンサルティング代表　阿部　守

最新建設業界の動向とカラクリがよ〜くわかる本［第4版］

●目次

第3章 建設業界の仕事

第4章 建設業界に関連する規制、法律

第5章 建設業界の問題点

資料

建設業界の現状

建設業界は、戦後から高度成長期・バブル期を通して社会資本整備の担い手として日本の経済発展に大きく寄与してきました。しかし、その後は、バブル崩壊以降のデフレ経済の長期化や財政悪化に伴う建設投資の減少等により、厳しい環境が続きました。

近年は、東日本大震災からの復興や2020年の東京オリンピック・パラリンピックの開催に向けて建設需要が改善しました。資材価格の高騰や人手不足等の新たな問題が生じています。

未来をつくる建設業界

ピーク時の一九九二年度に八四兆円に達した建設投資額は二〇一〇年度まで減少傾向が続いていました。その後、東日本大震災の復興需要やオリンピックに向けたプロジェクトがあり増加が続いています。

建設業の使命は社会資本の整備

建設業は、国民生活を支える社会資本の整備が使命です。戦後から高度成長期、バブル期と多少の波はありながらも、一貫して暮らしの質を高めるための構造物を建設し、その規模を拡大してきました。その過程で、全国にわたる高速道路網や本州四国連絡橋、東京湾横断道路などの世界に誇る巨大構造物も建設されてきたのです。

例えば、道路が整備されると、移動時間短縮、移動費用削減、騒音・震動防止、物価低減や交流圏拡大、交通安全などの効果により、経済活動が活発化します。交通ネットワーク以外にも、上下水道整備、都市開発、多目的ダム、港湾整備など多くの社会資本整備も同様の効果があります。社会資本整備のために原材料や労働力需要も高まり、さらに経済活動が活発化します。建設技術によって実現したこれらの社会資本がなければ、現在のような日本の経済発展は考えられません。建設業界が日本の成長を支えてきたといえます。

政府投資と民間投資

建設投資には大きく分けて、政府投資と民間投資の二つがあります。政府投資は**公共事業**の土木工事が中心で、民間投資は住宅やビルの建築工事が中心です。

この建設投資額の推移を見ると、バブル期に民間建設投資が急増し、建設投資額が大きく伸びました。その後のバブル崩壊後に民間建設投資の落ち込みをカバーしたのが政府投資です。政府投資は、建設業に雇

【土建国家】 景気が悪くなれば、公共事業を通じて地域振興を図ろうとする建設業界中心のシステムを象徴的に「**土建国家**」といいました。このシステムがゼネコンを儲けさせ、政治家にリベートを与え、官僚の天下りポストを作り出してきました。

建設投資額の推移

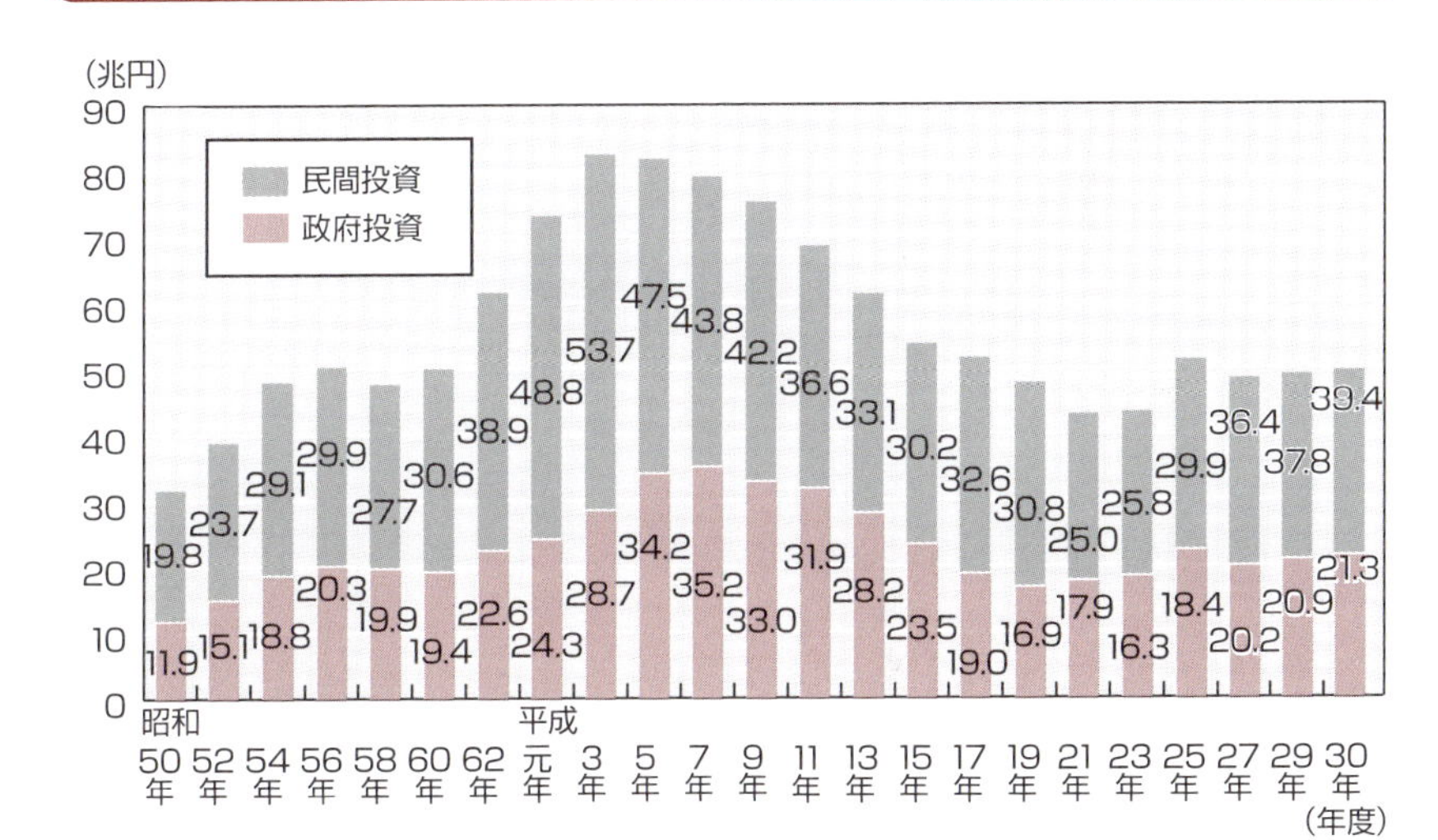

「建設投資見通し」（国土交通省）より

用の受け皿としての機能も期待され、建設投資を下支えしました。しかし、それも長くは続けられず、建設投資額は急減しました。

バブル崩壊後、建設業を取り巻く環境は大きく変化しました。景気の悪化に伴い、不要不急の建設工事は計画されなくなり、公共事業も削減されました。

日本の社会はインフラの整備が進み、不足の状態が解消されたため、それまでの「とにかく建設する」から「ニーズに応じて必要なものを建設する」社会に変わりました。そして、二〇一〇年度には、四二兆円と三〇年以上前の水準にまで落ち込みました。

増加が続く建設投資額

二〇一一年からは東日本大震災の復興、台風・土砂災害などの復旧や災害対応により政府投資が増加しました。さらに、民間投資においても企業収益の回復による設備更新需要の増大や、オリンピックに向けたプロジェクトによって、建設投資額は増加が続いています。未来をつくる建設業界としての役割を取り戻しています。

用語解説

＊**構造改革**　日本全体から見て、資本や労働などの資源配分の効率性を改善させようとする各種の制度改革のことです。公的機関の民営化、規制の緩和、独占企業の分割などが行われました。

2 上昇している建設業の利益率

建設業の営業利益率は、一九九一年以降低下傾向が続いていましたが、二〇〇八年を底にして回復し四％台になりました。建設投資額の回復が利益率の好転につながっています。

一九九二年度に八四兆円に達した建設投資額は、二〇一〇年度には四二兆円まで半減しました。

そして、企業規模、工事対象、地域などですみ分けができていた建設業界は、一気に弱肉強食の世界へと変わりました。仕事量を維持するために、元請けは安値で受注せざるを得ず、下請けに無理なコストダウンを強要し、建設会社の利益率は低下の一途をたどりました。そして、下請け、孫請けの建設会社も社員を遊ばせるわけにはいかないため、赤字覚悟で受注して、結果的に企業の財務体質を悪化させました。

その結果、一九九一年に四％であった建設業の**営業利益率**は、建設投資額の減少と共に低下を続け、二〇〇八年には一％に落ち込みました。

建設会社は、技能職員の非正社員化や月給制から日給月給制への転換まで行って人件費や経費の削減を図りました。

利益率の工事への影響

建設会社の利益率が低下することは、その建設会社の経営だけでなく、**手抜き工事**や安全対策の不備など、多方面に影響を及ぼす可能性があります。手抜きとはいわないまでも、熟練度の低い作業者に工事をさせたり、材料のレベルを落として少しでも利益を上げようと考えることもあります。建設投資額の回復により二〇一八年には営業利益率が四・四％まで上がっています。利益率の好転は建設会社の経営だけでなく、工事の安全や建物の品質維持のためにも大切です。

【建設業会計】 工事の着工から引き渡しまで1年以上かかる建設業界の特殊性を考慮して作られた会計制度であり、未成工事支出金、完成工事未収入金、未成工事受入金、工事未払金などの勘定科目があります。

建設業の売上高総利益・販売管理費率・営業利益率

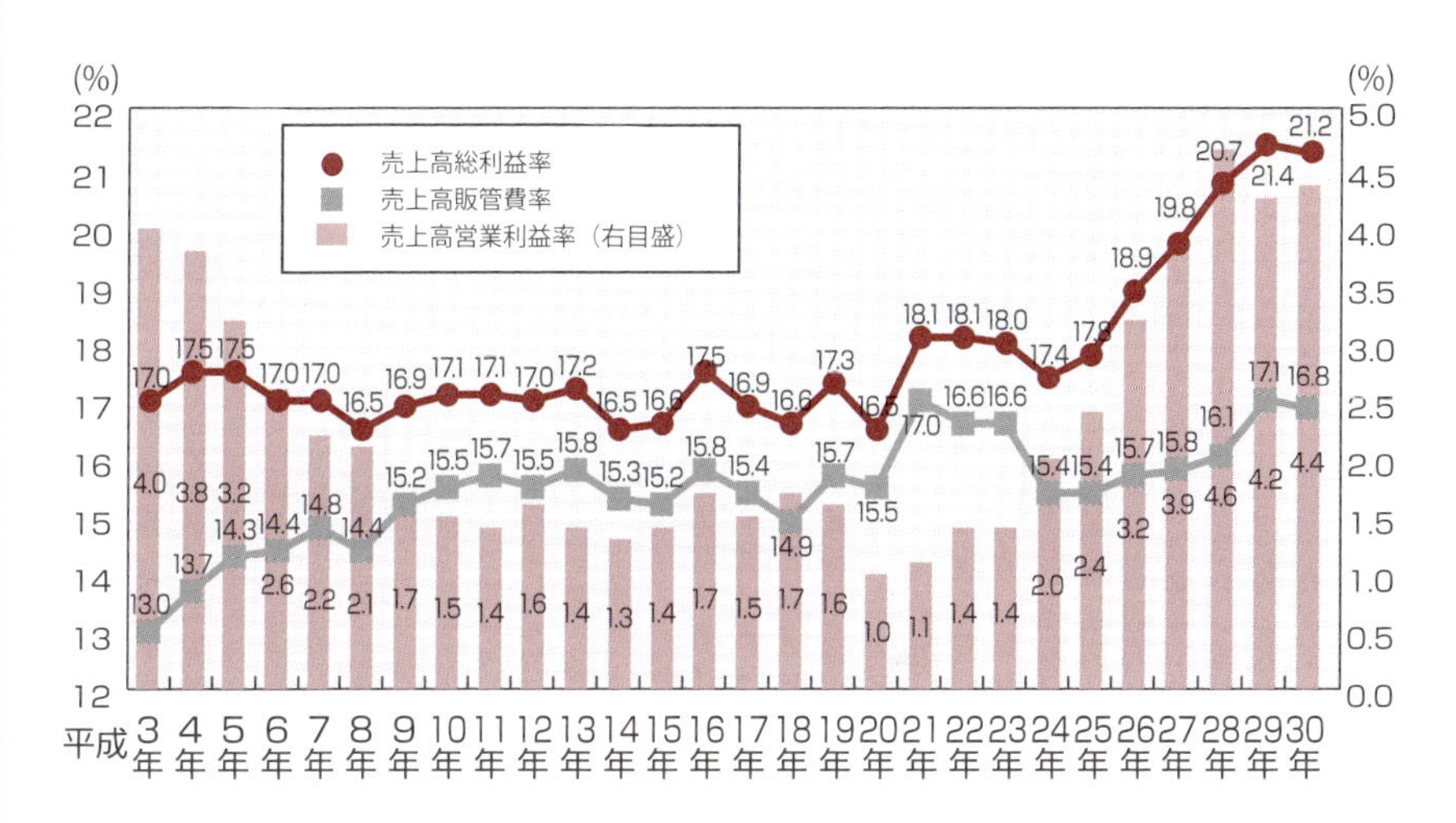

「法人企業統計」（財務省）より作成

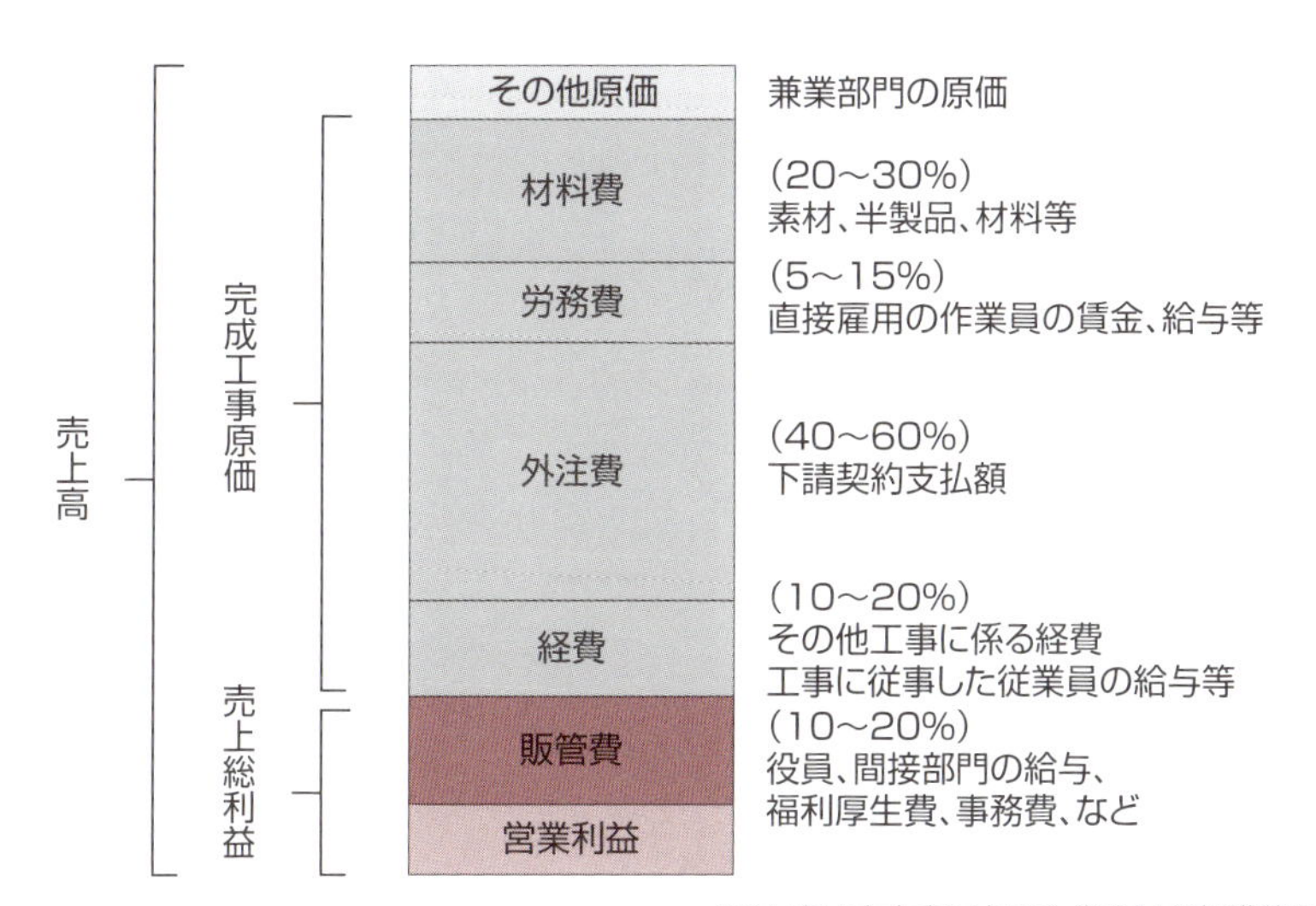

「建設産業の再生と発展のための方策 2011」（国土交通省）

＊**営業利益率**　決算期間の本業での収益性を表します。製造業などの場合は、売上高に対する営業利益の比率で表しますが、建設業の場合は完成工事高に対する比率で表します。

3 大きく減った建設業の倒産

建設業の倒産件数は、二〇〇〇～二〇〇二年にかけて毎年六〇〇〇件近くにまで達しました。その後も高い水準でしたが、建設投資の回復により二〇一八年には一四三一件にまで減少しています。過去二〇年間で最低の件数となりましたが、オリンピック需要がひと段落するため、今後の推移が注目されています。

建設会社倒産の影響

全産業の倒産件数のうち建設業の占める割合は、三〇%程度の高水準で推移してきました。その後、災害復興のための公共投資や景気回復による民間投資の増加により、倒産件数が減少し、二〇一八年には一七%程度にまで低下しました。

倒産件数の多かった時期は、競争の激化により地方中堅建設会社の淘汰が進みました。建設会社の倒産が続くと、良質な社会資本の整備や地域経済・雇用に大きな影響を及ぼします。そこで、技術と経営に優れた企業が再生し、生き残ってもらうことが必要でした。

建設会社への支援

国土交通省は、建設業界の需給バランスを取るために、全国の地方銀行と連携して、中小建設会社の再生・再編や転廃業を促す事業を行ってきました。国土交通省の各地方整備局などに相談窓口を設置し、事業承継や事業の売却・買収、転業、廃業、新分野進出などの相談に対応しています。公認会計士や中小企業診断士などの専門家が相談に乗り、銀行が必要な資金を融資します。このような支援は現在も続いていますが、建設業界の好転により、近年では、雇用環境の整備や人材育成の支援に比重が移ってきています。

【自己査定】 銀行から融資を受けている企業はすべて銀行の自己査定により、「正常先」「要注意先」「破綻懸念先」「実質破綻先」「破綻先」の5ランクに査定されています。この自己査定で「要注意先」以下と判定された企業に対し、銀行は融資を絞ります。

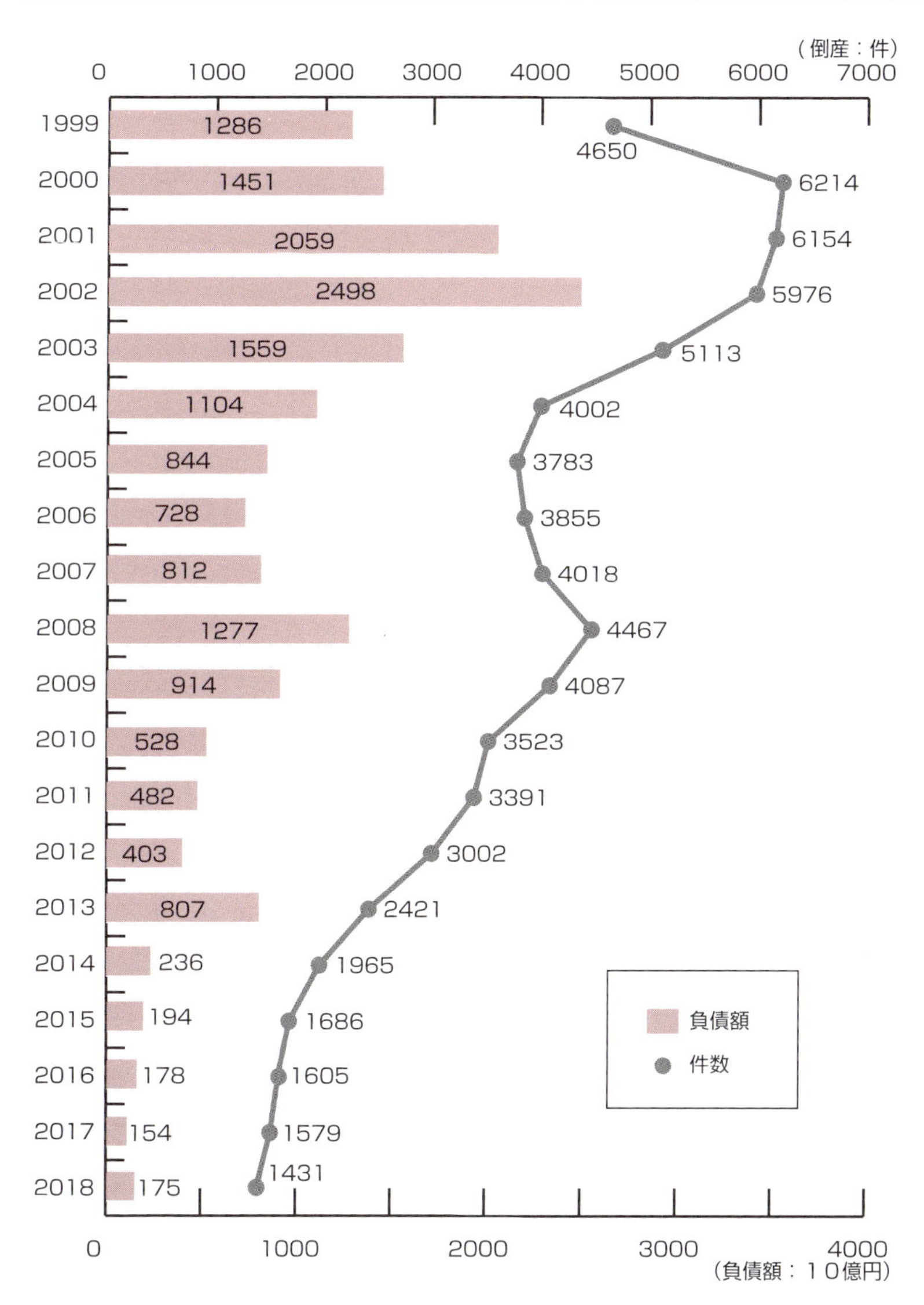

『建設業ハンドブック2019』（社団法人日本建設業連合会）
http://www.nikkenren.com/publication/handbook.html

＊**中小企業再生支援協議会**　中小企業の再生に向けた取り組みを支援するため、産業活力再生特別措置法に基づき、各都道府県に設置されている公正中立な公的機関です。企業再生の専門家が、中小企業の特性を踏まえ、相談・助言から再生計画策定まで、個々の企業に合ったきめ細かな支援を行っています。

4 女性技術者が活躍する建設業界

建設業界は、これまで男の職場でした。女性の活躍により、現場に明るさや潤いが生まれ、業界全体の活性化につながり、男女問わず働きやすい産業になることが期待されています。

一九九七年には、建設業における女性技能者は、二六万人(六%)でしたが、二〇一四年には、女性技術者一万人、技能者九万人で約一〇万人(三%)となりました。建設投資が減少した時期に、多くの人材が退職していきました。建設投資の回復により、女性の活躍に期待が寄せられています。

実は、建設業界は男女問わず活躍できる業界です。例えば造園やリフォームなどでは、女性の感性や洗練されたデザインセンスを求められる現場が多くあります。また、生活者目線や会話力などのコミュニケーション能力が求められる職種など、女性がより力を発揮できる場面が多くあります。最近では、大手建設会社の新卒技術者の約一割が女性となっています。

女性活躍へのハードル

しかし、現実には、女性が働く上での多くのハードルがあります。トイレや更衣室、休憩所、洗面所やシャワー等の改善、そして、子育てに配慮した勤務体系などの問題です。管理職や現場従事者との適切な接し方、キャリアパスが見えにくいことなども入職への不安となります。このような問題を解決するために、国土交通省と建設業五団体は二〇一四年に「もっと女性が活躍できる建設業行動計画」を策定しました。さらに、二〇二〇年一月には、スキルアップや復職、働きがいの発信などを加えた「女性の定着促進に向けた建設産業行動計画」を策定しています。女性が入職して定着し、そして活躍できる業界づくりを目指しています。

＊「えるぼし・くるみん認定」　えるぼしは、女性の採用・継続就業など活躍推進のための行動計画の策定を行い、女性の活躍推進が優良な企業を厚生労働大臣が認定するものです。くるみんは、従業員の子育て支援のための行動計画として定めた目標を達成し、一定基準を満たす企業を厚生労働大臣が認定します。「女性の定着促進に向けた建設産業行動計画」には、えるぼし・くるみん認定取得の取り組みが含まれています。

女性技術者・技能者を5年で倍増

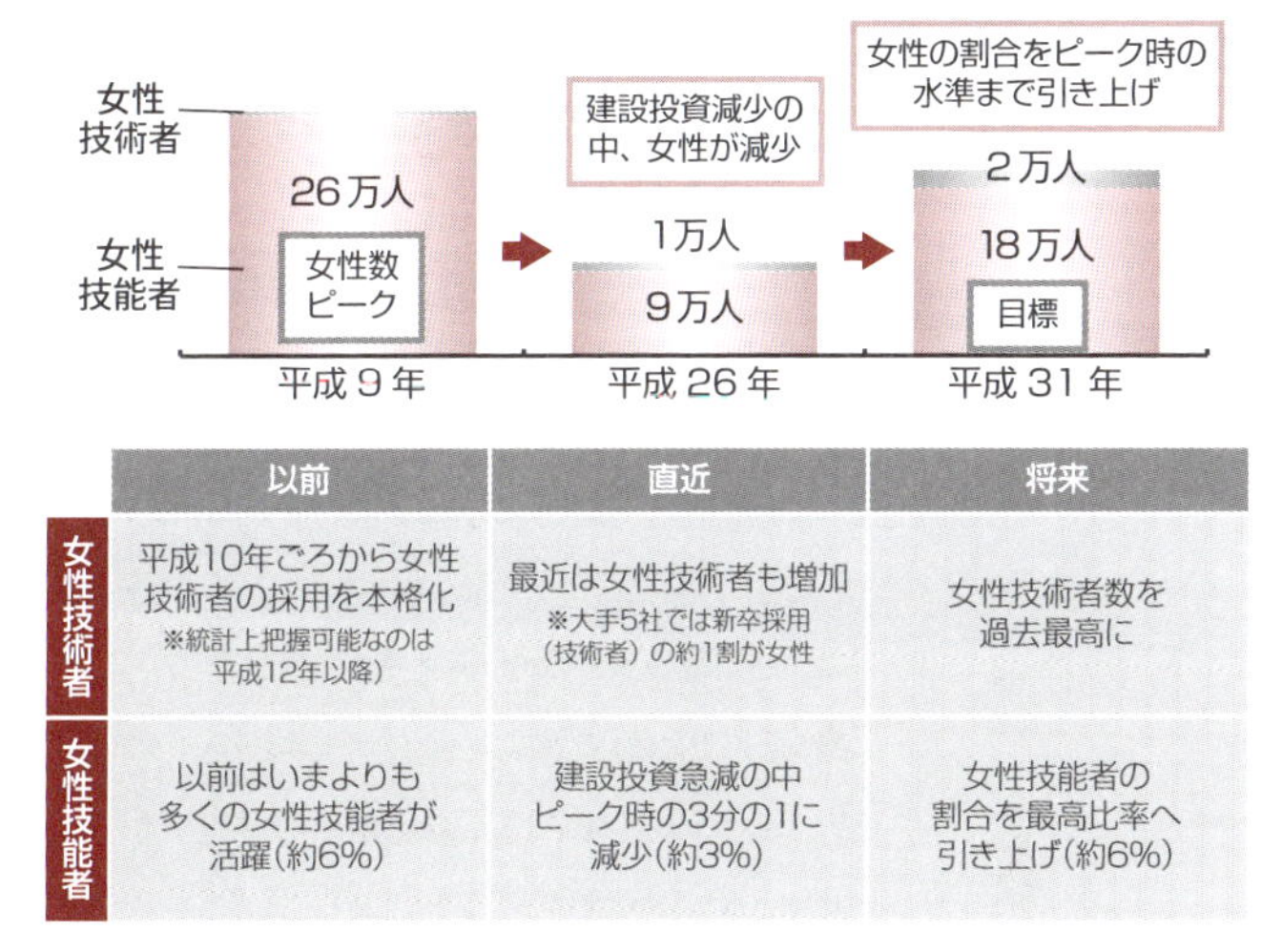

	以前	直近	将来
女性技術者	平成10年ごろから女性技術者の採用を本格化 ※統計上把握可能なのは平成12年以降）	最近は女性技術者も増加 ※大手5社では新卒採用（技術者）の約1割が女性	女性技術者数を過去最高に
女性技能者	以前はいまよりも多くの女性技能者が活躍（約6%）	建設投資急減の中ピーク時の3分の1に減少（約3%）	女性技能者の割合を最高比率へ引き上げ（約6%）

「労働力調査」（総務省）
「女性技術者・技能者を５年で倍増」（国土交通省）

もっと女性が活躍できる建設業行動（10のポイント）

1. 建設業界を挙げて女性の更なる活躍を歓迎
2. 業界団体や企業による数値目標の設定や、自主的な行動指針の策定
3. 教育現場（小・中・高・大学等）と連携した建設業の魅力ややりがいの発信
4. トイレや更衣室の設置など、女性も働きやすい現場をハード面で整備
5. 長時間労働の縮減や計画的な休暇取得など、女性も働きやすい現場をソフト面で整備
6. 仕事と家庭の両立のための制度を積極的に導入・活用
7. 女性を登用するモデル工事の実施や、女性を主体とするチームによる施工の好事例の創出や情報発信
8. 女性も活用しやすい教育訓練の充実や、活躍する女性の表彰
9. 総合的なポータルサイトにより情報を一元的に発信
10. 女性の活躍を支える地域ネットワークの活動を支援

「もっと女性が活躍できる建設業行動計画（10のポイント）」（国土交通省）

＊**「建設業五団体」**　（一社）日本建設業連合会、（一社）全国建設業協会、（一社）全国中小建設業協会、（一社）建設産業専門団体連合会、（一社）全国建設産業団体連合会

5 建設会社と建設業就業者の現状

バブル崩壊後、政府は公共事業による景気浮揚を模索したため、建設業者が増加しました。その後、建設投資が減少し続ける中で建設業者と建設業就業者が減少しました。

建設会社は全国に四六・八万社

二〇一八年度の建設投資額は六〇・九兆円と、一九九二年度の八四兆円の約七二%となっているのに対して、二〇一八年度末の**建設業許可建設業者数**はピーク時の七八%にあたる四七万業者となっています。しかし、建設投資額がピークだった一九九二年の業者数五二・二万社に対して九〇%であることを考えると、業者数が多すぎることがわかります。許可業者の中では個人が減少し、資本金一〇〇〇〜五〇〇〇万円の会社が増えています。

一方、**建設業就業者数**は、二〇一八年度が五〇三万人と、ピーク時(六八五万人)の七三%となっています。建設投資額のピークと建設業許可業者数や就業者数のピークがずれたのは、民間建設投資が減少する中で、政府が不況対策として公共建設投資を拡大させ、建設投資を下支えして建設業界の規模を守ると共に、他産業からの失業者を吸収してきたからです。その後一九九七年を境に、建設業界での失業者の吸収は限界に達し、逆に失業者を排出することになりました。結果的には、公共投資の大盤振る舞いは、苦況に陥った建設会社にとって困難を先送りする効果しかありませんでした。

しかし、近年、建設業許可業者数と建設業就業者数の減少が止まりました。建設不況時に多くの技能者が建設業界を離れ、現在の技能者も高齢化が進んでいます。工事の現場では、建設技能者労働者の不足が問題になっています。

【外国人技能実習生】 開発途上国等の青壮年労働者を一定期間産業界に受け入れて、産業上の技能等を修得してもらうという仕組みです。技能実習生が最長3年の期間で企業と雇用関係を結び、日本の産業・職業上の技能等を修得します。受け入れ期間を2年延ばして最長5年間にすることも可能です。

許可業者数と就業者数の推移

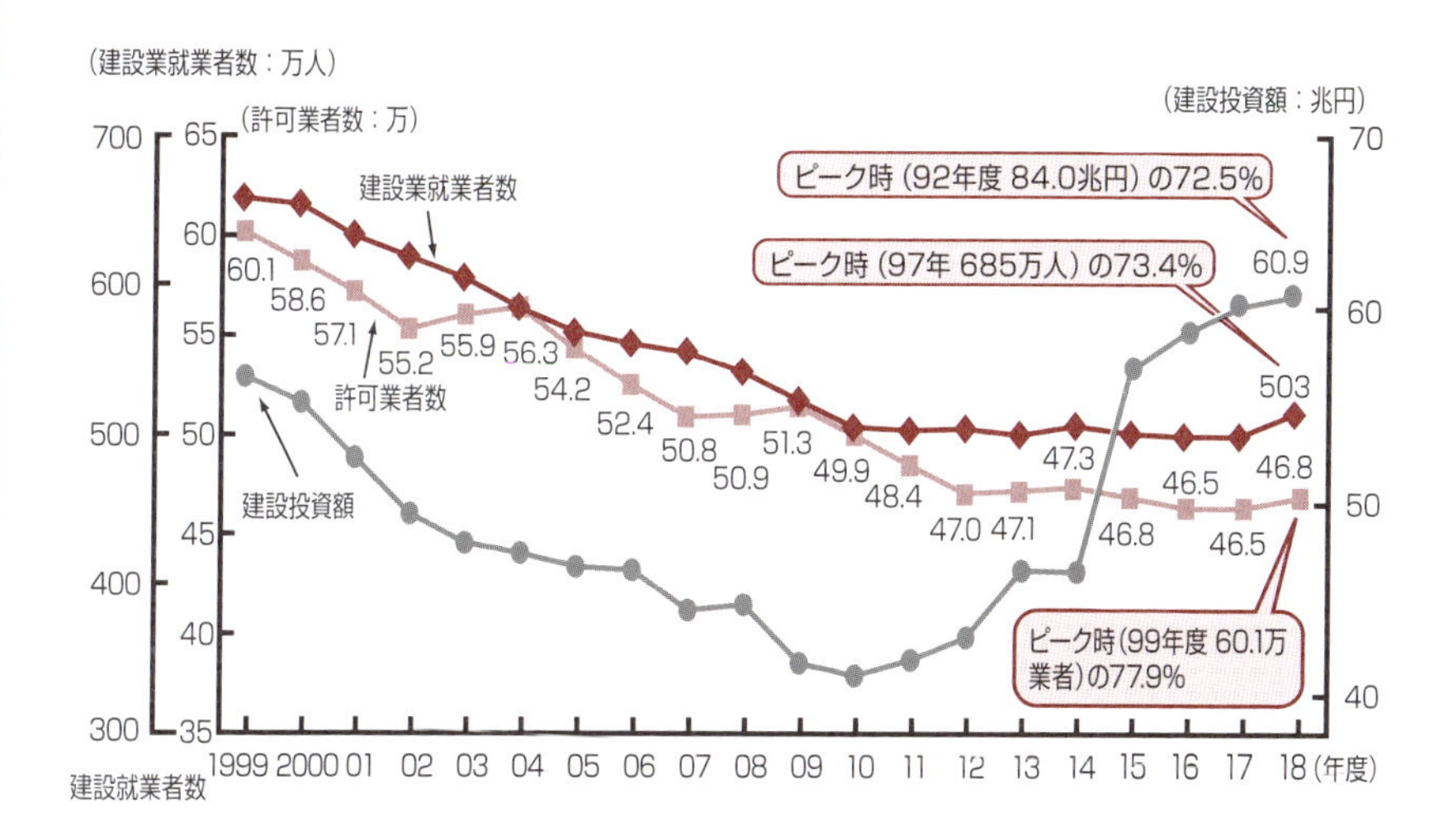

『建設業ハンドブック 2019』（社団法人日本建設業連合会）
https://www.nikkenren.com/publication/handbook.html

規模別許可業者数の推移

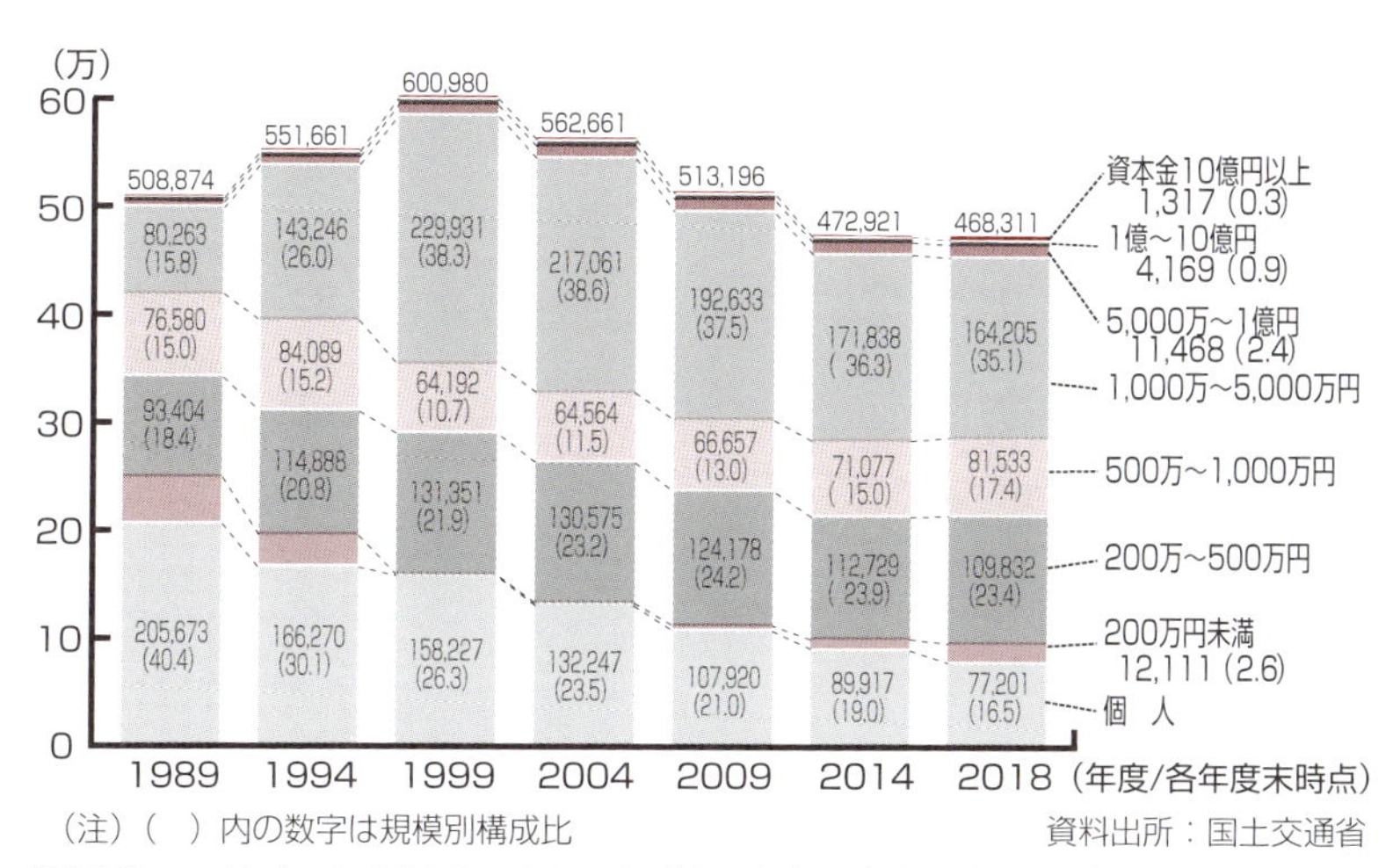

（注）（　）内の数字は規模別構成比　　　資料出所：国土交通省

『建設業ハンドブック 2016、2019』（社団法人日本建設業連合会）
https://www.nikkenren.com/publication/handbook.html

【特定技能】　在留資格「特定技能」の新設により、2019年4月から新たな外国人材の受入れが可能となりました。人手不足が深刻な産業分野において、一定の専門性・技能を有し即戦力となる外国人を受け入れます。特定技能には1号と2号があり、2号は家族の帯同が可能で在留期間の制限がありません。建設業は特定技能2号の対象となっています。

6 建設業界は日本の縮図

建設業界は、戦後の日本の発展と共に成長してきました。国土の復興を支え、産業構造の転換による農林業や炭坑からの失業者の多くを受け入れた建設業の歴史を抜きに、戦後の日本の発展は語れません。

戦後の日本の復興は、壊滅した社会基盤の整備から始まりました。新幹線や高速道路、トンネルや長大橋など、日本発展のシンボルとなる建設構造物が多く造られ、日本の発展と共に建設業界も成長してきました。日本は国土の均衡ある発展を目指し、中央で集めた富を公共事業として地方に分配することで地方の経済発展をもたらしました。そして、全国の建設会社もまた、その恩恵を受けて発展してきました。その結果、一九九〇年代には、建設投資額はGDPの一八%を占め、**建設業就業者数**も全産業の一〇%を超えるなど、建設業は日本の基幹産業に成長しました。

しかし、インフラ整備の成熟、都市回帰現象と人口減に伴う地方インフラ需要の減少、地方自治体の財政難、公共事業機能の減退により、新規公共事業は絞り込まれ、雇用の受け皿としての機能も減少しました。

求められる建設業界の将来像

将来の維持管理費の増大、少子高齢化への対応など、建設業を取り巻く環境は、日本の地方社会の構造とまったく同じです。例えば、建設業就業者の三分の一が五五歳以上で、若手人材は定着せず、高齢化の進展は他の産業以上に進んでいます。労働環境整備や働き方改革も急務です。このように、環境変化への対応に苦労している建設業界は、日本の「縮図」そのものです。

日本にいま、一番欠けているのは、日本全体をどのような方向に持っていくのかというビジョンですが、建設業界に求められるものもまったく同じです。建設業界の将来像を描くことが求められています。

＊**高齢化**　全人口の中に占める65歳以上の高齢者割合が7%を超えた社会を「**高齢化社会**」、14%を超えると「**高齢社会**」、21%を超えると「**超高齢社会**」と呼びます。日本では、1994年に「高齢社会」になり、2007年に「超高齢社会」になりました。2019年には28%に達しています。

産業別生産額

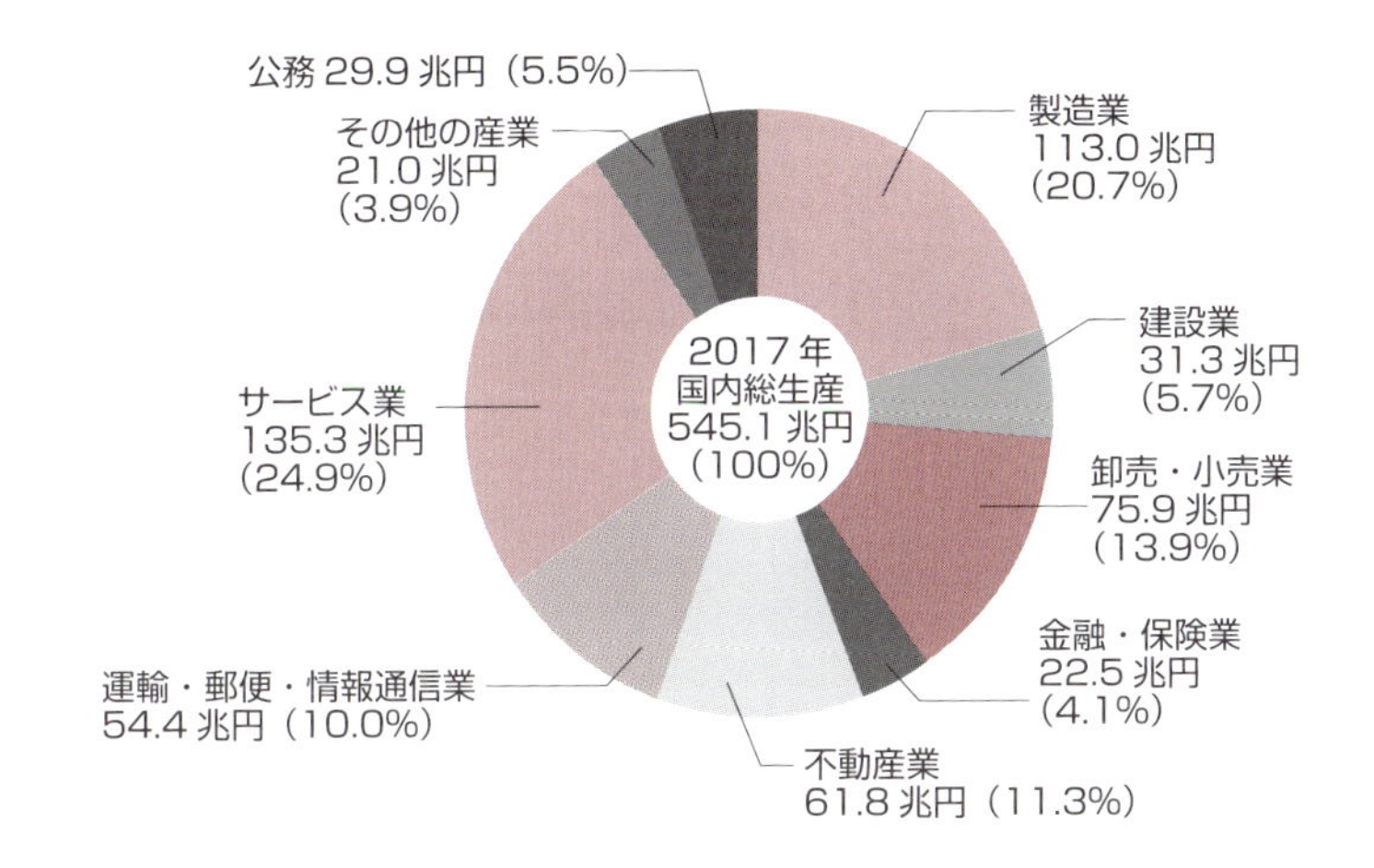

『建設業ハンドブック 2019』（社団法人日本建設業連合会）
https://www.nikkenren.com/publication/handbook.html

産業別就業者数

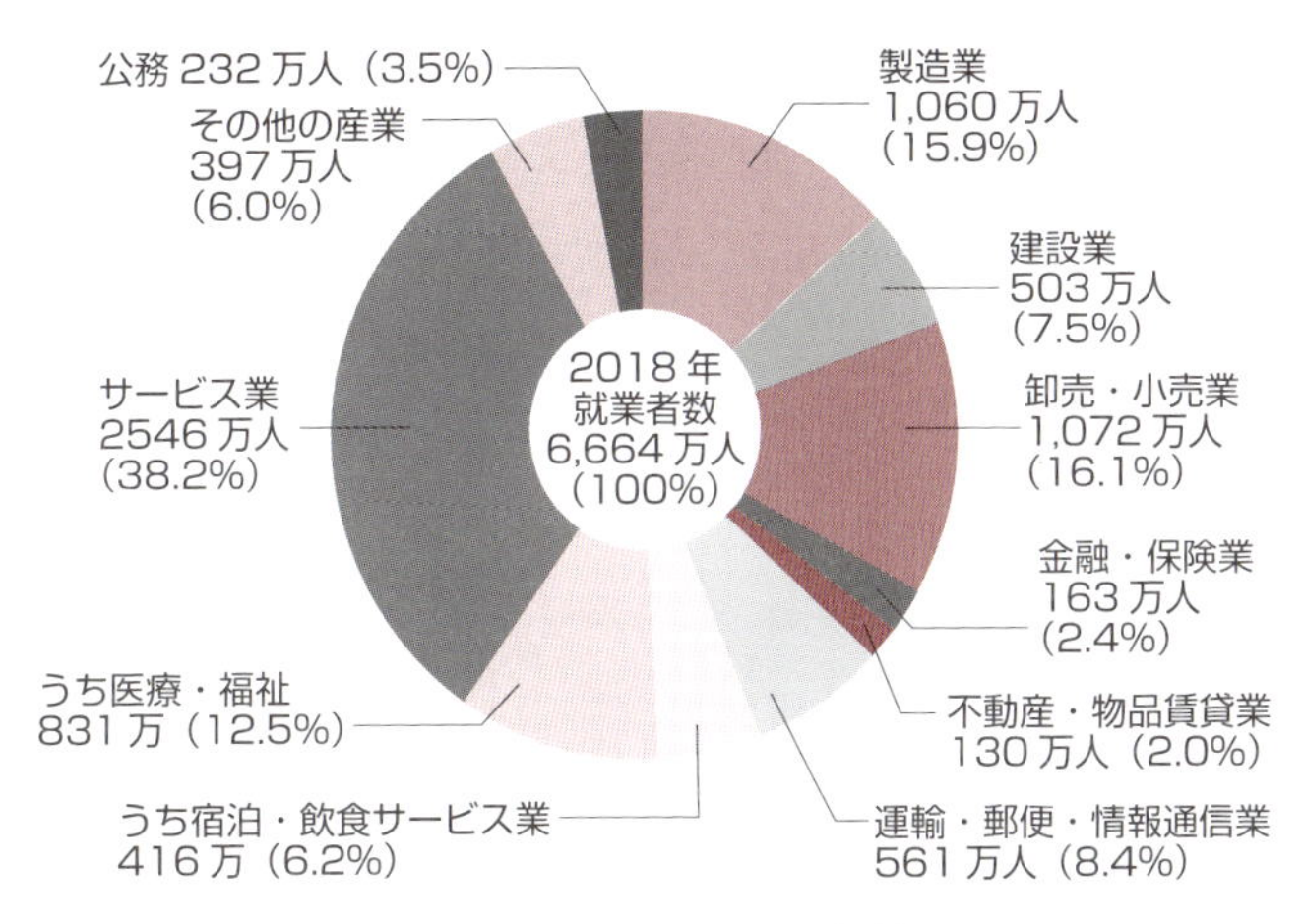

『建設業ハンドブック 2019』（社団法人日本建設業連合会）
https://www.nikkenren.com/publication/handbook.html

＊**不良債権**　建設不況期のゼネコンの不良債権の大半は、バブル期に銀行から融資を受けて購入した土地の値下がりによるものでした。本業の利益で償却すべきものですが、不良債権額があまりにも大きすぎて処理できないものについて、銀行への債権放棄要請、という最終手段を取るゼネコンがありました。簡単にいうと「借金の踏み倒し」です。

7

日本全国、地域を支える建設業

産業の少ない地方では、建設業が基幹産業として定着し、公共工事によって地域雇用の大半を担ってきました。地域経済や雇用を支えるだけでなく、防災・防犯や地域行事など、様々な活動で大きな役割を果たしています。

地域の公共事業は、もともと過疎地域の崩壊を防ぎ、農業だけでは自立できず出稼ぎに行かなければならない地方に社会基盤を整備し、その施設を使って雇用を生み出すのが目的でした。国土の均衡ある発展を目指して、各地で公共事業が行われたのです。

地域を豊かにするための社会基盤整備だったはずの公共事業ですが、地域の将来ビジョンを描かずに工事を続けたため、いつの間にか不況対策や雇用確保のための建設工事になってしまいました。公共事業によって建設された構造物には、ほとんど人が通らない林道や、船が停泊せず、単なる釣堀になっている港湾など、無駄な施設があります。

地方には、仕事は役場と農業と建設業しかないという地域がたくさんあり、地方圏では、都市部に比べて公共投資への依存度が非常に高い水準にあります。

地域建設業の役割

地域の建設業は、建設工事だけでなく、インフラの維持管理、災害対応や除雪など、地域に欠かせない役割を担っています。東日本大震災でも、震災直後の安全確保や応急復旧工事に大きな役割を果たしました。

しかし、地域社会を支えてきた建設会社の中には経営状態が悪化し、十分な労働力や建設機械などを保有できなくなっている会社もあります。地域によっては、これまで担ってきた除雪や災害対応の機能を維持することが困難になってきています。

＊**リストラ**　リストラとは、本来は「事業の再構築」という意味ですが、最近では「リストラ＝首切り」と考えられるほど、リストラによる解雇が一般的になっています。多くの会社でリストラが行われ、経営者に抵抗感がなくなっていることが大きな問題です。

公共工事の比率

公共工事比率の高い都道府県

順位	平成22年度		平成30年度	
	都道府県名	公共工事比率（%）	都道府県名	公共工事比率（%）
1	高知	67.38	高知	70.00
2	島根	66.94	岩手	63.03
3	岩手	63.64	鳥取	62.39
4	佐賀	62.95	徳島	60.56
5	秋田	62.58	福島	58.90
6	宮崎	60.33	宮城	58.28
7	長崎	60.07	石川	58.20
8	鹿児島	58.93	長崎	57.53
9	大分	58.38	秋田	56.90
10	福井	57.32	福井	56.26

公共工事比率の低い都道府県

順位	平成22年度		平成30年度	
	都道府県名	公共工事比率（%）	都道府県名	公共工事比率（%）
1	東京	22.71	埼玉	22.95
2	埼玉	23.19	千葉	25.61
3	神奈川	24.84	愛知	26.75
4	大阪	27.25	大阪	27.95
5	千葉	29.12	栃木	29.39
6	茨城	32.77	岡山	29.52
7	愛知	34.09	滋賀	30.43
8	兵庫	34.25	神奈川	30.73
9	岡山	34.96	奈良	31.63
10	京都	35.88	東京	32.08

※公共工事比率：建設工事出来高に占める公共分の割合
『建設総合統計年度報（平成22年度・30年度）』（国土交通省）

地域の建設業が果たしている役割（緊急出動例）

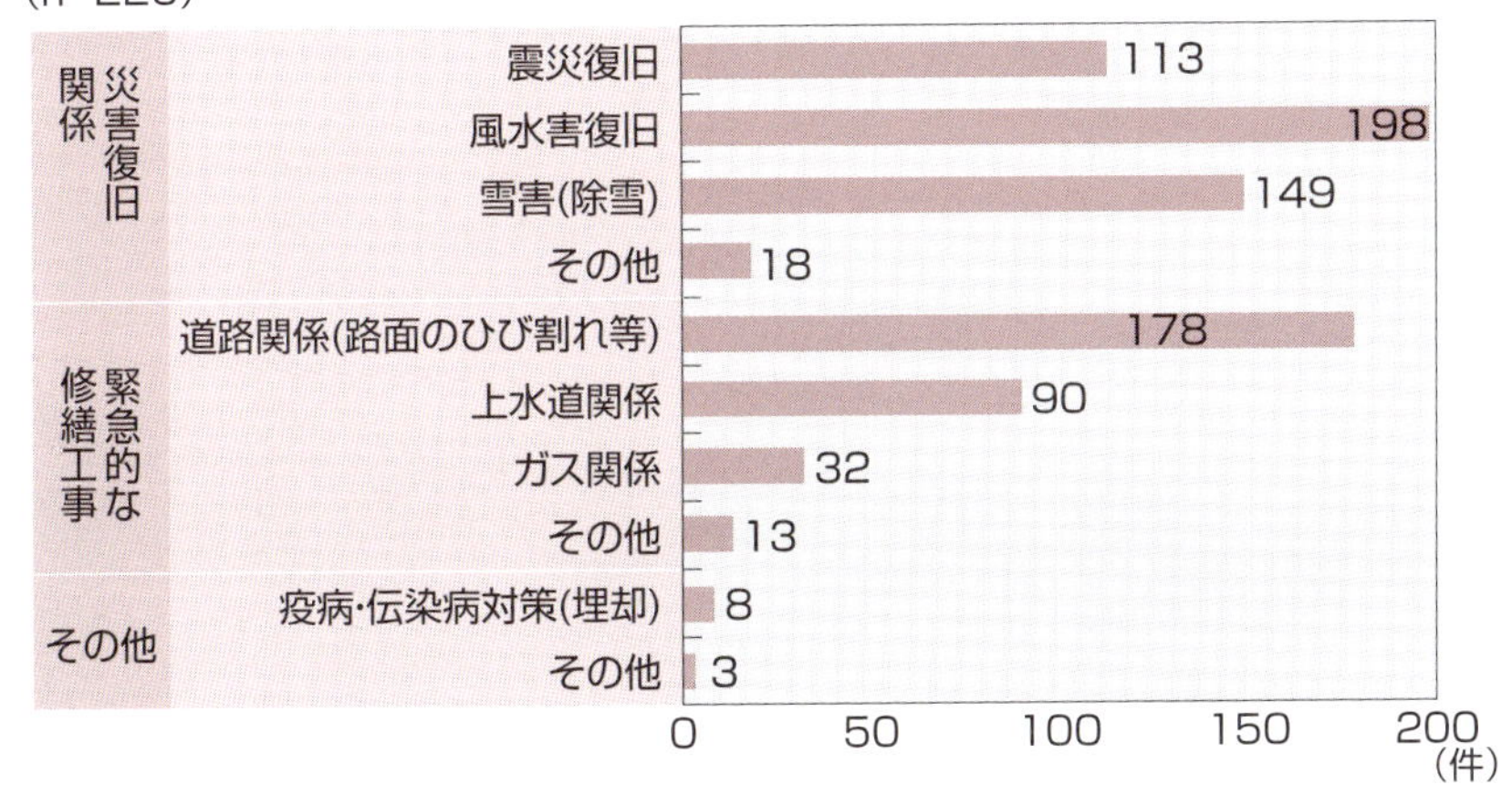

「建設業の現状と今後の課題について」（国土交通省）

＊**入札**　売買･請負契約などにおいて最も有利な条件を示す者と契約を締結するために、複数の契約希望者に見積額を書いた文書を提出させて契約者を決める競争契約の方法です。主として国や地方公共団体などの公的機関などが発注する場合に行われ、競争入札には一般競争入札と指名競争入札があります。

建設投資額の国際比較

日本の国内総生産（GDP）に占める建設投資額の比率は、二〇一七年時点で約九・七%に上ります。欧米は以前四〜五%と、日本の三分の二から半分の水準でしたが、日本のレベルに近づいています。

社会の成熟の影響を受ける建設投資額

産業の発展段階によって、**建設投資額**が徐々に増える時期、ピークになる時期、減っていく時期、そして安定する時期があるといわれています。なぜなら、国の成長発展時期には経済成長率が高く、インフラ整備が活発になり、建設投資額は**GDP**以上の伸びを示します。そして、インフラが発達して社会が成熟するにつれて、建設投資額、特に公共工事の投資額が減っていくのです。このことは「建設投資額の国際比較」を見るとよくわかります。安定期、成熟期にある西欧では以前は建設投資額が四〜六%であるのに対し、成長期にあるアジアでは二〇%程度になっていました。日本では、一九七〇年代には、建設投資額がGDPの二〇%を超える状態でしたが、徐々に低下し、二〇一七年では九・七%となっています。

本来は、インフラの充実に伴って、八〇年代後半からなだらかに低下していくはずでしたが、バブル期の建設投資拡大とその後の不況期の公共投資のため、九〇年代後半まで一五%程度のレベルにありました。

その後、徐々に低下しましたが、二〇一二年以降は震災復興やオリンピック需要のため、増加傾向となりました。今後は過去に建設した構造物の維持管理・更新費も増えていくことが予想されています。日本は欧米に比べて山や川の多い不利な地形であり、自然災害が多いことなどから、現状のレベルで推移すると考えられます。欧米もインフラ整備の需要増により、建設投資額が増加傾向にあります。

【経済成長率】 GDPの伸び率を「経済成長率」と呼びます。日本も高度成長期の経済成長率は毎年10%を超えましたが、バブル期の6%台を最後に、数%から悪ければマイナスになっています。

建設投資額と対GDP比（2017年）

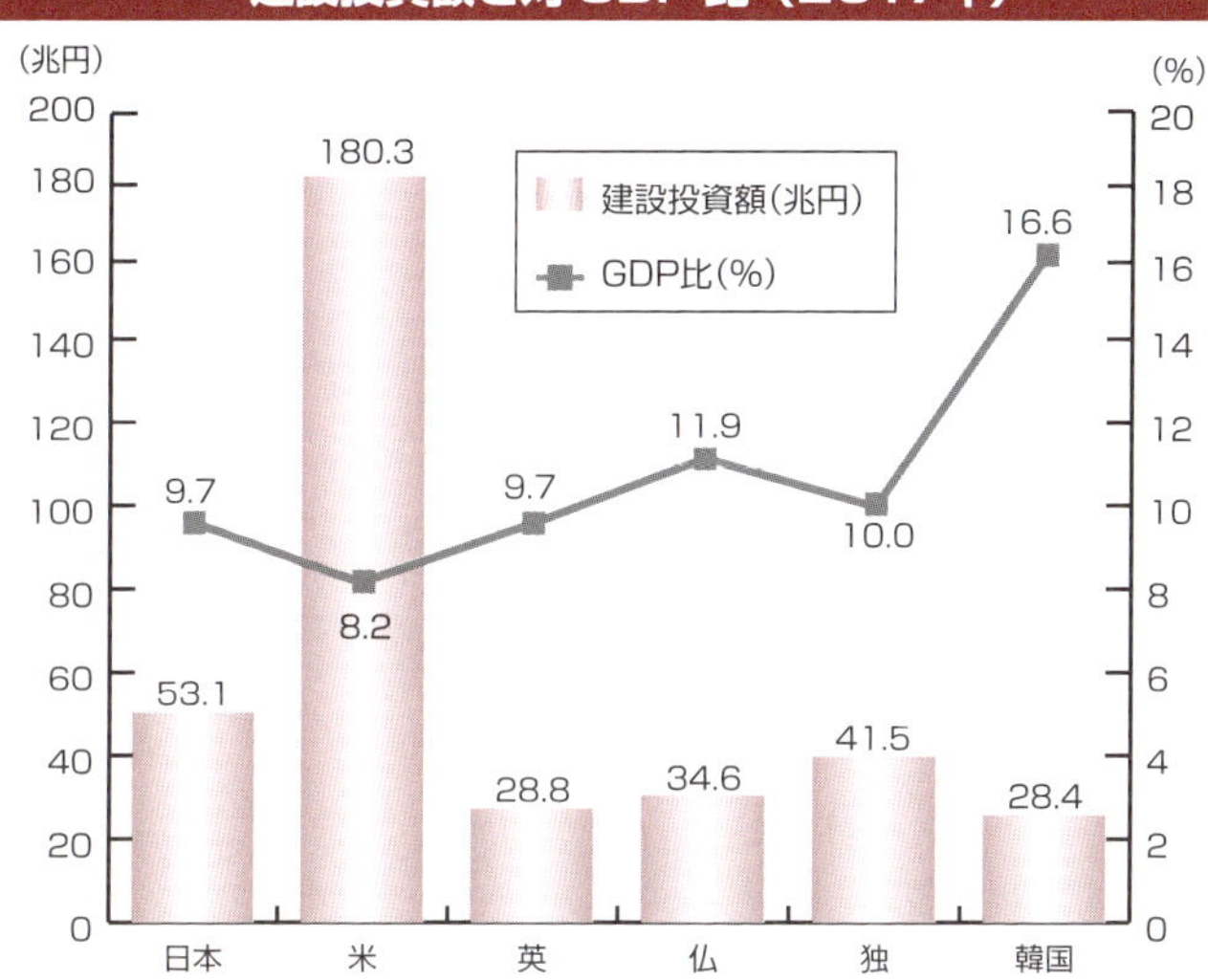

『建設業ハンドブック 2019』（一般社団法人日本建設業連合会）
http://www.nikkenren.com/publication/handbook.html

建設投資額の国際比較

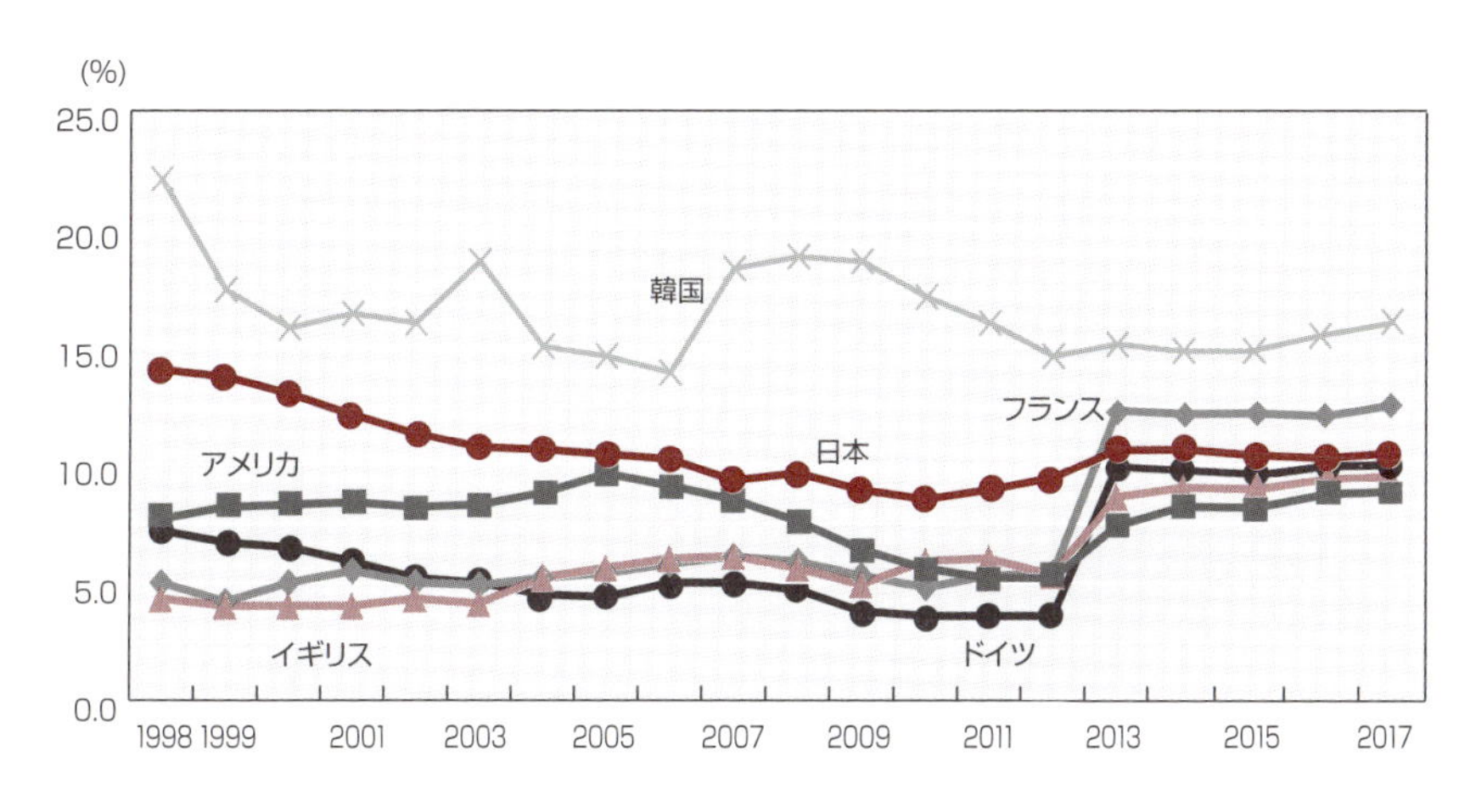

『建設業ハンドブック 2000 ～ 2019』（一般社団法人日本建設業連合会）
http://www.nikkenren.com/publication/handbook.html

＊ **GDP（国内総生産）** 一定期間内に国内で産み出された付加価値の総額で、国全体の経済活動を総合的に表す指標として使われます。日本のGDPは約533兆円、国民1人当たりにすると400万円以上になります。GDPの伸び率が経済成長率です。

9 東日本大震災の教訓

二〇一一年三月一一日午後二時四六分、東日本大震災が発生しました。三陸沖の深さ二四kmで発生したこの巨大地震は、マグニチュード九・〇とわが国観測史上最大のものでした。

地震と津波による大災害

東日本大震災は、宮城、福島、茨城、栃木など広い範囲で震度六強の強い揺れを起こし、地震による津波は、東北から関東地方にかけての太平洋沿岸を中心とした広い範囲に押し寄せました。岩手県の宮古市等では、津波が四〇m以上遡上したことが確認されています。東京湾岸地域を含め、東北から関東にかけての広い範囲で液状化現象も発生しました。大震災により全壊した住家は一二万一八〇九棟、半壊は二七万八四九六棟、一部損壊は七四万四一九〇棟となっています。

建設業界への教訓

東日本大震災では、揺れによる建物の倒壊よりも、津波が大きな被害をもたらしました。この津波に対しては、これまでのハード対策だけでは、地域を守れないことが明らかになりました。

一九三三年の昭和三陸地震津波では、死者・行方不明者がおよそ三〇〇〇人となり、その後、防波堤・防潮堤の整備、土地利用規制、高台への移転、避難体制の確立などの様々な対策が行われてきました。しかし、長い時間の経過と共に、生活の不便などから、持続・徹底がなされなくなったものもありました。昭和三陸地震津波のときにも、それより約四〇年前の一八九六年、死者二万人以上となった明治三陸地震津波での警戒感が薄れていたことが知られています。

今後の津波対策として、防波堤の再整備だけでなく、減災効果を発揮する樹林帯の整備や、迅速に避難する

【防潮堤】 防潮堤は、台風などによる大波や高潮、津波の被害を防ぐ堤防です。岩手県宮古市の田老地区には、津波対策として、世界最大規模の総延長2433m、海抜10mに及ぶ巨大防潮堤がありましたが、東北地方太平洋沖地震の津波はそれを破壊し、町は壊滅状態になりました。防潮堤に対する信頼のために逃げ遅れた方もいるといわれています。

わが国における明治以降の地震・津波被害

年	地震名	死者・行方不明者数（概数を含む）
1923	関東地震（関東大震災）　※	105,000
2011	東北地方太平洋沖地震（東日本大震災）　※	22,288
1896	明治三陸地震　※	21,959
1891	濃尾地震	7,273
1995	兵庫県南部地震（阪神・淡路大震災）	6,437
1948	福井地震　※	3,769
1933	昭和三陸地震　※	3,064
1927	北丹後地震	2,925
1945	三河地震	2,306
1946	南海地震　※	1,330

注）1　※は、津波による被害が発生した地震。
　　2　東日本大震災による死者・行方不明者数は令和２年３月10日（消防庁）。
　　3　東日本大震災による全国の避難者数は、平成28年４月で16万５千人（復興庁）
資料）国土交通省　他

ことのできる避難地・避難路などの配置が行われています。建設業界には、災害に備える工事を行うだけでなく、過去の災害から得られた教訓を末永く引き継いでいくことが求められています。

浮き彫りになった建設業界の課題

東北地方では、多くの建設会社も被災しました。大震災以前から厳しい経営状況になっていた会社も多く、インフラなどの復旧活動などを担うべき地域の建設会社の中には、必要な労働力や建設機械などを迅速に確保することが困難な会社も多いという課題が浮き彫りとなりました。

大震災後には、一時、応急仮設住宅の建設に必要な住宅建設資材不足となり、大量の災害廃棄物も発生しました。岩手、宮城、福島の三県の津波により倒壊した家屋などのがれきだけで、阪神淡路大震災時の約一四五〇万トンを上回る約二二六〇万トンと推計され、全国各地の自治体が災害廃棄物を受け入れました。放射性汚染廃棄物の処理は排出された都道府県内で行うこととなりました。

ワンポイントコラム

【応急仮設住宅】　応急仮設住宅は、2012年10月までに913地区で約5万3000戸が完成しました。短期間での建築が必要でしたが、一度に需要が集中したため、合板、断熱材、外装材、給湯設備機器など多くの資材について平時よりも調達に時間がかかりました。

10 建設業界を管轄する国土交通省

国土交通省は二〇〇一年の中央省庁再編時に、これまでの運輸省、建設省、国土庁および北海道開発庁が統合してできた省庁です。建設業界に対しては、「規制者」と「発注者」という二つの顔を持っています。

二〇〇一年の**中央省庁再編**に伴い、陸・水・空の運輸や鉄道、港湾、船舶、気象などに関する行政機関だった運輸省、道路・河川関係、官庁営繕、住宅・都市などの社会資本整備の建設事業を所管する建設省、土地、水資源、離島振興、災害対策、大都市圏政策などの国土行政を担当する国土庁、北海道の総合開発事務(河川、治山、農業、港湾など)を担当する北海道開発庁の四省庁が統合し、**国土交通省**が誕生しました。

規制者と発注者の役割

国土交通省は、建設業法や入札制度などで建設業界を規制しています。建設業法に基づいて建設業の許可を受ける場合、二以上の都道府県に営業所を設ける場合は、国土交通大臣の許可を得なければなりません。

その一方で、国直轄事業の執行機関として、公共事業の八割に関与しています。

二〇一一年七月に、国土政策局、土地・建設産業局、都市局、水管理、国土保全局の四局と、インフラの国際展開を支援する国際統括官が新設されました。

地方整備局の役割

建設省時代の建設業行政は、そのほとんどを本省で行っていましたが、国土交通省誕生後は、業務が大幅に地方整備局へ移行されています。各地方整備局では、河川、砂防、ダム、道路、港湾、空港などの担当事業の調査、計画、工事を行っています。建設業の許可、経営事項審査、建設業法上の監督業務、各種の届け出なども地方整備局の建政部の建設産業課で行っています。

【建設産業政策2017+10】 10年後においてもインフラや住宅等の整備や老朽化への対応、災害時の応急復旧などの「現場力」を維持できること、若者に夢や希望を与える産業であること、を実現するための施策が2017年に国土交通省から公表されました。筆者も会議の非公式勉強会で「地域の建設企業の現状と課題」について報告しました。

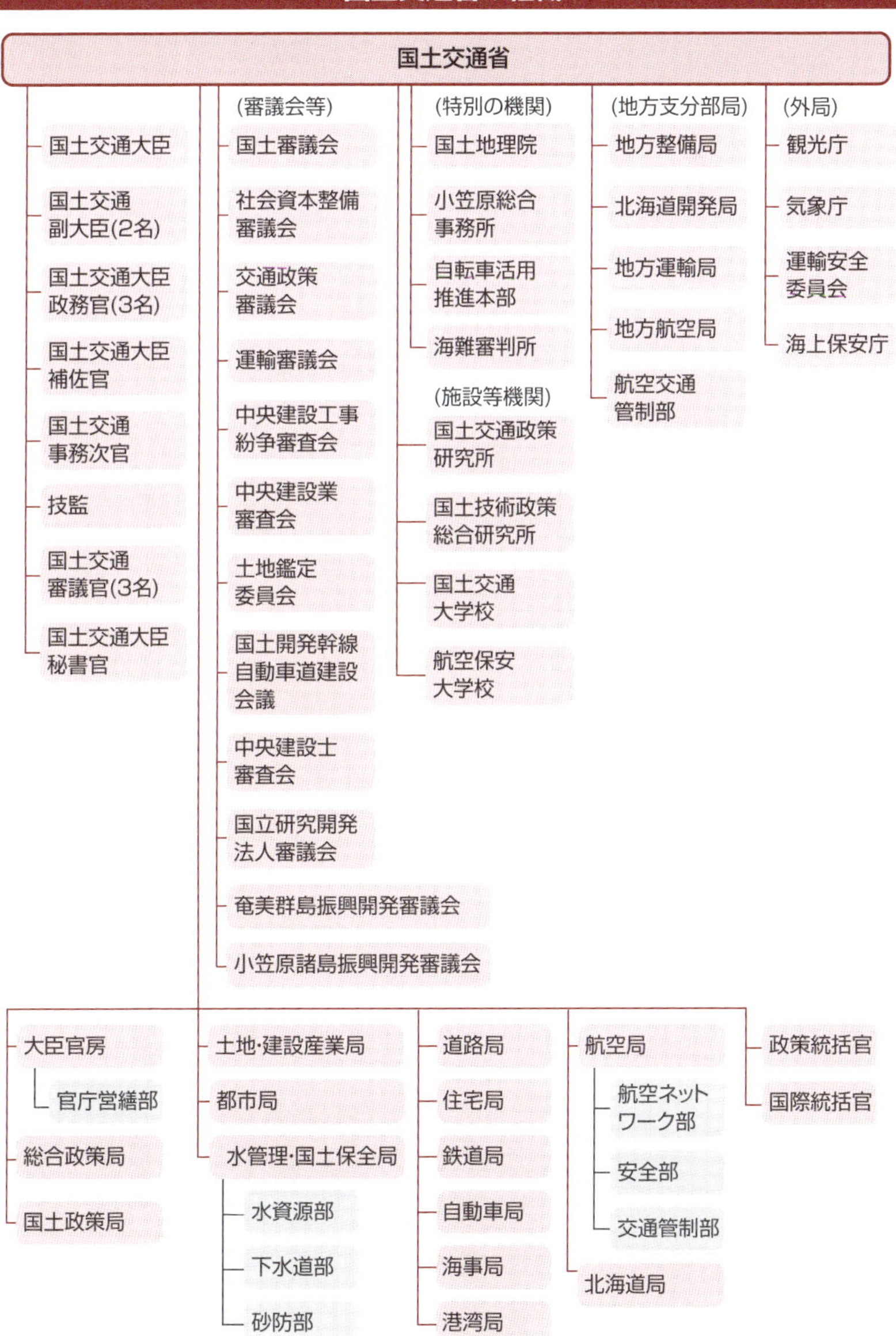

出典：「国土交通省の組織（令和元年７月１日時点）」（国土交通省）より

【インフラの国際展開】　国土交通省の国際業務を横断的に統括する国際統括官が新設されました。また、わが国企業の海外展開を強力に推進するため、総合政策局に海外プロジェクト推進課が新設されました。

長い歴史を誇る建設会社

建設会社には長い歴史を誇る企業が多くあります。(株)金剛組は、寺社仏閣建築、城郭、文化財建造物の設計・施工・復元・修理などを得意とする世界最古の企業です。五七八年、四天王寺建立のため聖徳太子によって百済から招かれた三人の宮大工のうちの一人である金剛重光により創業されました。

大手ゼネコンの創業期

大手ゼネコンのルーツは、江戸時代終盤から明治時代前半にあります。

(1)鹿島建設

一八四〇(天保一一)年、大工の修行後、棟梁となった鹿島岩吉が江戸で創業し、その後、開港して建築ブームとなっていた横浜で多くの外国商館建設を請け負い、新橋—横浜間の鉄道工事にも関わりました。一九六八年には、日本初の超高層ビル「霞ヶ関ビル」を完成させています。高さは一四七メートルで完成した一九六八年には革命的な高さでした。

(2)大成建設

大倉喜八郎が、一八七三(明治六)年に大倉組商会を創立したのが会社の起源です。日本で初めての会社組織による土木建築業となりました。「建設」の文字は、大成建設が最初に使用したもので、土木・建築の両方を同時に表す新語として「construction」の訳から採用されました。

(3)大林組

一八九二(明治二五)年、大林芳五郎が土木建築請負業「大林店」を創設しました。一九一四年には東京駅や生駒隧道を竣工して、日本中に高い技術力をアピールしました。東京スカイツリーを建設しています。

＊**四天王寺**　日本仏教の祖とされる聖徳太子が招いた宮大工の金剛重光が建立した日本仏教の最初の寺です。大阪市天王寺区にあり、593年に造立が開始されました。金剛重光は法隆寺なども建立しました。

(4)清水建設

清水建設は一八〇四(文化元)年に大工の清水喜助が神田で創業しました。幕府関係の工事で成長し、明治維新を間に挟みながら外国人専用の「築地ホテル」の建設を手掛けました。これは当時の世界の一流ホテルと比べても見劣りしないものでした。

(5)竹中工務店

織田信長の普請奉行として城市の建設に携わった初代竹中藤兵衛正高が一六一〇(慶長一五)年に名古屋に店舗を構えたことに始まります。建築に関する技術が変化を遂げた現在でも、「匠の心」、「棟梁精神」を持ち続け、手がけた建築物のことを誇りと愛着をもって「作品」と呼んでいます。

(6)三井住友建設

三井建設の起源は、一八八七(明治二〇)年に西本健次郎が和歌山に西本組を創設したことに始まります。

住友建設は一八七六年に住友別子銅山の土木建築部門をもとに創設されました。二〇〇三年に経営統合により、三井住友建設㈱が発足しました。

(7)飛島建設

一八八三(明治一六)年に飛嶋文次郎が飛島組を創設しました。前田建設工業と熊谷組は、飛島建設から独立した企業です。

建設会社の創業期

年	会社	内容
578年	金剛組	聖徳太子より招かれ四天王寺を建立
1610年	竹中工務店	織田信長の普請奉行から創業
1804年	清水建設	幕府関係の工事で成長
1840年	鹿島建設	江戸で大工修業後棟梁となり創業
1873年	大成建設	大倉組商会を創立
1874年	西松建設	西松桂輔が土木建築請負業を創業
1876年	住友建設	住友別子銅山の土木建築部門から創設
1881年	戸田建設	初代戸田利兵衛が東京で開業
1883年	飛島建設	福井城取り壊し工事を請け負う
1887年	三井建設	和歌山で西本組を創設
1892年	大林組	大林芳五郎が「大林店」を創設

【法隆寺】　法隆寺は飛鳥時代の姿を現在に伝える世界最古の木造建築として広く知られています。聖徳太子が用明天皇の遺願を継いで、607(推古15)年に寺とその本尊「薬師如来」を建立しました。奈良県生駒郡斑鳩町にあります。

日本列島を小さくする新幹線と高速道路

2014年10月1日、新幹線が1964年の開業50周年を迎えました。新幹線の開業により、それまで6時間50分かかっていた東京ー大阪間が4時間に短縮されました。

東海道新幹線の高速化は戦前から構想がありました。東京ー下関間を6時間で走り、そこから船で朝鮮鉄道、南満州鉄道をつなぐ計画でした。東海道新幹線が、1959年の着工から5年の短期間で建設できたのは、1940年に帝国議会でこの弾丸列車計画の予算が承認され、一部着工されていたからです。

東海道新幹線のあとも新幹線の整備は進み、日本列島は小さくなりました。1947年時点で東京から日帰り（東京駅を7時以降に出発して現地で1時間滞在後、22時までに戻ること）できる限界が、東が白河、西が豊橋であったのに対して、2016年では、東は長万部、西は鹿児島になりました。新幹線は半世紀で55億人を運び経済の発展に大きな影響を及ぼしていることがわかります。

高速自動車道路の整備も日本列島を小さくすることに大きく貢献しました。1965年に延長190kmであった高速自動車国道は、2017年には8,893kmになりました。自動車専用道路を含む高規格道路全体では、11,604kmになります。1971年に26時間以上かかっていた東京ー鹿児島の貨物輸送時間は、2014年には18時間にまで短縮されました。リニア中央新幹線で、さらに日本列島は小さくなります。

東京駅からの鉄道日帰り範囲

『国土交通白書2016』より

建設業界の仕組み

建設構造物や作業をする現場を見かけることはあっても、「建設業界」の仕組みは見えにくいものです。どのような人たちが関わって、どのような仕組みで建設構造物ができ上がっていくのでしょうか。

1 ひとくちに「建設業」というけれど

住宅内の簡単なリフォームから高層ビルや巨大な橋、神社仏閣まで、建設業の仕事は多種多様です。施工特性の異なる多種の専門技術の組み合わせで仕事が行われているため、業種別の許可制度が採用されています。事業の規模も町の大工さんから超大手ゼネコンまで千差万別です。

建設業の二九業種

建設業として許可を受けることができる二九業種のうち、**土木一式工事業と建築一式工事業**の二つが「総合的な企画・指導・調整のもとに土木工作物（建築物）を建設する工事」で、その他は二七の専門工事業種に分類されます。

建設工事は、元請けとなる会社（主に土木一式工事業や建築一式工事業）が設計図書に基づいて資材を調達し、下請専門工事業に外注して工事を進めていきます。元請会社の役割は、発注者の求める建設物を納期どおりに引き渡すために、専門工事業者を統括して工程・品質・原価・安全などの管理を行うことです。ですから、工事現場で目にする建設会社の名前は元請会社ですが、実際に現場で働いているのは、ほとんどが下請会社の作業者ということになります。

例えば、マンション建設工事では、「とび・土工・コンクリート工事業」がくい打ち、土砂の掘削、足場の組立やコンクリート工事を行い、「鋼構造物工事業」が鉄骨工事、「鉄筋工事業」が鉄筋の組立て、「大工工事業」がコンクリートの型枠の組み立てを行います。設備関係では、「電気工事業」や「管工事業」が電気設備や空調、給排水の工事を行います。そして「大工工事業」や「内装仕上げ工事業」が室内の工事を行い、「防水工事業」「塗装工事業」「タイル・れんが・ブロック工事業」が外部の仕上げや防水工事を行い、「ガラス工事業」がガラス・サッシの取り付けを行います。

【サブコン】 **ゼネコン**は「ゼネラル・コントラクタ（総合契約者）」、**サブコン**は「サブコントラクタ（副契約者）」の略ですが、建設業界では専門工事業者のことを一般的に「サブコン」と呼んでいます。

資本金階層別建設業許可業者数（平成 31 年 3 月末）

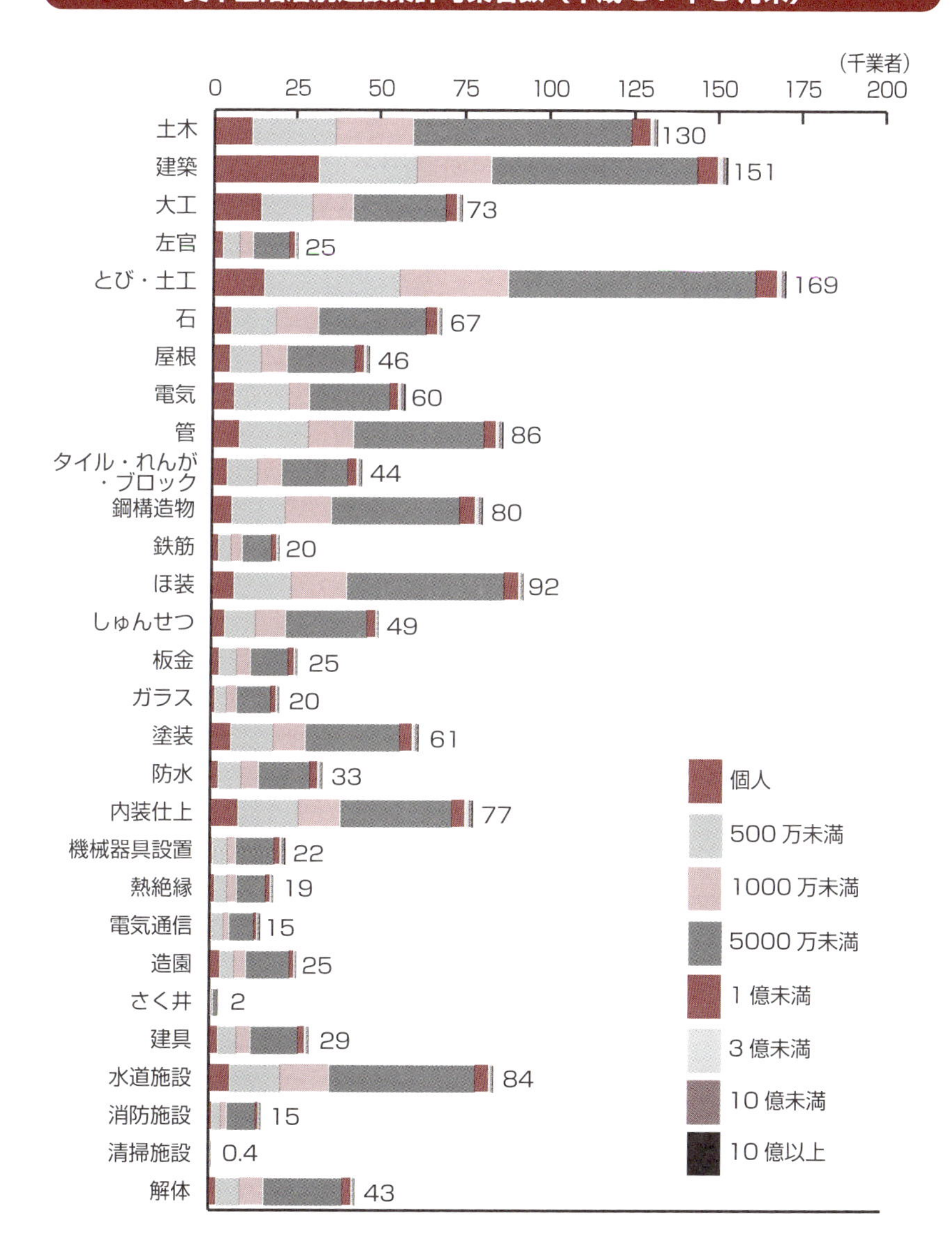

「建設業許可業者数調査の結果について」（国土交通省）

＊**指定建設業**　専門工事業種の中の電気工事業、管工事業、ほ装工事業、鋼構造物工事業、および造園工事業と土木一式、建築一式の７業種は、一般的に高度な技術が必要とされるので、「指定建設業」として分類され、一定の国家資格を所持した専任の技術者が必要になります。

2

建設業は典型的な受注産業

建設業は、発注者から注文があってはじめて工事を行う受注産業です。建物を作る場所に拠点を構えて工事を行います。同じ受注産業でも生産設備の固定されている造船業、航空機製造業などとは異なります。

建設構造物は単品受注生産のため、仕様、工期、品質など、発注者の様々な要望に沿ってつくられます。仕事量の変動が大きく、繁忙期を想定して人を確保すると、余剰人員を抱えることになってしまうため、自社で直接雇用している社員の割合が他の産業に比べて少なく、雇用条件が不安定な労働者が多くなっています。

建設業は、人員、資材、設備など、必要な資源を工事ごとに移動しなければなりません。まったく同じ内容の工事であっても、その土地の地形、地質、気象などの条件は工事ごとに異なるので、その都度、はじめての仕事になります。したがって、造られた建物の客観的な比較が難しく、価格のみの競争に陥る危険性があります。

さらに、建設工事は土木工事、基礎工事、鉄筋工事などの各種工事の組み合わせで成り立っています。鉄筋工事やコンクリート工事、ガラス工事、電気設備工事などを統合して、一つの建設構造物をつくっていきます。このような会社が元請けと下請けの関係となっていますから、元請業者の力が強くなりがちです。不当な契約条件などを、下請業者に対して一方的に押しつける例が見られます。

労働集約的産業の問題点

建設業は、ハウスメーカーなどの特殊な場合を除くと、大量生産はできません。現場で人の技術や力に頼る部分が大きく、大きな工事現場では一日に一〇〇〇人以上の人が工事に従事する労働集約的な産業です。人材の育成に力を入れると共に、労働環境の向上を

【地域密着】 建設会社は「地域密着」を目指すべきだといわれますが、本当にできている会社は少なく、商圏が狭いため、「地域密着型」と名乗っているだけの会社が大半です。地域に貢献し、地域で知られている、地域の情報が入り、地域で頼られる存在であることが大切です。

建設投資の内訳（2018年度）

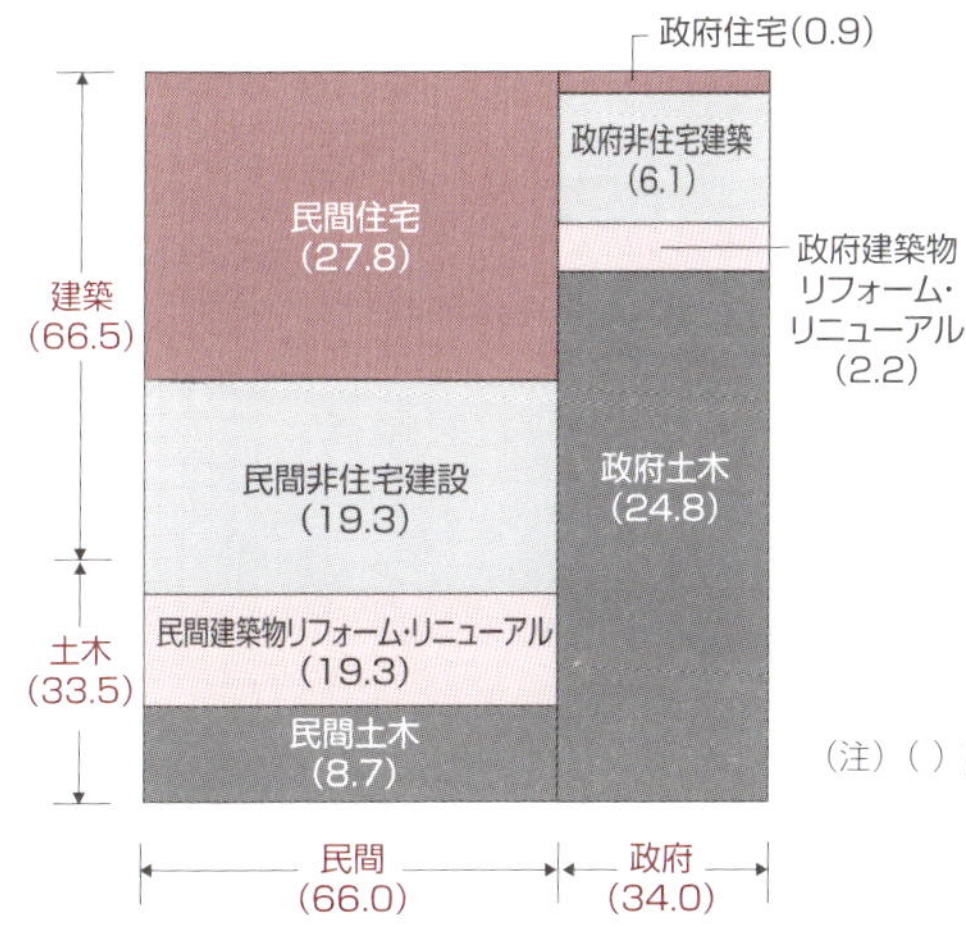

建設投資は、民間部門が全体の66%、政府部門が34%を占める。
民間部門の大半は建築工事、政府部門の大半は土木工事である。

（注）（ ）内は投資総額を100とした場合の構成比

「建設業ハンドブック2019」（社団法人日本建設業連合会）
http://www.nikkenren.com/publication/handbook.html

図っていくことが大切です。また、屋外中心の作業となるので天候の影響を強く受け、工事のスケジュール管理が難しいという問題もあります。新たな技術の導入などにより、安全で快適な作業環境を整備し、現場管理の効率化を図ることが求められています。

公共事業への依存度が高かった会社は、仕事は与えられるものであるとの認識が強く、「商品」を開発したり売り込む意識が弱いという欠点があります。これからの建設業を考えるとき、このような待ちの姿勢では事業の拡大も利益の向上も達成は困難です。事業の計画段階から情報を収集・調査・分析し、企画提案から設計、資金調達、メンテナンスに至るまでの様々なノウハウを蓄積し、発注者が期待する以上の解決策を提供していくことが、これからの建設会社発展の条件となっていきます。

また、建設業は大きな資本を必要とせず、技術者の配置を適切に行えば、少人数で事業を営むことも可能です。そのため、新規開業が容易で、不良不適格業者の参入を招く場合があります。元請業者の責任を基本とした責任施工体制の徹底を図っていくことが必要です。

＊**不良不適格業者**　技術力、施工力をまったく持たないペーパーカンパニー、経営を暴力団が支配している企業、対象工事の規模や必要とされる技術力から見て適切な施工ができない企業、などのことをいいます。

3

建設業に必要な各種の「許可」

昭和四〇年代の建設需要増大期に、施工能力・信用に欠ける建設業者の参入を許した反省から、昭和四六年に、建設業はそれまでの「登録制」から「許可制」に変わりました。建設工事を請け負うためには、建設業の「許可」を受けなければなりません。

建設業の「許可」には「業種別の許可」と「一般建設業の許可」「特定建設業の許可」があります。請負として建設工事を施工するためには、下請け、孫請け、ひ孫請け以下の場合も、個人、法人の区別なく、二九の「業種別許可」を受けることが必要です。従業員がなく、一人だけで作業を行う建設業者（**一人親方**と呼ばれる）も同様です。ただし、「軽微な建設工事」のみを請け負う業者に限り、建設業の許可は不要になります。

軽微な建設工事とは、工事一件の請負代金の額が、建築一式工事を除く二八の工事では五〇〇万円未満の工事、建築一式工事については一五〇〇万円未満の工事、または延べ床面積が一五〇㎡未満の木造住宅の工事のことです。

一般建設業と特定建設業

元請けする一件の工事について、下請けに出す金額の総額が四〇〇〇万円（建築一式工事の場合は六〇〇〇万円）を超える場合は、「一般建設業」ではなく「特定建設業」の許可を取らなければなりません。「特定建設業」は、元請業者として大きな金額を下請業者に請け負わせるため、許可の基準が厳しくなっています。

「特定建設業」の許可は「元請業者」に必要な許可であり、下請業者が孫請業者に四〇〇〇万円（建築一式工事の場合は六〇〇〇万円）を超える工事を請け負わせる場合は、必要ありません。また、営業所の場所が一つの都道府県内であれば知事、二つ以上の都道府県で

【建設業許可の財産的要件】 財産的基礎の弱い建設業者の場合、建築途中の資金不足による工事の中断という事態などが発生する場合があるので、建設業者に対してある程度の財産的基礎を要求しています。

建設業許可の「許可区分」

		下請けに出す工事の金額	
		特定建設業 元請けする1件の工事について、下請けに出す金額の総額が4,000万円を超える場合*	一般建設業
営業所の設置	2つ以上の都道府県に営業所を設ける場合(大臣許可)	5,728業者	7,329業者
	1つの都道府県のみに営業所を設ける場合(知事許可)	40,014業者	437,975業者

*建築一式工事の場合は6,000万円（許可業者数は2019年度末）
*2016年6月より下請契約の額が3,000万円から4,000万円（建築一式の場合は4,500万円から6,000万円）に引き上げられました。

あれば国土交通大臣の「許可」を受けます。
五〇〇万円未満の軽微な工事を請け負う場合は建設業の許可が必要ないため、リフォーム工事に多様な業界からの参入があります。中には詐欺まがいの営業や工事をする業者がいて、社会問題となっています。ほとんどの建設会社では、下請・孫請業者にも建設業の許可取得を義務付けています。

解体工事業の追加

解体工事の増加を背景に二〇一六年六月から「解体工事業」許可が追加されました。これまで、「とび・土工工事業」に含まれていた「工作物の解体」が「解体工事業」として独立することになりました。「解体工事業」の許可が追加された時点で「とび・土工工事業」の技術者に該当していた方は、二〇二一年三月末までは解体工事業の技術者とみなされます。

電気工事業者のうち、一般用電気工作物または自家用電気工作物に関わる電気工事を営む事業者は、電気工事業法の規定に基づき、都道府県知事または経済産業大臣への電気工事業登録も必要です。

ワンポイントコラム

【電気工作物】 発電、変電、送電もしくは配電、または電気の使用のために設置する機械、器具、ダム、水路、貯水池、電線路その他の工作物です。一般用電気工作物は、600V（ボルト）以下の低電圧で受電し、構内で電気を使用するための電気工作物をいいます。自家用電気工作物は、電力会社から高圧および特別高圧で受電するものです。

業界を支える元請け、下請けの関係 4

建設工事の専門化・分業化、そして業務量の増減に対応するために、建設業界では、重層下請け構造が進みました。常時雇用の社員は閑散期に合わせて少なくしておき、繁忙期は外注を利用するという考え方です。

建設工事の需要変動に対応するための労働力供給として**下請け構造**がスタートしました。その後、下請会社は、技術力向上や施工機械の所有により、責任施工体制を持つ専門工事会社へと変化し、単なる労務供給は、さらにその下請けの役割となっています。

多くの元請ゼネコンは、信用できる下請業者を安定的に確保するために、下請協力会を組織してきました。そして、元請会社の現場所長は下請会社との人間関係を築き、優先的に仕事を発注してきました。下請会社側も現場ごとの収益で受注する・しないを判断するのではなく、時には元請けの意向をくんで、厳しい予算でも元請会社に協力してきました。このように、従来の専属的な元請け・下請けの関係は双方にとってメリットのある仕組みだったのです。

元請け・下請け関係の変化

元請けからの度重なるコストダウン圧力や元請けゼネコンの経営不振から、下請会社も特定の会社への依存度を下げたいと考えるようになり、下請協力会の団結は崩れています。また、ゼネコン側も協力会以外に価格の安い業者がいれば、発注するようになっています。

現在では、現場所長ではなく、本社の購買部門が工事ごとに価格や技術力、品質、経営状況を評価して下請けを選定する方式に変わっています。そのため下請会社はこれまで取引関係がなかったゼネコンから仕事を受注することもできるようになりました。元請けと下請けは戦略的なパートナーという認識に変わってきています。

＊**常雇**　常雇は、雇用契約期間が１年を超える者又は期間を定めないで雇われている者です。総務省の労働力調査（平成30年度）によると建設業従業者のうち常雇の割合が60.5％であるのに対して、製造業では77.6％となっています。製造業よりも雇用条件が不安定な労働者が多いことがわかります。

建設産業の施工形態

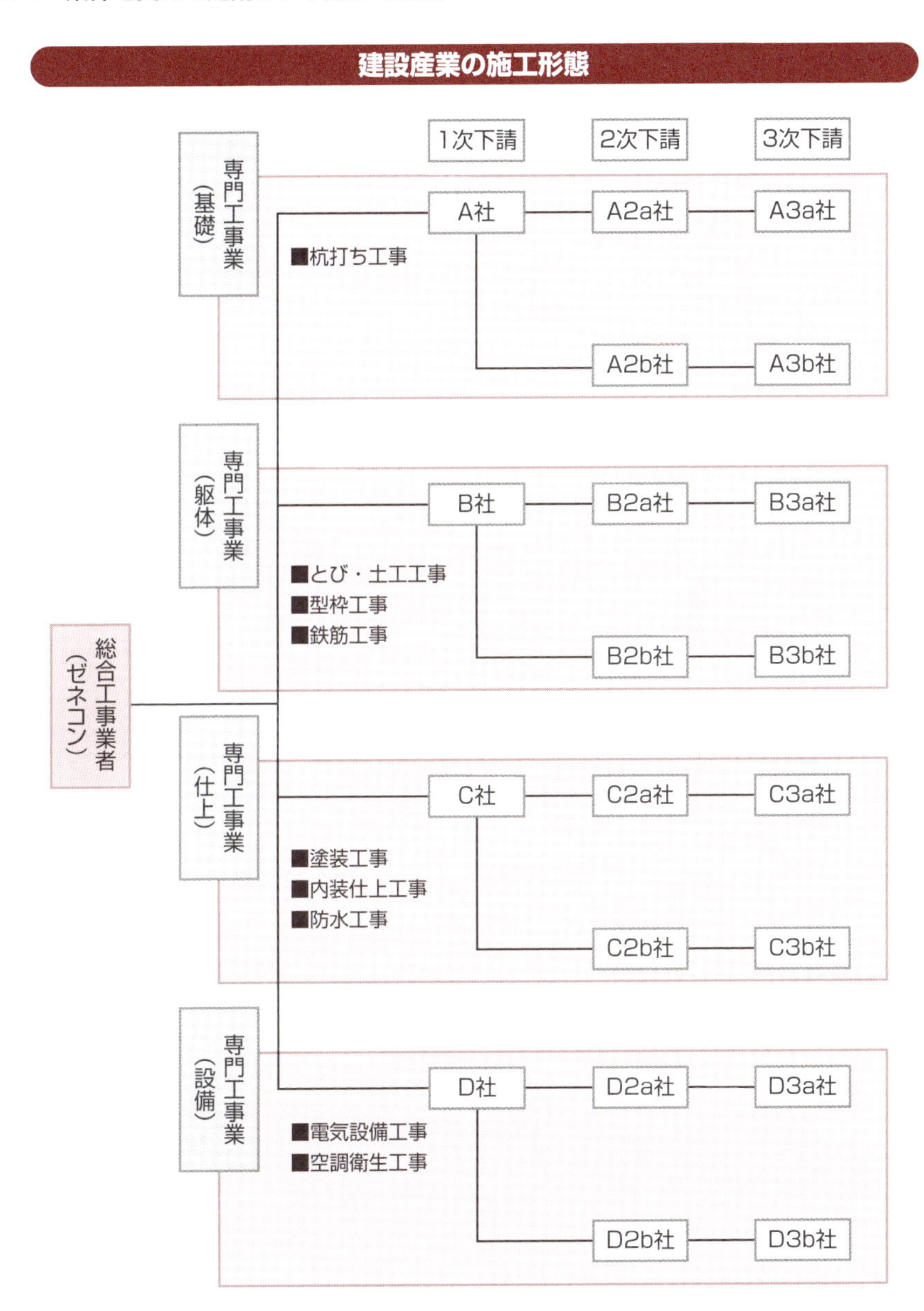

「建設産業の再生と発展のための方策 2011」（国土交通省）

【前払い金保証事業】　公共工事では、国や自治体が元請けゼネコンに工事代金の約４割を前払いし、元請けがこれを下請けに分配します。前払い金が下請けに渡る前にゼネコンが経営破綻してしまうと、下請けは代金を受け取れず、連鎖倒産してしまうことが考えられます。そこで、前払い金を着実に支払う仕組みが整備されています。

多様な入札と契約方式

5

公共工事の入札の目的は、「良い品質の工事を安く契約する」ことにあります。談合やダンピング受注などの防止を目的に、多様な入札・契約方式が導入されています。

民間工事では、一般的に発注者は**随意契約方式**や**見積もり合わせ方式**で業者を選択しますが、公共工事では、国の場合は「会計法」で、地方公共団体の場合は「地方自治法」で調達の方法が規定されています。どちらも**一般競争入札**を原則としていますが、実際には公共工事から不良・不適格業者を排除するために**指名競争入札**が採用されてきました。しかし、指名競争入札は、指名される業者が入札前にわかるため、談合が行われやすいという問題がありました。

入札・契約制度の改革

九四年、「入札契約手続きの改善に関する行動計画」が決定され、入札談合への対策として一般競争入札が拡大しました。しかし、公共工事が急激に減少する時期と重なったこともあり、低価格競争が激化し、粗雑工事を防ぐことが重要になってきました。

そこで、二〇〇一年に「公共工事の入札及び契約の適正化の推進に関する法律」が施行され、すべての発注機関に対して、工事の発注見通しや指名基準、入札に参加した会社や入札金額、入札結果、契約金額などの公開を義務付けました。二〇〇五年には「公共工事品質確保促進法」が施行され、**総合評価方式**を今後の発注方式の基本とする方針が示されました。二〇一四年には、行き過ぎた価格競争の是正、就労環境の改善、担い手の育成・確保を目的として公共工事品質確保法、入札契約適正化法、建設業法の改正が行われました。二〇一九年には働き方改革や生産性向上を目的として、再び三法の改正が行われています。

【指名競争入札】 発注者が入札に参加できる者を指名して行う入札制度です。発注者は受注希望者の能力や信用などを指名の段階で判断し、適切でない者を入札執行前に排除することが可能です。しかし、指名の選定基準について明確なルールがないことから、発注者の恣意性に対する指摘もありました。

入札・契約制度の改革

	競争性・透明性の向上	品質の確保＝技術力競争	不正行為の防止
平成6年(1994)	一般競争入札の導入 ←	WTO(世界貿易機関)の合意、ゼネコン汚職	
∫	社会不信 ↓		
平成11年(1999)		総合評価方式の試行	
平成12年(2000)	入札契約適正化法		
平成13年(2001)	一般競争入札の運用範囲の拡大 電子入札試行開始	工事コスト調査の開始 低入札の急増 ↓	工事費内訳書の提出試行
平成14年(2002)	特殊法人等における予定価格の事前公表試行	総合評価方式の本格実施 ダンピング対策	官製談合防止法
平成15年(2003)	電子入札の全面実施	技術力評価の重視(工事成績、経験、技術者)	違約金条項の創設 指名停止措置の強化
平成16年(2004)	社会不信 ↓ ←	談合問題	
平成17年(2005)	一般競争入札の拡大	公共工事品質確保法	独占禁止法の改正・施行

↓ 行き過ぎた価格競争の是非
就労環境の改善
担い手の育成・確保

平成26年(2014)	入札契約適性化法の改正	公共工事品質確保法の改正	建設業法の改正
令和元年(2019)	働き方改革、生産性向上を目的に3法改正		

「国土交通省における入札・契約制度改革の取り組み」（国土交通省　関東地方整備局）に加筆

入札方式の特徴

	指名競争入札方式	一般競争入札方式	総合評価入札方式	予定価格・最低制限価格の公表
メリット	・実績のある業者を指名することで品質を確保しやすい ・良い工事をして次回も指名されようという意識が働く ・入札審査の業務負担が少ない	・談合がしにくく、透明性、競争性が高まる ・経済的な価格で発注できる可能性が高い ・発注者の恣意性が入りにくい	・提案書作成に手間がかかる ・技術力のある会社が評価される	・予定価格を探ろうとする動きに発注者が巻き込まれない
デメリット	・発注者の恣意的な運用がされやすい ・談合を誘発しやすい ・実績がない業者が入りにくい ・発注者との癒着が生まれやすい	・ダンピング受注が発生しやすい ・品質確保のための検査が重要になる ・ダンピング受注の場合、下請けなどにしわ寄せがいきやすい	・技術の評価に不透明さが残る ・発注者の恣意的な運用がされやすい	・最低制限価格を事前公表すると、同額に応札が集中してくじ引きになる ・きちんと積算する会社が減る

＊**入札ボンド**　公共工事の入札参加者が落札したにもかかわらず、契約に至らない場合、発注者にリスクが発生します。その場合の再入札費用などを保証するものです。米国などで導入されています。

現場をまとめるゼネコン業界

ゼネコンとは、建設工事に関する総合的な技術力を持ち、専門工事会社や資材メーカーをマネジメントして工事を完成させる会社です。

ゼネコンの仕事には、大きく分けて二つあります。一つは、自社や**専門工事会社**の建設技術を使って建物を建設することです。一般的には、こうした建設技術を駆使することがゼネコンの仕事だと考えられています。

もう一方は、専門工事会社や資材メーカーをマネジメントして、工事を定められた期間内に完成させることですが、実はこちらが非常に重要な仕事なのです。

工事現場では、作業の進ちょく状況に応じて、人や資材が毎日のように目まぐるしく入れ替わります。大きな現場では、一日の作業者が数百人を超える場合も珍しくありません。このような工事には、必ず全体をコントロールする機能が必要であり、それには非常に高度な知識と経験が必要です。建設技術とマネジメント技術を用いて業者や資材をうまくコントロールし、工事全体を滞りなく進めるのがゼネコンの仕事です。

ゼネコンの仕事は単純に専門工事業者への発注単価を切り下げ、責任施工をさせて終わるようなものではありません。このようなことを続けるゼネコンがあれば、専門工事業者の協力が得られず、結局は自分自身が淘汰されることになります。必要な資材と業者を揃えれば建設物ができ上がるものではなく、工事の完成に向けて関係者全員を一致協力させるマネジメントが重要なのです。

開発から施工管理まで抱えるスーパーゼネコン

大手建設会社の中でも、特に売上高の大きい大成建設、鹿島建設、清水建設、大林組、竹中工務店の五社を

＊**完成工事高**　決算期内に工事が完成し、その引き渡しが完了したものについての最終請負高（請負高の全部または一部が確定しないものについては、見積計上による請負高）と、未完成工事を工事進行基準に基づいて収益に計上する場合の決算期中の出来高相当額のことです。

ゼネコンの組織図（例）

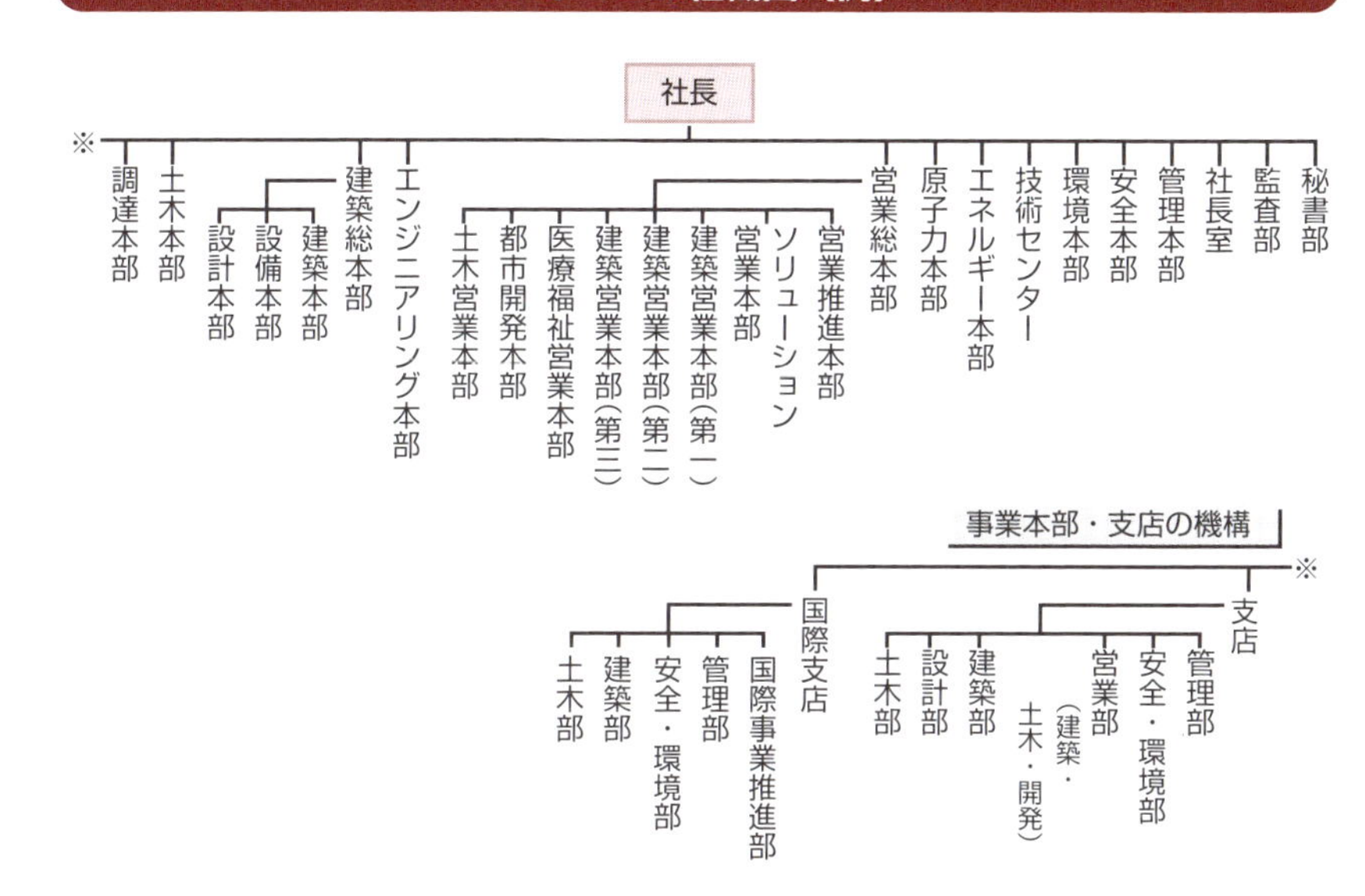

スーパーゼネコンと呼びます。スーパーゼネコンは、建設工事の施工を中心に、社内に設計部門、エンジニアリング部門、研究開発部門を抱え、建設に関する幅広い業務を行っています。

ゼネコン経営の重要な課題は、現場をきちんと完成させることと、収益の確保を両立させることです。維持管理においても建物の企画から設計、施工、管理運営まで一体的な対応が可能という強みがあるため、維持管理分野での事業拡大を狙っています。

ゼネコンの売上高（2019年度）

（億円）

社名	売上高
大林組	20,730
鹿島建設	20,107
大成建設	17,513
清水建設	16,983
竹中工務店	13,521
長谷工コーポレーション	8,460
五洋建設	5,738
戸田建設	5,211
前田建設	4,878
三井住友建設	4,724

＊**工事進行基準**　決算期ごとの進ちょくに応じて損益計算する会計処理方法。工事進行基準を採用すると、工事の進ちょく管理のための的確な積算と日常の原価管理が欠かせません。結果的に、細かな資金・採算管理をするようになり、前向きなコスト意識が育つことによる収益力の向上が期待できます。

7 海や川のスペシャリスト、海洋土木業

東日本大震災では、太平洋沿岸の各港湾施設にも大きな被害が発生しました。地震による地盤沈下、岸壁の陥没・沈下、大津波による防波堤の倒壊、コンテナなどの散乱、航路への流出などです。全国の港湾整備を担い、埋め立て・浚渫工事を得意としてきた海洋土木会社が、復旧に向けて大きな貢献をしました。

日本の国土は四方を海に囲まれているため、海岸線の総延長が約三万四四八〇kmと非常に長く、古くから埋め立て・浚渫（しゅんせつ）の技術が発達してきました。戦後も工業化の進展に伴い、資源の輸入や製品の輸出のために、多くの港湾が整備されてきました。

海洋土木の主な仕事は、「埋め立て・浚渫」の他に「防波堤築造」「岸壁護岸築造」「地盤改良工事」があり、これらの工事は専用の作業船によって行われます。工事は、陸上の工事とは異なる厳しい自然条件のもとで行う上、船舶の航行安全や環境保全、公害防止にも十分な配慮が必要になり、天気だけでなく海流や風などによって作業性が大きく左右されるのが特徴です。元請け、一次下請けの会社が作業船を所有し、二次、三次の下請けは労務提供が主な役割となっています。

海洋土木会社の大手といえば、五洋建設、東亜建設工業、東洋建設、若築建設などが挙げられます。特に五洋建設は、スエズ運河を建設した会社として、その技術力が高く評価されています。

海洋土木各社は、海岸防護や干潟・海浜の再生などの海岸環境の保全に取り組むと共に、人工魚礁、海洋牧場、深層水利用など、水産関係の技術開発も進めています。

東日本大震災では多くの防波堤や防潮堤が破壊されましたが、津波高や遡上高の低減、陸上への到達を遅らせるのに大きな効果があったことが認められています。

＊**浚渫工事**　大型船舶が安全に行き来できるように、海の底にある土を作業船で深く掘り下げ、発生した土砂を別の場所へ運搬・処分するまでの一連の作業のことです。作業船には、海底の土砂を掴んで掘る「グラブ浚渫船」や、土砂を吸い上げて掘る「ポンプ浚渫船」などがあります。

海洋土木の工事で活躍する作業船

泊地の水深を保つための浚渫や、防波堤、岸壁の安定した基礎づくりのための床掘などに使用される浚渫船です。

浚渫によって発生した大量の土砂を、圧縮空気により土砂を固体／液体／気体を混合した状態で効率的に埋立地に輸送するための作業船です。

橋梁やケーソン※など、港湾構造物の据え付けのほか、沈船や座礁船の引き揚げ、魚礁の設置、パイプライン敷設などに活用されています。

ケーソン※を安全確実に製作・進水させるための作業船です。巨大なコンクリート製のケーソンを製作するためのスペースは、陸上に確保しにくい場合も多く、海に浮かぶ製作場としての役割を果たします。

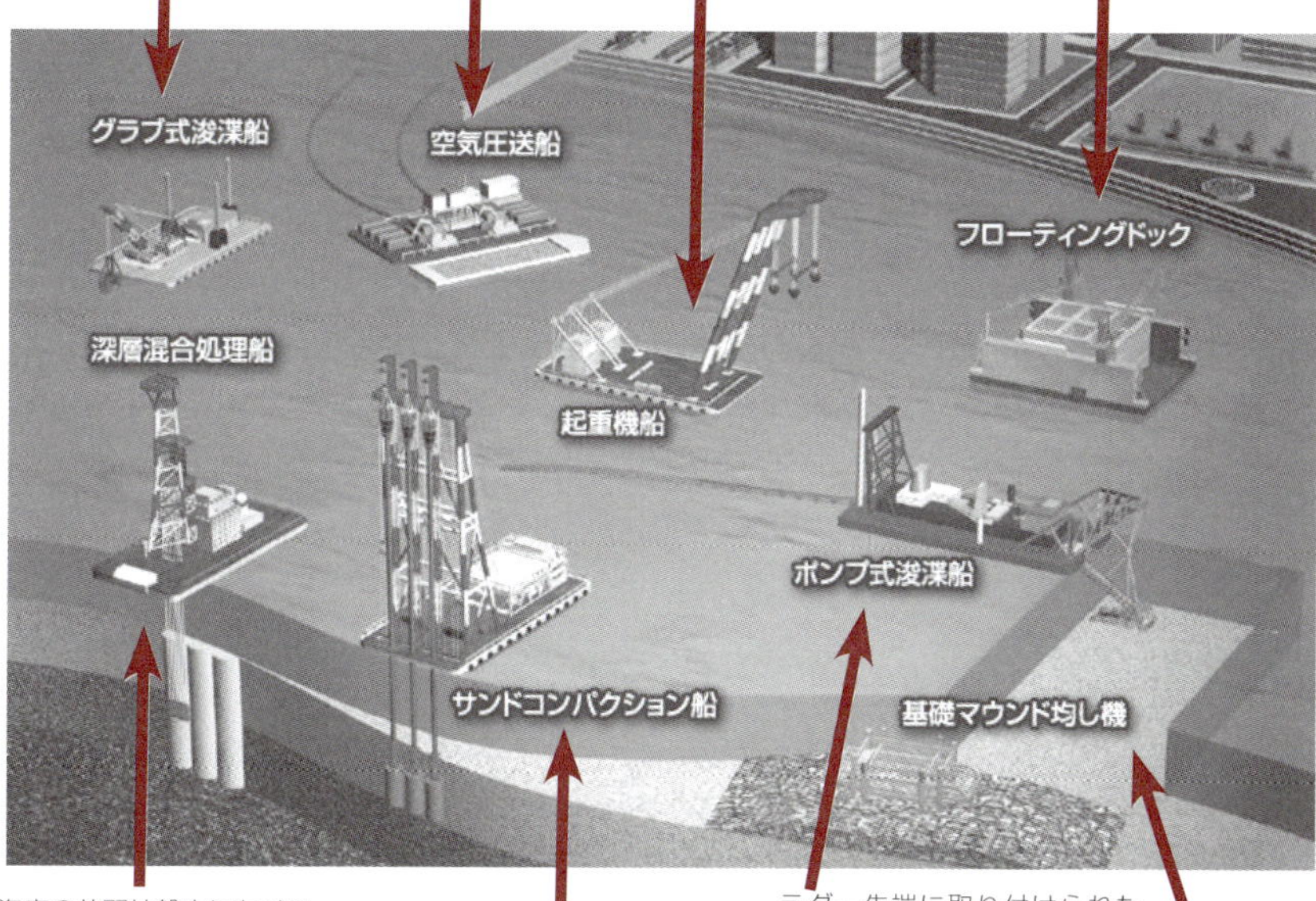

海底の軟弱地盤中にセメントミルクを混入することによって地盤改良を行うための作業船です。船上には、サイロや混合プラントも設置されています。

水はけのよい砂を杭状にした「砂杭」を軟弱地盤に打設し、地盤中の水を滲み出させることで地盤の改良を行うための作業船です。船上に設置されたヤグラには、砂を海底に打込むためのパイプが設置されています。

ラダー先端に取り付けられたカッターにより原地盤を掘削し、浚渫ポンプにより大量に吸入・送泥を行います。

ローラーや錘、振動するバイブロハンマーなどにより、機械的に基礎捨石マウンドの水平仕上げ作業を行います。

※ケーソン：水中あるいは地下の構造物を構築する際に用いられるコンクリート製または鋼製の大型の箱

「作業用船舶*」（社団法人　日本埋立浚渫協会）
http://www.umeshunkyo.or.jp/

＊解説文はホームページの記述をもとに筆者が作成

＊**マリコン**　「マリンコントラクタ」の略で、建設会社の中でも特に海洋土木工事を中心に請負う会社のことをいいます。港湾施設の建設、護岸・海底工事、浚渫・埋め立て、橋梁の建設、海底トンネルの建設など、海洋土木全般を得意としています。

8 現場を支える専門工事業

建設産業は下請け完成工事高の比率が上昇し、六割程度で推移しています。下請けとして工事に関わることの多い専門工事業者が建設工事の中核として、現場を支えていることがわかります。

専門工事業とは、建設業の二九業種の中で土木一式工事と建築一式工事を除いた工事を請け負う業種であり、主に下請けの役割を担っています。

本来の専門工事業という立場からすると、その職種の専門性により分業体制の一員として、元請けと対等なパートナーであるべきです。しかし、元請けから仕事を請けるという弱い立場にあるため、①本来は元請けが負うべき責任を押し付けられることがある、②受注が元請けの意向に左右されるため、計画的な人材育成が難しい、③元請けの経営状態によって支払期間が長期化する、などの問題に悩まされてきました。

その後、建設技術の高度化・専門化に対処するため、ゼネコンは外注比率を高めて、建設工事全体のマネジメントに集中するようになり、現場における専門工事業者の役割が増大してきました。それが下請け完成工事高比率の増加として表れました。

入札においても、特に専門工事業の施工内容が重要な工事では、下請企業の技術力を適切に評価したり、下請企業の見積もりを考慮するような選定方式にするようになりました。

その後、下請けの重層化が施工管理や品質に及ぼす問題がクローズアップされてきました。重層化により管理が行き届かない、情報共有に支障が生じやすい、代理店など契約上の介在だけで施工管理を行わない企業が組み込まれることによる役割の不明確化などです。この対策として不要な重層化の回避が進み、下請工事高比率が低下してきました。公共工事発注において下請次数制限を設けている自治体もあります。

【リフォーム】 リフォームは、建設業の中でも数少ない「これから伸びる」分野です。新築に比べて部分的な工事が中心ですから、専門工事業が元請けとして仕事をするチャンスが広がっています。

下請比率の推移

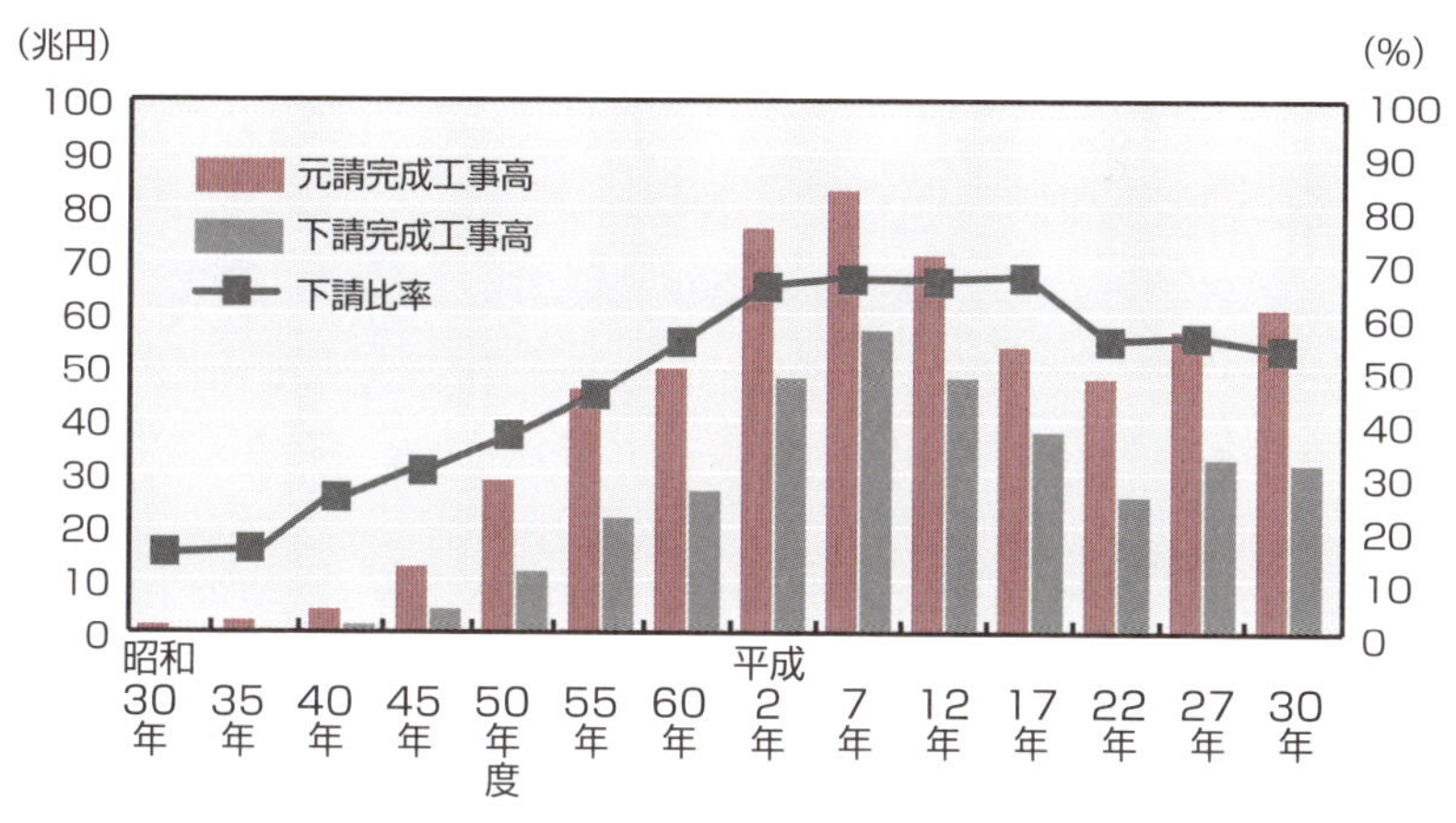

下請け比率＝下請完成工事高／元請完成工事高
昭和30年～昭和49年までは暦年調査、昭和50年以降は年度調査
「建設工事施工統計調査報告」（国土交通省）より

これからの専門工事業

これまでの専門工事業者の多くは、元請けからの仕事を待つ立場であり積極的にビジネスチャンスをつかもうという動きは活発ではありませんでした。

しかし、これからは、元請けから仕事を請けるだけでなく、専門技術にプラスして管理能力を身につけることで、ビジネスチャンスを広げることも可能になってきました。なぜなら、価格透明性の高い**分離発注方式**に自ら取り組む発注者が増えてきているからです。

分離発注方式とはゼネコンや工務店の下請けだった専門工事業者と施主が直接契約するシステムです。現在、公共工事の設備工事は「分離発注方式」が基本となっています。（一社）日本電設工業協会では、品質とコストとの関係が透明かつ明確で顧客に対し満足度の高いサービスを提供することが可能であるとして、分離発注の浸透に向けた提案力の強化を推進しています。

このような環境の変化に対応して、自らの**責任施工体制**を構築することができる専門工事会社だけが、このチャンスを生かすことができるのです。

【分離発注】　分離発注方式では、施主（発注者）が多くの業者と直接契約をしなければなりませんし、工事の進ちょく管理にも大きく関わることが必要になりますが、工事の内容や金額の透明性が増し、契約の納得性が高まります。コンストラクション・マネジメント（CM）ともいいます。

9 海外で評価されるプラント建設業

プラント建設会社は、エンジニアリング会社とも呼ばれ、海外を主な市場として各種のプラント建設を請け負っています。最近では、資源開発に伴うプラントの他に、途上国での廃棄物処理や大気汚染防止などの環境プラントの建設需要も高まっています。

プラント建設会社は、生産設備の投資事前調査から設計、機材調達、建設、据付、試運転指導、操業保全などの一連の業務を行う業種です。単に工場を建設すれば終わるのではなく、プロジェクトごとに専門チームを構成し、各種の生産プロセスノウハウの提供を工場建設というかたちで行います。主な分野として、石油精製プラントや石油化学プラント、化学プラント、電力プラント、通信プラント、鉄鋼プラントなどがあります。

プラント建設業では、日揮、千代田化工、東洋エンジニアリングの三社が専業大手と呼ばれています。高度成長期に、主に石油精製プラントや石油化学プラントの設計・建設でノウハウを身に付け、国際的な評価を得るようになりました。現在、産油国や東南アジアなど、工業化が進んでいる国を主な現場として建設を請け負っています。その他に、重電、鉄鋼、造船、大手ゼネコンなど、日本を代表する重厚長大系企業もプラント建設を請け負っています。

大手メーカーの工務部門が独立し、親会社からの受注だけでなく、独自のプラントエンジニアリングサービスを営業し、積極的に海外展開を図る企業も増えています。

雇用を生み出すプラント建設

プラント建設は、調査から設計、製造、運転や指導を通じて包括的に請け負う大プロジェクトであり、その建設と操業により、その国に多数の雇用が生まれ、多

【フルターンキー】 プラント建設会社が設計、据付、組立、試運転指導、保証責任までのすべてを請け負い、プラントが完成してキーを回せば運転が可能となる状態にするまでの責任を負う方式のことです。

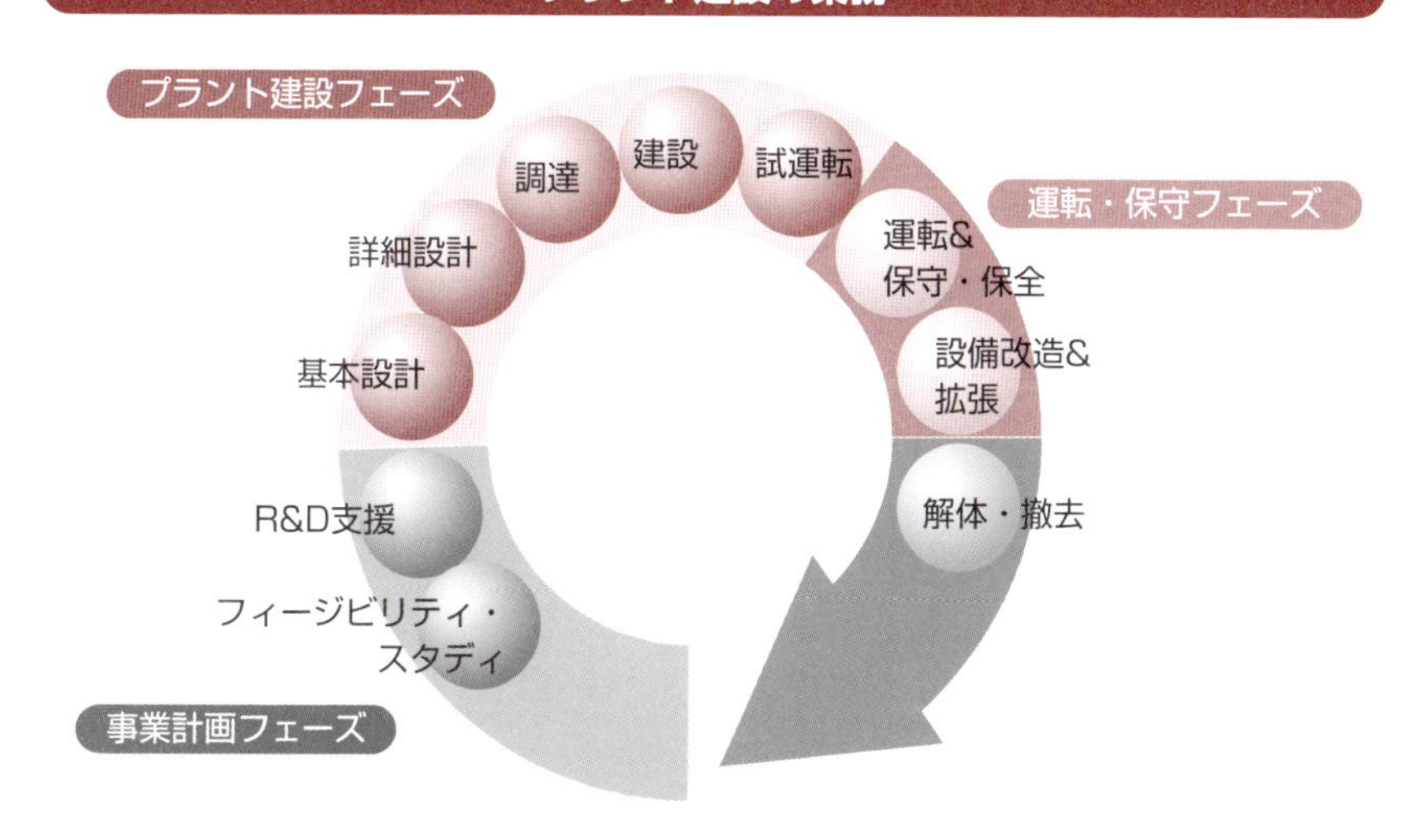

「千代田化工建設(株)」のHPを参考に作成

くの若い技術者が育ちます。プラント建設は自国のみならず、対象国への貢献度が問われる社会的意義の高い仕事です。

プラント建設会社は社内の各部署から化学や機械・土木など、様々な分野の専門家を結集してチームを組むだけでなく、プロジェクトが始まればコーディネータ役の大手商社、調査部分ではコンサルタント会社、鉄鋼、重電、通信の各分野ではそれぞれの大手企業とプロジェクトチームを組みます。複雑なプラントになるほど、専門的業種の会社が多数、プラント建設に関わってきます。

プラント建設を発注する顧客は、プラント建設会社の「プロジェクトマネジメント能力」や「キーパーソンの質」を重視しており、人材の育成・確保がますます重要となっています。

プラント建設業は、受注があるときは業績が好調となり、受注が減ると業績が悪化するという受注環境に左右されやすい構造です。プラントの運営・保守管理も含めた事業を拡大することで、収益の安定化を図ることが課題です。

＊**プロジェクトマネジャー**　プロジェクトの運営責任者です。プロジェクトの企画・提案、プロジェクトメンバーの指名、社内調整、顧客折衝、要件定義、受注、品質管理、進ちょく管理、コスト管理、リスク管理などを任され、文字どおりプラント建設現場を取り仕切る役割を担っています。

10 都市開発をリードするデベロッパー

東京ミッドタウンや丸の内の再開発、高級マンションの分譲販売などは、大手デベロッパーの仕事です。土地を整備して施設の建設を行うことで、不動産の価値を高めます。

デベロッパーとは、大規模な住宅開発や都市再開発、リゾート開発などを行う会社です。開発の企画、土地の仕入れ、そして、完成後の販売を行います。設計や施工は、建築設計事務所や建設会社が請け負います。

土地の仕入れと企画が命

開発にあたっては、良い事業用地を確保することが最も大切です。地域を徹底的に調べ上げ、用地情報を探ります。不動産会社や銀行などからも情報を収集します。

事業候補の案件が出たら、その場所にはどんな開発が適しているのか、どんな人が集まってくれるかなどの事業プランを検討します。計画地周辺の立地特性がポイントになります。

そして、賃料や販売価格を考慮して、その土地をいくらで購入し、いくらで建設すれば事業として成り立つのかを検証します。計画施設から得られる収益を予測することが大切です。開発用地を取得するときは、建築上の法規制なども調べて、どんな建物が建設できるのかを検討します。

設計や施工は建築設計事務所や建設会社が行いますが、設計においては、建物の機能性やデザインなど、事業主としての確認を行います。施工中も事業主の立場で監理を行います。

販売についても計画を立てて、広告活動を行います。物件の魅力を顧客に伝え、多くの人々に共感を与えることが大切です。

＊**マンション**　昭和30年代初めに日本のデベロッパーが、集合住宅に高級感を持たせるために「マンション」と銘打って売り出しました。本来のMansion（英）は、主に豪邸を示す言葉です。日本では、木造や軽量鉄骨造などで小規模なものを**アパート**、大規模で、鉄筋コンクリート造や鉄骨鉄筋コンクリート造のものを**マンション**と呼んでいます。

デベロッパーの仕事

コンセプト立案・商品企画

1. 開発用地取得
- 情報取得
- 物件調査
- 事業収支
- 取得金額の決定
- 物件取得

2. 建物建設
- 役所協議
- 基本設計
- 実施設計
- 施工管理

3. 出口戦略
- 出口戦略立案
- マーケット調査
- 広報活動
- 顧客案内
- 商品引き渡し

入口　→　出口

「野村不動産」のHPを参考に作成

デベロッパーの悩み

土地を仕入れて企画を立ててから、賃貸や販売を開始するまでに時間がかかるのがデベロッパーの悩みです。社会の変化するスピードが加速しているため、企画の時期と販売を開始する時期で、社会環境や景気が大きく変わっていることがあります。環境変化によって、竣工して販売する頃に価格を下げざるを得なくなることが、一番の心配事です。

大手デベロッパーには、三菱地所や三井不動産、住友不動産などの財閥系、東急不動産などの電鉄系、野村不動産などの金融系、大京、森ビルなどの独立系があります。三菱地所は、「丸の内の大家さん」と呼ばれ、丸の内の再開発を積極的に進めています。三井不動産は、東京ミッドタウンの開発を行いました。東京ディズニーランドを運営するオリエンタルランドも三井不動産の関連会社です。最近では、空間創造、ネットワーク、快適性・利便性、環境共生、安心・安全などのソフト整備がより重視されるようになっています。社会的課題の解決につながるまちづくりが求められています。

＊マンション管理士　マンションに関する専門知識を持って、管理組合の運営、大規模修繕などの技術的問題、マンションの維持・管理などの相談に応じるマンション管理のスペシャリストです。管理組合の立場で管理組合の管理者など、またはマンションの区分所有者などに対して、適切な助言や指導を行います。

大量生産が得意なハウスメーカー

11

部材や設計の標準化、住宅建築工程の工場生産比率を高めて住宅建築の合理化を進めるなど、建設業でありながら製造業の特徴を持っているのがハウスメーカーです。

ハウスメーカーの大半は、住宅の大量供給が求められていた時代に**工業化住宅**という考え方からスタートしました。プレハブ工法が中心ですが、在来工法やツーバイフォー工法を扱う会社もあります。

ハウスメーカーの特徴は、住宅展示場のモデルハウスででき上がりを事前に見ることができるところにあります。その他に、工場生産の比率が高いので品質が安定している、工期が比較的短い、などの特徴があります。また、各社とも構造・工法や部材の研究に力を入れ、ユーザーの声なども反映させながら商品開発を進めており、新しいデザイン、間取り、素材、工法などの開発力に優れています。逆にデメリットとして、モデルハウスは建物の質感やイメージを確認するのには良いのですが、消費者はあたかもモデルハウスと同じ家が建つと錯覚してしまいがちです。実際に建築すると面積や間取りなどは物件によって個々に違うことを知っておかなければなりません。また、規格外の注文には対応しにくいこと、実際の工事は地域の下請工務店が行う場合が多いこと、現場では組立作業が主体のため、作業者の熟練度が低いことなどがあります。

地域密着の重要性に気付き始めたハウスメーカー

ハウスメーカーは、全国的な営業網で住宅展示場を使った販売を主体に成長してきましたが、現在、その手法に限界が訪れています。建設業はもともと、地縁、人脈などの地域における長年の信用と実績の積み上げで受注を確保して成業とするのが一般的でした。そこで

【ビルダー】 規模的にはハウスメーカーと中小工務店の中間の存在であり、地域密着での営業を主体としています。その中でも「パワービルダー」と呼ばれる会社は首都圏を中心に分譲住宅建築で規模を拡大しており、販売棟数ではハウスメーカーを超える規模の会社もあります。

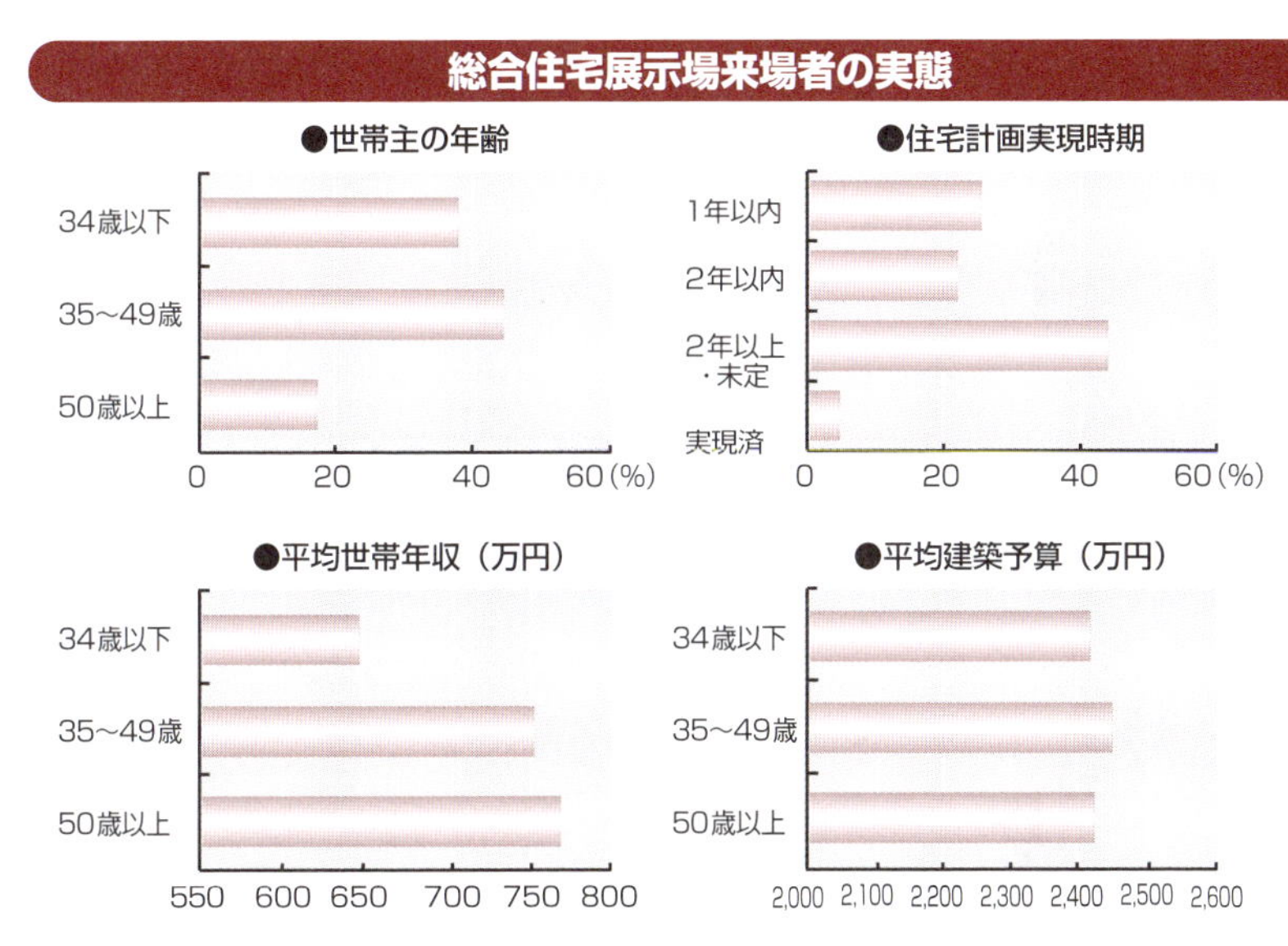

「総合住宅展示場に関するアンケート2019調査報告」（住宅展示場協会）より

ハウスメーカーは全国一律の展示場営業から営業政策を転換し、支店の裁量権を高めるなど、地域密着型営業へと舵を切り始めています。

大量生産に適したプレハブ住宅

プレハブ住宅は、工場生産による規格部材を用い、システム化された工法によって現場で組立てられる住宅です。より良い住宅を安く大量に提供することを目的に、一九五九年頃に登場しました。

プレハブ住宅は、構造によって、木質系、鉄骨系、コンクリート系に分類され、工法によって、軸組工法、パネル工法、ユニット工法などに分類されます。プレハブ住宅メーカーは、全国に工場を持つ大企業のため、全国的に住宅着工戸数が減少しても、必ずある程度の受注棟数を確保しなければなりません。そのために、モデルハウスやCMなどの営業経費が必要で、その負担は最終的に住宅購入者である消費者が負うことになります。ですから、ハウスメーカーの住宅は大量生産でも安くならず、当初の、「プレハブ住宅」が目指した大量生産のメリットを消費者に提供できていません。

【ユニット工法】　プレハブ住宅の現場施工の合理化を極めたものがユニット工法です。現場でユニットを積み上げるだけですから、基礎ができていれば1日で住宅が建ち上がります。

得意分野を持つ建築設計事務所

建築工事における意匠設計、構造設計、電気、衛生、給排水、空気調和などの設備設計、インテリア設計、積算・見積もり、都市計画などの設計業務と工事監理業務を行うのが建築設計事務所です。

建設業の仕事は、建築分野と土木分野に大きく分かれ、それぞれに設計の仕事と施工の仕事があります。そして、建築物の設計を行うのが**建築設計事務所**であり、土木構造物の設計を行うのが**建設コンサルタント**です。

建築設計事務所は、各都道府県に登録し、建築物の設計や監理・調査・鑑定、法令に基づく手続きの代理などを行います。建築主は設計だけを頼むこともできますし、施工者の選定から完成に至る間の工事監理まで一括して依頼することもできます。また、街づくりのコーディネータとして都市計画をまとめたり、大きな建物では構想、事業収支計画、基本計画、実施計画、監理から完成後の施設管理計画、維持保全計画までを行うこともあります。

それぞれの建築設計事務所には特徴があり、構造が得意な事務所、設備が得意な事務所、デザインが得意な事務所、住宅の設計が得意な事務所、店舗が得意な事務所、大きなビルが得意な事務所など様々です。そして、建築設計事務所は**建築士**の資格によって一級建築士事務所、二級建築士事務所、木造建築士事務所があり、設計ができる建物の範囲が決められています。

大手建築設計事務所には、日建設計、NTTファシリティーズ、三菱地所設計、日本設計、JR東日本建築設計などがあります。建築士の登録者数は、一級建築士約三七万人、二級建築士約七七万人、木造建築士約二万人（二〇一九年四月）となっており、その中にはゼネコンや専門工事会社、工務店、建材メーカーなどに勤務する建築士も数多くいます。一級建築士は六〇代以上が四割を占め、高齢化が顕著となっています。

＊**意匠設計**　建築主の希望に合わせてプランやデザインを考え、建築基準法をはじめとする関連法規（主に建ぺい率・容積率や斜線、日影、採光など）に違反しないかについても検討します。一般的には、建築家や設計者というと意匠設計者のことを指します。

建築士でなければ設計・工事監理のできない建築物

用途	1級建築士でなければできない	1級または2級建築士でなければできない
学校、病院、劇場、映画館、観覧場、公会堂、集会場、百貨店	左の用途に供する建築物で、延べ面積が500㎡を超えるもの	
木造	左の建築物または建築物の部分で、高さが13mまたは軒の高さが9mを超えるもの	左の建築物で延べ面積が300㎡を超え、または3階以上の建築物
鉄筋コンクリート造、鉄骨造、石造、れん瓦造、コンクリートブロツク造もしくは無筋コンクリート造	左の建築物または建築物の部分で、延べ面積が300㎡、高さが13mまたは軒の高さが9mを超えるもの	左の建築物または建築物の部分で、延べ面積が30㎡を超えるもの、または3階以上の建築物
用途、構造を問わず	延べ面積が1,000㎡を超え、かつ2階以上の建築物	延べ面積が100（木造にあっては300）㎡を超え、または3階以上の建築物

建築設計事務所の基本的な仕事の流れ

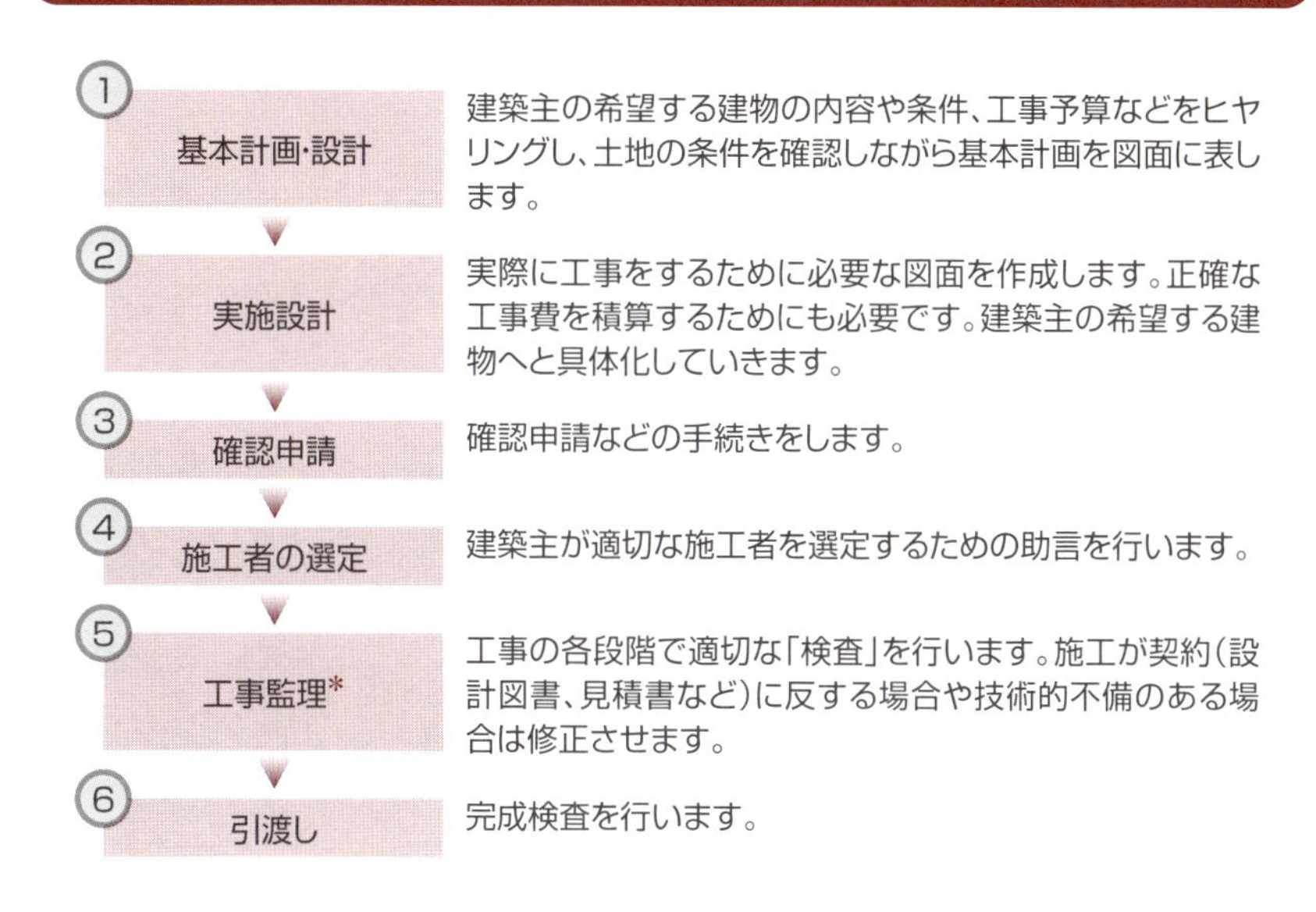

① 基本計画・設計
建築主の希望する建物の内容や条件、工事予算などをヒヤリングし、土地の条件を確認しながら基本計画を図面に表します。
② 実施設計
実際に工事をするために必要な図面を作成します。正確な工事費を積算するためにも必要です。建築主の希望する建物へと具体化していきます。
③ 確認申請
確認申請などの手続きをします。
④ 施工者の選定
建築主が適切な施工者を選定するための助言を行います。
⑤ 工事監理*
工事の各段階で適切な「検査」を行います。施工が契約（設計図書、見積書など）に反する場合や技術的不備のある場合は修正させます。
⑥ 引渡し
完成検査を行います。

＊**工事監理**　建築主の立場に立って、工事が設計図書のとおりに実施されているかどうかを建築士が確認・検査し、不備があれば施工者に注意することです。ちなみに、「**工事管理**」とは、工事が適切に行われるように計画し、施工者自らが指揮、制御することで、「工事監理」とは意味が異なります。

13 構造物を設計する建設コンサルタント

これまで、建設コンサルタントは発注者の立てた公共事業の計画を具体的に設計する業務が中心でした。最近では事業性評価や調査業務など、発注者を支援する役割が重要になっています。

道路、河川、ダム、橋梁などの公共施設の工事は、建設会社によって施工されますが、工事に先だって必要となる調査、計画、設計、用地補償などの業務は建設関連業によって行われます。この建設関連業には、測量業、地質調査業、建設コンサルタント、補償コンサルタントがあります。

建設コンサルタントの歴史

わが国の公共事業は、明治以降、内務省、鉄道省、農林省などの技術者により、企画調査から施工までが直轄で行われてきました。

戦後復興期に、社会資本整備の事業量が急速に拡大したため、民間技術力の活用が必要となり、**建設コンサルタント**の制度が確立されました。一九五九(昭和三四)年に当時の建設省から「設計・施工の分離原則」が通達され、設計業務の受託者は当該設計に関わる工事の入札に参加できないことになりました。これによって、設計業務を建設コンサルタントが行う流れが明確になりました。

建設コンサルタントは国土交通大臣の登録を受けることで、公共事業の調査や設計業務を受注することができます。登録を受ける場合は、登録部門ごとに技術管理者を置かなければなりません。技術管理者は、その部門に登録している技術士であることが必要です。

裏設計の実態

設計・施工の分離原則に基づいて設計を行ってきた建設コンサルタントですが、実際には「**裏設計**」と呼ば

＊**測量業**　土地やその上にある構造物を、距離や角度、高低差を軸に測定する業務を担います。近年では測量機器の電子化により、人工衛星情報の活用や地理情報システムの充実などが進み、測量技術はめざましい発展を遂げています。

建設コンサルタントの役割

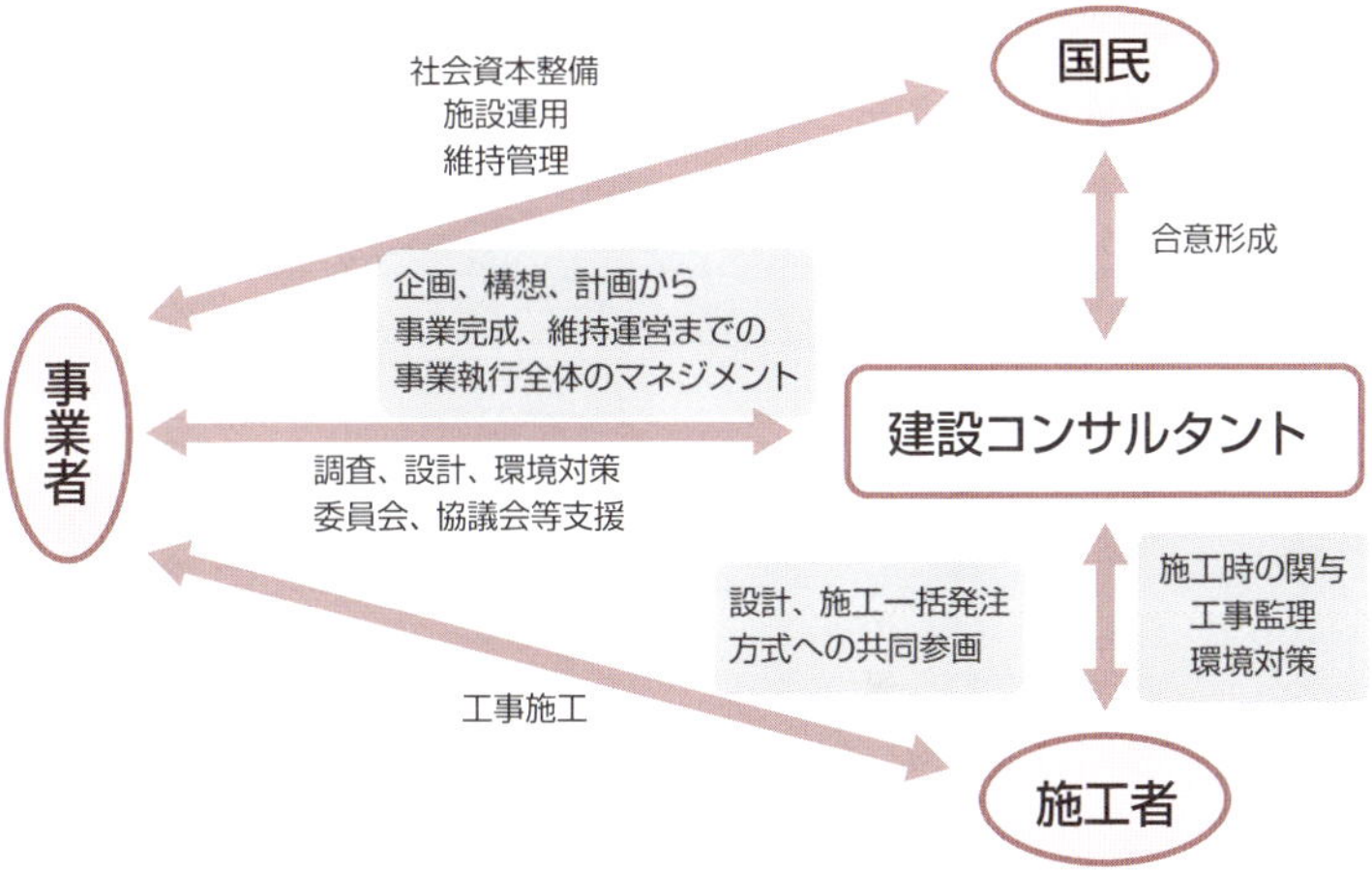

国民
社会資本整備
施設運用
維持管理
合意形成
企画、構想、計画から
事業完成、維持運営までの
事業執行全体のマネジメント
事業者
建設コンサルタント
調査、設計、環境対策
委員会、協議会等支援
施工時の関与
工事監理
環境対策
設計、施工一括発注
方式への共同参画
工事施工
施工者

『令和元年度　建設コンサルタント白書』（一般社団法人　建設コンサルタンツ協会）より
http://www.jcca.or.jp/achievement/annual_report/white_reports_rol.html

れる業務が存在しました。建設会社や設備メーカーが設計業務に協力し、その会社が談合交渉で有利になる慣習でした。建設コンサルタントは、無償で設計協力が得られるので利益面のメリットがありますし、建設会社や設備メーカーは、自社の得意な工法や設備を設計に織り込むことができました。持ちつ持たれつの関係が存在していたのです。

しかし、二〇〇六年の独占禁止法改正に伴い、日本土木工業協会が「旧来のしきたりからの決別」を宣言してから、状況が変わりました。裏設計がなくなって、施工ノウハウを持たない建設コンサルだけが設計を行うようになり、施工時のトラブルや設計変更が増えた時期がありました。近年では、発注者や施工者が設計者である建設コンサルタントと適切な設計・施工方法を協議、調整する事例が増えています。

これまで、建設コンサルタント業務については、主として**価格競争方式**と**プロポーザル方式**での契約が行われてきました。最近では価格と品質が総合的に優れた契約である、**総合評価落札方式**の比率が約七割と高くなっています。

用語解説

＊**地質調査業**　地下の見えない部分について、地質学、地球物理学、土質工学などの知識や理論をベースに、地表地質踏査、物理探査、ボーリングなどの手法を使って、その状態を明らかにし、建設工事の設計施工に必要な地盤の情報を提供する業務を担います。

14 建物を快適に保つビルメンテナンス業

建築物が快適であるためには、建物の状態に目を配り、常に機能を維持・保全していくことが大切です。

清掃だけではないビルメンテナンス業

ビルメンテナンス業は、「ビルを対象として清掃、保守、機器の運転を一括して請け負い、サービスを提供する業務」です。清掃管理業務、衛生管理業務、設備管理業務、警備防災業務などがあります。

(1)清掃管理業務

清掃管理業務は、床面、壁面、扉、什器、備品などの美観、衛生を維持する業務です。最近はきわめて多様な素材が使用されているため、それらの特性に合った清掃管理を行うことが必要です。

近年、清掃管理は、事後清掃から予防清掃重視に変化しています。建物内に汚れを持ち込まない、汚れる前に処置して常に美観、衛生を保持します。

(2)衛生管理業務

衛生管理業務は、ビル内の環境を衛生的に維持する業務です。空気環境については浮遊粉塵、温度、相対湿度、一酸化炭素、二酸化炭素、気流などの項目について、定期的な測定を行います。

飲料水については、残留塩素の測定や水質検査を定期的に行い、貯水槽の清掃や給水管の洗浄などを行います。排水については排水槽、汚水槽の清掃や、排水設備の定期的点検を行います。ねずみや昆虫の防除も行います。

(3)設備管理業務

設備管理業務は、設備機器の運転・監視、点検、整備、保全および記録の分析・保存を行う業務です。

最近の設備機器は、コンピュータで管理され、中央監

＊**建築物における衛生的環境の確保に関する法律**　多数の人が利用する建築物の維持管理に関して、環境衛生上必要な事項などを定めています。**ビル管理法**とも呼ばれます。「建築物環境衛生管理基準」で維持すべき環境基準が定められています。

ビルメンテナンス業の体系と資格

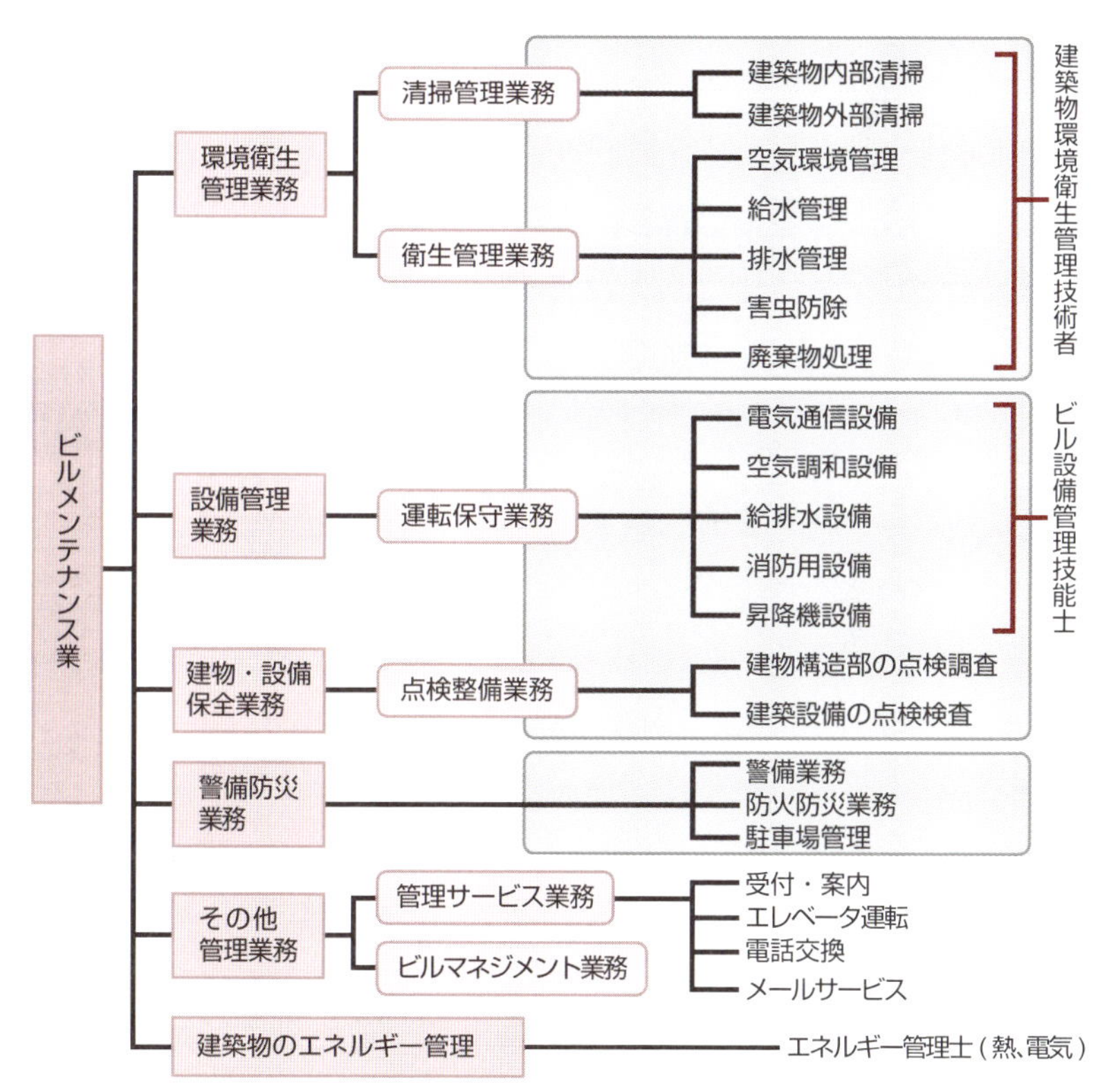

「公益社団法人　全国ビルメンテナンス協会」
http://www.j-bma.or.jp/aboutbm

視盤で監視が行われています。各種の設備機器を全体的に理解し、トータルコントロールできる技能が必要です。

(4)警備防災業務

警備防災業務は、ビルの安全を守る業務です。ビルに警備員が常駐し、日常的に防犯・防火業務に従事しています。防犯・防災設備も自動化、システム化が進んでいます。立哨や巡回などの業務の他、防災センターにおける防災監視装置の監視、制御、異常事態への緊急対応業務が重要となっています。

＊**建築物環境衛生管理技術者**　建築構造、建築設備、室内環境・衛生、給・排水、清掃、廃棄物などのビル管理に関する幅広い知識を持つ技術者の資格です。建築物内で生じる健康問題、生物学、化学などの知識や管理費、人員の管理、クレーム対応、下請事業者との契約・折衝などのマネジメント能力も要求されます。**ビル管理技術者**とも呼ばれます。

リスクを避けるＪＶの仕組み

ＪＶ(共同企業体)は、複数の建設業者が共同で工事を受注・施工する方式です。資金負担の軽減、危険負担の分散、技術力の強化、信用力の増大、工事完了の確実性向上などを目的としています。

ＪＶとは、「joint venture」の略で、本来「共同して危険を負担する」という意味を持っています。単に仕事を共同で行うということだけではなく、例えば、得意分野の異なる企業がお互いのノウハウを持ち寄って、質と生産性を高めることがＪＶを行うメリットです。

形式的なＪＶの実態

ＪＶ(共同企業体)は、もともと単一の企業で受注するには資金や技術等の面で負担が大きい工事の場合、リスクを分散するためにできた制度です。わが国ではこのような目的とは別に、技術力のある大手建設会社から地元企業への技術移転も目的にして、一九七五年頃から多くの工事で採用されるようになりました。本来の目的と異なるという問題もありましたが、建設業界全体の技術水準の向上や、中小企業が比較的難易度の高い工事を施工できるようになる、という成果をもたらしました。

また、地方自治体が発注する大型工事において、大手ゼネコンと地方の中小建設会社が組む特定ＪＶは、高度な技術を必要とする建設工事の完成と、利益の地元還元を両立できるものとして歓迎されました。その結果、単独業者が受注する方が効率的な工事であるにもかかわらず、ＪＶを組んで受注したり、施工能力のない業者がＪＶに参加して受注するケースもありました。また、構成員が多すぎたり、構成員間の技術力格差が大きすぎて、ＪＶによる共同施工が非効率になることもありました。ＪＶ編成の調整過程で受注者が事実上決定してしまう可能性が高く、公正な競争の障壁に

【スポンサーメリット】 JVの幹事会社は「スポンサー」と呼ばれ、①作業所長や監理技術者などの人事の決定、②JV代表として発注者との協議、③資機材納入業者や下請業者の選定、④原価管理、⑤技術提案などの役割を果たします。責任が重い一方で、それに応じた利益を得ることができます。

JV の方式

特定建設工事共同企業体（特定ＪＶ）

大規模かつ技術難度の高い工事の施工に際して、技術力などを結集することにより工事の安定的施工を確保するために結成する共同企業体です。工事の規模、性格などに応じて、共同企業体による施工が必要と認められる場合に、工事ごとに結成されます。工事完了後、または工事を受注することができなかった場合は解散することになります。

経常建設共同企業体（経常ＪＶ）

中小・中堅建設企業が継続的な協業関係を確保することにより、その経営力、施工力を強化する目的で結成する共同企業体です。発注機関の入札参加資格審査申請時（原則年度当初）に経常ＪＶとして結成し、単体企業と同様に一定期間、有資格業者として登録されます。

地域維持型建設共同企業体（地域維持型ＪＶ）

地域の維持管理に不可欠な事業について、継続的な協業関係を確保することにより、その実施体制の安定確保を図る目的で結成する共同企業体です。発注機関の入札参加資格申請時、または随時に地域維持型 JV として結成し、一定期間、有資格業者として登録されます。

なるという指摘や、受注機会の配分のためにＪＶ制度が利用されている、という実態も報告されています。

　ＪＶの種類については、活用目的別に「特定ＪＶ」「経常ＪＶ」「地域維持型ＪＶ」があります。施工方式別には、企業同士が共同出資して共同で施工に当たる「甲型ＪＶ」と、工区や業種別にそれぞれを分担する「乙型ＪＶ」があります。

地域を守る地域維持型ＪＶ

　建設投資の減少によって、社会資本等の維持管理や除雪、災害応急対策など、地域の維持管理に不可欠な事業を担ってきた地域の建設企業が減少しています。

　このままでは、地域における最低限の維持管理までもが困難となる事態が心配されるため、二〇一一年に地域維持型建設共同企業体が定められました。

　除雪と除草、道路巡回と河川巡視、維持補修などを一括で複数年契約します。最低限の地域維持事業については、激しい価格競争を緩和して安定的に行える環境を整えることが目的です。

用語解説

＊ペーパーJV　協定書だけのJVという意味で、一部の構成員だけが施工を行い、他の構成員は名義料を受け取るだけで工事に関与しない形態をいいます。本来、存在してはいけないJVです。

16

工事の出来を左右する建設機械

建設機械は、ブルドーザー、パワーショベルから発展し、複雑な作業に適した機械が開発されています。工事のスピードアップ、安全性や精度の向上、そして自動化へと建設機械は高度化しています。

第二次世界大戦後、国土の復興にあたって、電源開発や治山治水工事の機械化から日本の建設機械の歴史が始まりました。当初は、米軍払い下げのブルドーザーなどが導入されました。その後、国産化が推進され、日本の国土に適した建設機械の開発が始まりました。高度成長期に入り、社会資本の整備に欠かせないものとなっていきました。

建設機械の高機能化

機種別では、初期にはブルドーザーが主力機種でしたが、八〇年代後半には油圧ショベルが主力機種となり、現在はショベル系が約九割のシェアを占めています。これは専用のアタッチメントに取り替えることで、土を掘るだけでなく、掴む、砕くなどの複雑な作業に対応できるようになったためです。建設工事の内容も山を削ったり土をならすこと以外の工事が増えました。

建設機械には高価な機械が多く、特殊な作業に用いる機械の場合は使う頻度も少ないことから、建設会社は購入するのではなく、リース会社から借りることが多くなっています。建設機械はリース会社の保有が約四割を占めています。

建設機械の盗難事件や犯罪への悪用防止のため、電子キーやGPSによる管理システムなどが装備されるようになりました。無人運転や遠隔操縦、人工衛星を利用した位置計測システムやデータ通信システムも開発され、機械自体が判断して作業するロボットのような建設機械も登場しています。建設機械の活用が工事の出来を左右するようになっています。

＊**ブルドーザー**　昔、畑を耕すのに牛（Bull）を使っていましたが、機械で作業をすると、牛がいねむり（Doze）をするようになりました。そこからブルドーザー（Bulldozer）という名前になりました。

建設機械の推定保有台数の推移（種類別）

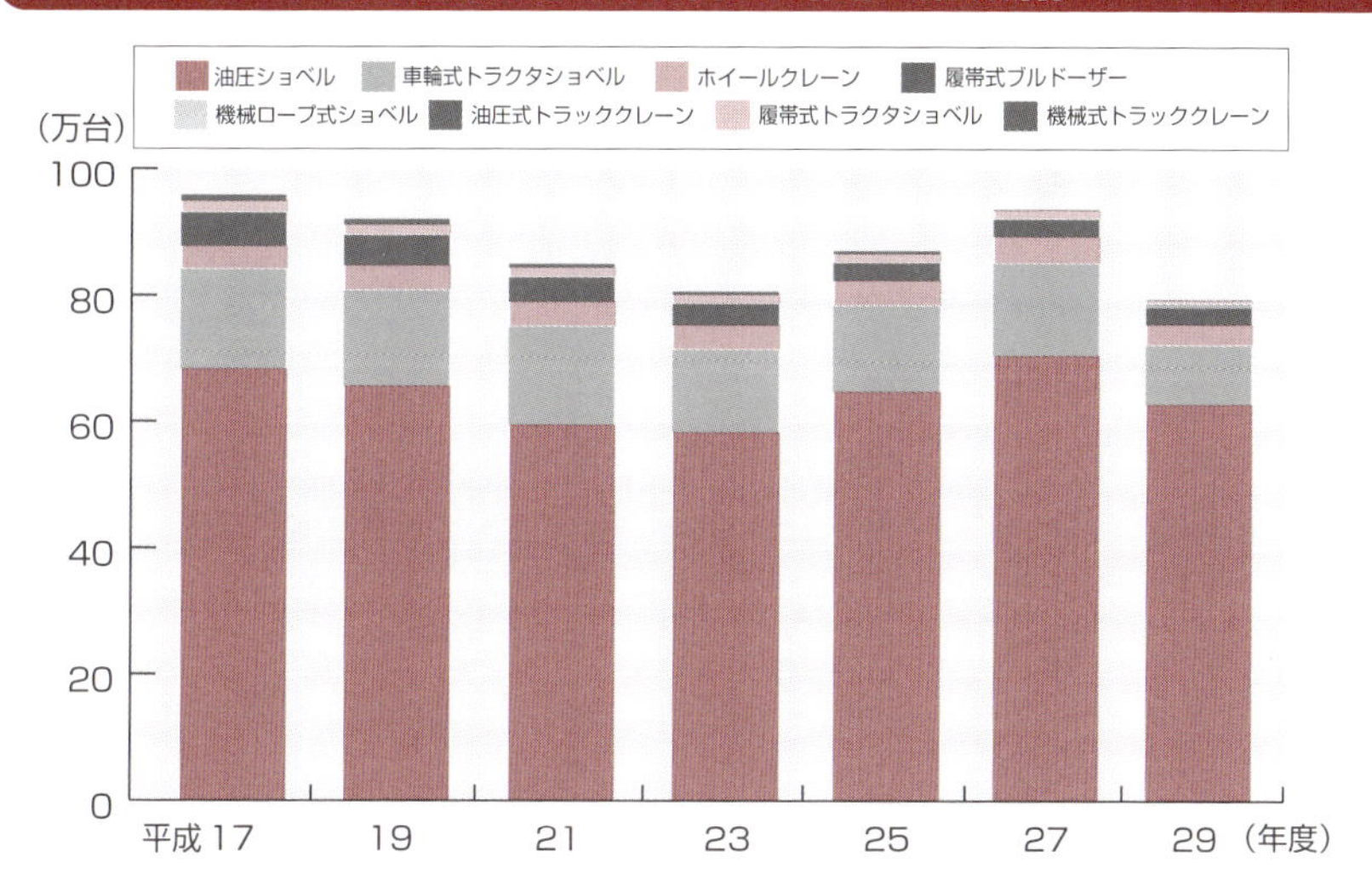

「建設機械動向調査」（国土交通省）

建設機械の種類

▲ブルドーザー

▲油圧ショベル

建設機械の推定保有台数（保有者別）

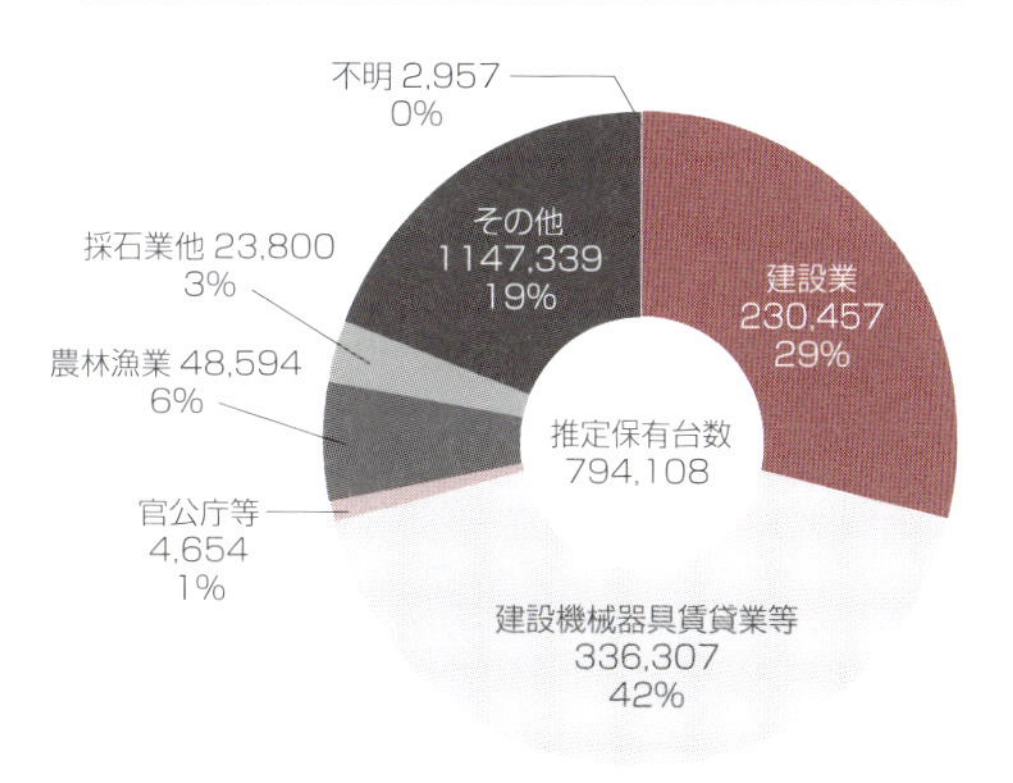

「平成29年度　建設機械動向調査」（国土交通省）

＊**建設機械施工技士**　1級は各種建設機械を用いた施工における指導・監督的業務を行い、2級は第1種〜第6種に分かれています。それぞれの機械を用いた施工において、運転・施工の業務に携わり、各機種の運転技術者、また一般建設業の現場の主任技術者として施工管理を行います。

17

建設費より高い維持補修費

コンクリート建造物の場合、調査費用、用地買収費用などを含めた初期建設費の割合は、ライフサイクルの全費用のうち、約二割程度に過ぎないといわれています。

建設物は完成した時点から劣化が始まり、そのために維持費、補修費、最終的には解体費などが必要になります。建造物の**維持補修費**は、経過年数や種類、立地条件によって異なりますが、老朽化した建設構造物の維持補修費用の年間負担額は初期建設費用の一割程度といわれています。建設物の**ライフサイクルコスト**に占める維持補修費の割合は、一般的なイメージよりはるかに高いものです。

日本の年間建設投資額に占める維持補修費の割合は、一九九五年の一五％程度から一七年には二九％にまで上昇しています。維持補修工事の中では、非住宅建築の比率が高く、全体の約四割を占めています。

青函トンネルの建設費が約七〇〇〇億円、東京湾アクアラインの総事業費が一兆四八〇〇億円ということを考えると、建設構造物の維持補修費割合は、将来的に非常に大きな負担になります。

建設会社はこれまで、維持補修工事は面倒なものと考え、あまり重視していませんでした。各社は、過去の工事物件のデータベースを持っていますから、物件の点検を提案するのは簡単なことです。しかし、補修工事が必要になった場合、契約不適合なのか必要なメンテナンスなのかの判断に迷うことが想定されます。そうなると、建設会社の方がどうしても立場が弱く、無償やサービスでの対応になりがちなため、各社とも積極的な営業活動を行っていませんでした。

しかし、最近では、自社で建てたビルの維持補修受注を視野に入れ、次はいつ頃、どういう補修をしたらいいかというような提案を行っています。

用語解説

＊**防波堤・防潮堤**　防波堤は、海の中にあり外洋からの波に対して港の内側を波立たせないための堤防です。防潮堤は、陸上で高潮、高波、津波などの浸入を防ぐための堤防です。

維持修繕工事額の推移

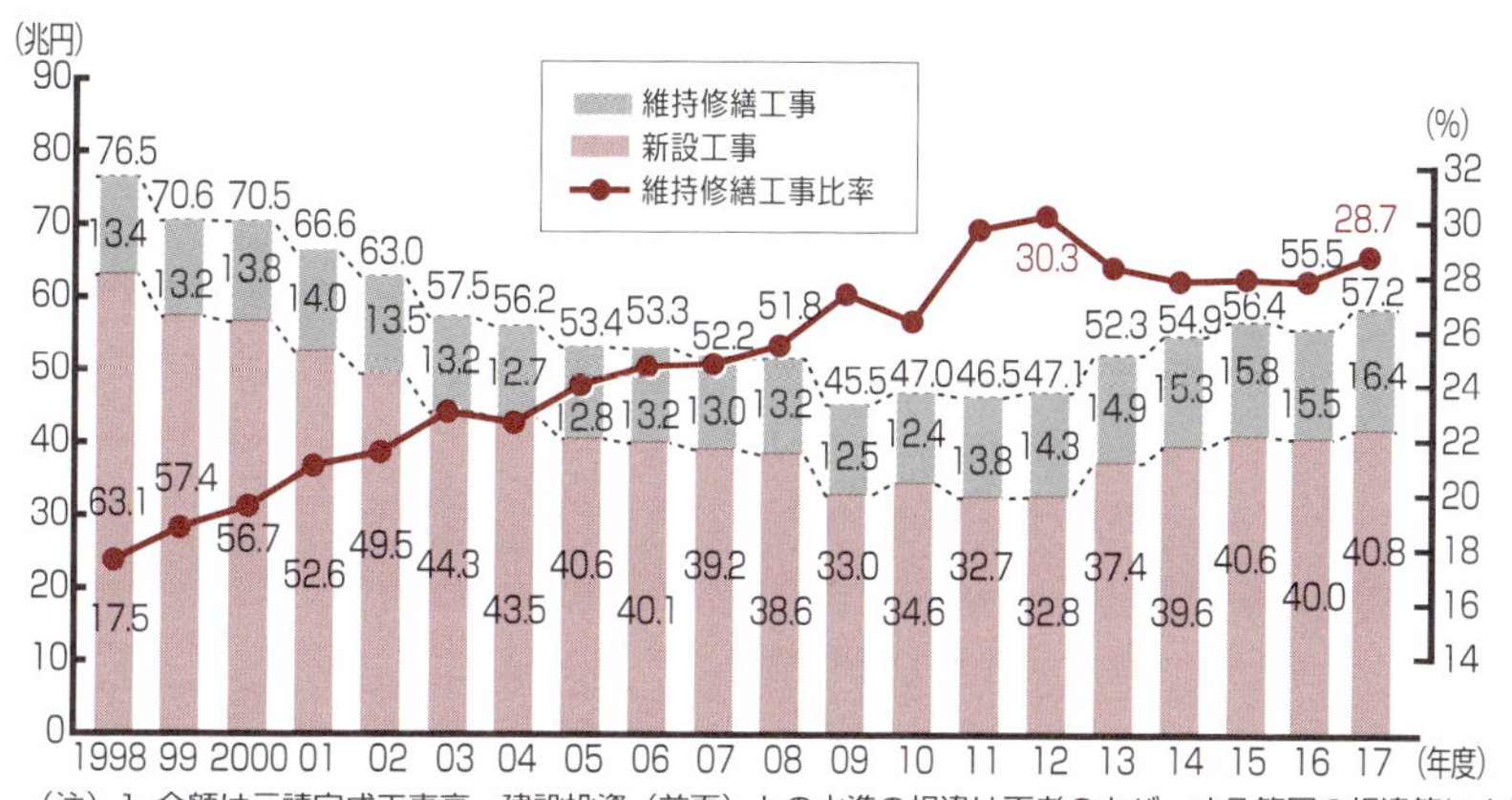

（注）1. 金額は元請完成工事高。建設投資（前頁）との水準の相違は両者のカバーする範囲の相違等による。
2. 維持修繕工事比率＝維持修繕工事完工高／完工高計（いずれも元請分）

資料出所：国土交通省「建設工事施工統計」

『建設業ハンドブック 2019』（社団法人日本建設業連合会）
http://www.nikkenren.com/publication/handbook.html

重要性を増す建物の診断

現在、建設会社は維持補修市場拡大のビジネスチャンスを迎え、顧客訪問や建物診断に力を入れ始めています。具体的には、竣工後も継続的に建築物の維持保全に関して相談に乗り、建築主からの信頼感を高めると共に、新たなニーズを把握する機会としています。

不具合の未然防止や竣工後の不適合の恐れがないことを確認したり、「省エネ」「耐震」などの各種診断も実施しています。建築主からの維持保全やリニューアルに関する要望が生じた際には、建設時のデータやその後の保全情報をもとに、建物の調査を行います。

これまで力を入れていなかったため、建物診断や維持補修を得意とする技術者は、建設会社の中にも多くありません。維持補修関係の技術者養成は、実際に現場を見て、ベテランに指導してもらわなければならないため、時間がかかります。今後は、維持補修技術者の養成が建設会社の大きな課題になります。

＊3K　建設業のイメージとして「3K（キツイ・キタナイ・キケン）」というのがあります。建設業は、肉体労働が基本で休みも少なくキツイ、高所や地下での作業などもありとてもキケン、土を相手の仕事なのでキタナイといわれます。

建設工事の会計基準

建設工事の会計基準には工事完了基準と工事進行基準があります。2009年から工事収益総額や原価総額を適切に見積もることができる場合は、工事進行基準を用いることが原則となりました。

●建設工事の特徴

会計原則では、「売上高は、実現主義の原則に従い、商品等の販売又は役務の給付によって実現したものに限る」として収益金額の確実性を確保しています。

ところが、長期にわたる建設工事では、引渡が完了した日に収益を計上すると、進行中案件の売上や原価が途中の期の決算書に反映されません。つまり、現実の企業活動の状況が決算書ではわからないということになります。そこで、例外として工事進行基準が認められています。

●工事完成基準と工事進行基準

工事完成基準は、工事が完成して目的物の引渡しを行った時点で、工事収益と工事原価を認識する方法です。完成してから売上と原価を計上するため客観性が高いという利点があります。

これに対して、工事進行基準は、工事収益総額、工事原価総額及び決算日における工事進捗率を合理的に見積って、これに応じて当期の工事収益及び工事原価を認識する方法です。単純にいうと、工期3年で売上300億円、原価210億円の工事を請負った場合に、3年後に300億円の売上と原価210億円を計上するのが工事完成基準、1年ごとに売上100億円と原価70億円を計上するのが工事進行基準です。決算日ごとに人件費等の原価と売上が計上されるため、プロジェクトの終了時に一括して計上するよりも企業会計の透明性が保てるという点が優れています。

ただし、工事進行基準では、仕様変更や修正・手戻りの発生に伴う作業量の増加、工事期間の延長などがあれば、その時点で原価と進捗率の再見積もりを行って適切な修正を行わなければ、客観性が損なわれてしまうため、注意が必要です。

建設業界の仕事

建設業界は、球場や競技場、コンベンションホールなどの大型施設、ビル、マンション、住宅、道路、地下鉄などの建設から、治山・治水事業、港湾施設の整備まで、すそ野が広い業界です。その企画から完成までには多様な仕事があります。

1 建設構造物の企画から完成まで

同じような建物に見えても、建設工事のプロセスは毎回異なります。新しい出会いの繰り返しが、建設業の仕事の魅力です。

コミュニケーションが大切な建設業界の仕事

建設工事の企画では、様々な情報を収集して構造物による解決策を検討し、発注者への提案活動を行います。事業提案では、事業主や建築主にとって魅力あるプランや事業計画を描き、プロジェクト実現を推進していきます。

建設業の営業は既成品を売るわけではありません。まだ完成していない物件に、ときには億単位のお金を投資することになるのですから、「信頼」と「**提案力**」が重要です。いかにしてお客様が持つニーズを的確に把握し、「建設構造物」というかたちに仕上げていくかを必死で考えます。土木の場合も営業が扱う物件の種類は、ダムやトンネル、橋や道路、造成など、種類は多岐にわたりますから、多様な知識と経験が必要です。着工後も施工状況の報告に加え、発注者とのパイプ役として折衝などの中心的な役割を担います。営業担当者は、発注者の要望にかなう建設物になるよう、「着工」から「引渡し」まで、発注者の立場に立って活動を行います。

発注者のニーズを設計図のかたちにするのが設計の仕事です。顧客の要望に対してどれだけの付加価値を付けることができるかが、設計の重要なポイントです。設計者は関連部門と連携し、電気設備、給排水設備、空調設備などの計画もまとめて、最適な環境を提案します。発注者への提案、構造担当者や設備担当者との調整、コストの検討、実際にディテールを検証して、デザイン面の作り込みや品質の確保、作業所との打ち合

＊**プロジェクト**　期間内に、予算内で目的物を作り出す一連の活動です。多くの場合、一定期間、チームを組んで活動します。

ゼネコンの業務フロー（建築）

ステップ	営業	設計	積算	技術部	工事部	調達	総務･法務ほか
市場調査	市場調査						
企画提案	企画立案	基本設計	概算見積				
設計		構造設計 設備設計 詳細設計	詳細見積				
契約	契約	設計変更				調達計画	
施工				施工支援	施工	調達	現場支援
引渡し	引渡し						
アフターサービス	定期訪問			診断	リニューアル		

わせなど、多岐にわたる業務があります。

そして、発注者のニーズを確実に形にするのが施工の仕事です。工事をいかにスムーズに進めていくか計画を立て、その計画に基づいて各部門間のコミュニケーションを促進し、効率的な活動ができるように、現場の人、物、金をマネジメントします。特に、設計図からこの建物をどのような工法で、どんな機械を使って、どれくらいの期間でつくるかについて検討、計画することが重要です。

建設業では、まったく同じものを何度もつくるということはありませんから、計画立案には多様な知識、経験、洞察力が要求されます。図面はもちろんのこと、立地や時期などの様々な条件をもとに、建設物ごとに入念な検討を行います。もし、間違った計画を決断すれば、現場の作業員に余計な負担を強い、コストも上がってしまうことになるため、細心の注意が欠かせません。

検査が終わり、物件を引き渡せば仕事は完了というわけではありません。建物は、時間と共にメンテナンスを行う必要が生じてきますから、いつでも素早い対応ができるよう、心掛けておかなければなりません。

＊**ディテール**　細部のことを意味し、一般的にはデザイン面が強調されますが、デザインと技術の2つの面があります。デザイン面では、その建築物の特徴を表す装飾、様式や形を表現し、技術面では機能、構造を表します。

2

企画提案が重要な建築営業部門

建設工事の営業は、情報を収集することから始まります。営業担当者は、事業計画の初期段階から発注者、建築主に対するパートナーとして、積極的にかかわっていくことになります。

建築工事の営業は、建築主から直接工事を受注する場合と建築設計事務所からの紹介で受注する場合があります。これまでは、特命で指名されることが多くありましたが、競争が激しくなり、民間工事でも**競争入札**が増加しています。大手ゼネコンの場合、銀行や系列グループからの紹介による仕事もありますが、地場の建設会社は地域の地縁によって受注する仕事が大半です。従来は、設計業務が受注できれば、当然、施工もセットで受注できたものですが、最近は施工が別に入札となる場合もあり、競争が厳しくなっています。

建設業の営業担当者には、企画提案力が求められています。見込み顧客である法人や地主への節税セミナーや土地の有効活用の提案などを行います。商業ビルを建設する場合は、テナントの提案やプロモーションのノウハウ提供、場合によっては、実際に入居するテナントを見付けてくるなどのサービスまで行います。そこまで踏み込んで企画提案することが顧客との信頼関係を強くし、受注に結び付くのです。

その他、民間建築受注のための「**ローリング作戦**」と称して、空き地を見付けて地主を捜し、土地活用を提案するというような営業活動も行っています。地方の建設会社では、土地や建物の動く情報を早くキャッチしようと、司法書士、税理士、銀行などにもコンタクトしています。このようにアンテナを張りめぐらせて顧客を見付け、顧客のメリットになる提案を行います。単に技術を提案するのではなく、顧客の利益を最優先した提案が重要なのは、他の業種と変わるものではありません。

＊**都市計画道路**　都市の健全な発展と機能的な活動を確保するため、都市計画法で定められた道路です。都市計画道路には、自動車専用道路、幹線街路、区画街路、特殊街路の4種類があります。

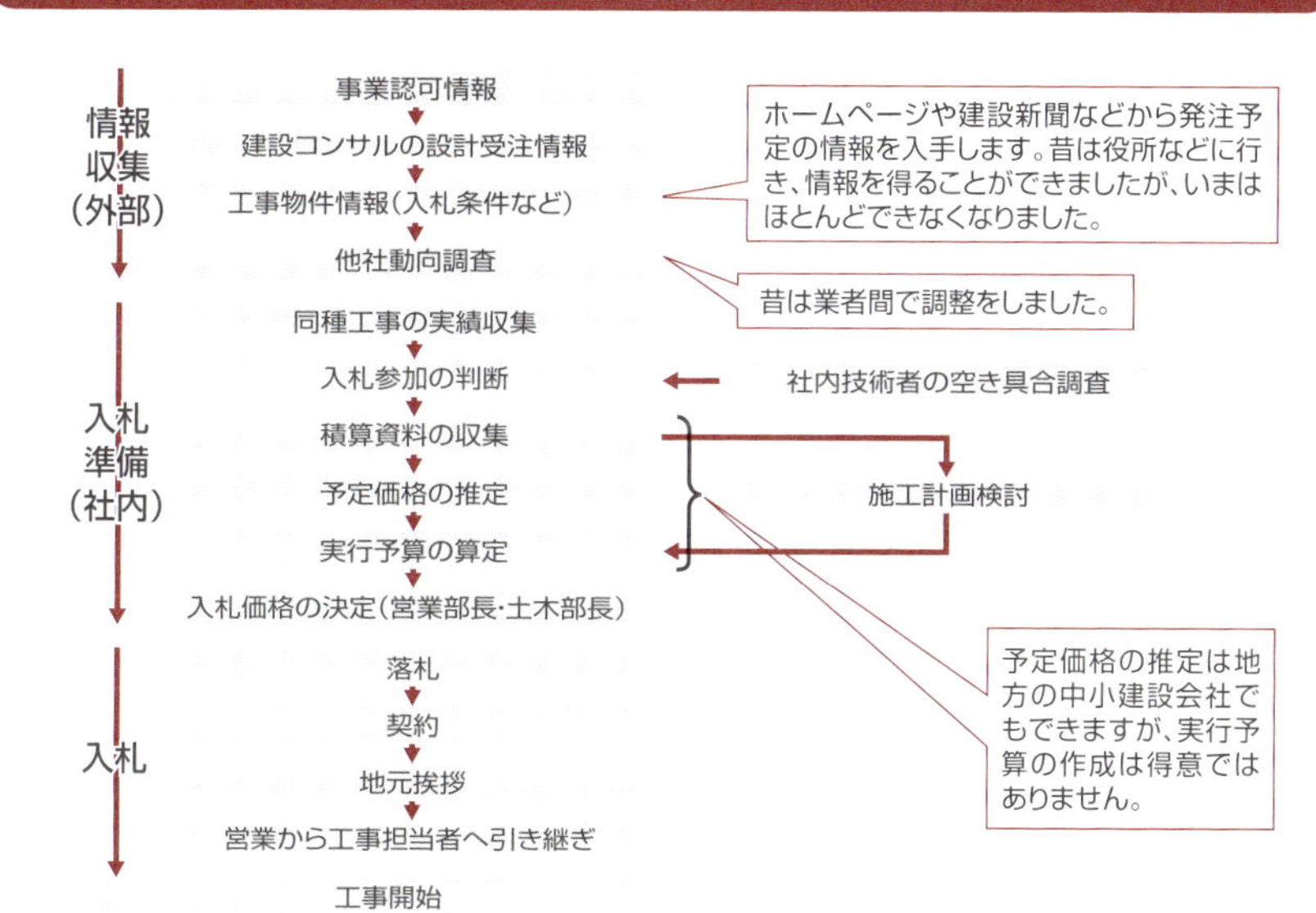

土木の営業

土木の営業は、かつては官公庁の発注部署に日参し、ひたすら名刺を置いてくることが大切でした。また、同業者との話し合いで自社が受注することの正当性を主張したり、関係者の調整をすることも大切でした。しかし、入札制度が透明化した現在では、難しくなりました。工事受注の不透明さを排除するため、発注者の事務所への営業担当者の入室を禁止するところもあります。

時代が変わっても受注するためには、まず、官公庁の発注情報を入手することが重要です。発注者のホームページや業界紙で工事の情報を収集し、工事の内容や規模、時期、入札の方法や条件などを確認します。また、工事に先立って設計が行われますから、設計を受注する建設コンサルタントとの関係を密にし、情報を入手することもあります。

入札するためには、同種の工事実績や経審の資料、現場技術者の実績などの資料が必要になります。各社共に自社の技術で差別化を図ろうとしており、技術系の営業担当者が増えています。

＊**会計検査院**　国が出資した法人の会計などを検査し、会計経理が正しく行われるように監督する組織です。国や地方公共団体が行う公共工事の検査にあたっては、工事の会計経理面だけではなく、工事の設計、積算、施工についても実地に赴いて検査をし、不適切な事態の是正を図っています。

3 難工事を解決する技術・開発部門

技術・開発関係の業務には、技術の仕事と開発の仕事があります。技術の仕事は現場の業務をサポートすることが主になり、開発の仕事は、将来を見据えて新しい工法や建設材料を開発することが主な業務になります。

現場の工事をサポートしたり、営業から相談を受けてアドバイスするのが技術の仕事です。現場での予想外のトラブルなど、現場作業所だけでは対応できない場合に、支店や本社の技術部がバックアップを行います。いくら着工前に綿密な計画を立てたとしても、自然を相手にする現場の施工では、計画どおりに物事が進むとは限りません。**技術担当者**は、現場作業所と一体になって、問題解決に向けた技術的支援を行います。

開発の仕事は、自社の開発テーマについての実験や分析、現場支援としての認定資料の作成、受託業務としての品質調査、劣化調査などがあります。設計、技術、現場作業所など、依頼があればいろいろな相手先との仕事が発生します。

新しい工法を模索する開発の仕事

建設業界の開発は、他社への技術提供に特徴があります。一般の業界では、開発成果を他社に簡単に公開することはありませんが、建設会社はそうではありません。工事実績を重視する公共工事では、ある会社しかできない工法が採用されたとたん、その会社に発注することが決まってしまいます。そのため、一社しか持たない特殊な技術は、いくら良い工法でも採用してもらえないのです。そこで、数社で**工法協会**をつくり、開発のリスクを分散すると共に工法を広めるための、採用活動を行っています。

このような制約がありながらも各社が開発に取り組むのは、新しい工法や材料を使う工法が採用されると、

【○○工法協会】 各工法協会は、該当する工法技術の向上と普及を図ることを目的として、①工法に関する技術の改善・改良および施工技術の研鑽、②工法の標準的な設計・仕様・施工法などの調査研究、③工法の普及および広報活動、④工法に関する技術情報の管理、⑤工法に関する安全施工および環境保全のための技術指導、などを行っています。

ゼネコンの研究分野例

- 材料・施工・生産（土木）
- 材料・施工・生産（建築）
- 土質・地盤環境
- 地質・岩盤構造物
- 地球環境・バイオ
- 耐風・風環境
- 海洋・水理
- 構造・耐震・制震（土木）
- 構造・耐震・制震（建築）
- 建築環境
- 都市・地域・防災計画・火災安全
- メカトロニクス

利益が大きいからです。標準工法では、価格だけの勝負になってしまいますが、新しい工法であれば、性能や工期短縮に優れるだけでなく、まだあまり実績がないため、予定価格も高くなる傾向にあります。その結果、利益を多く見込むことができるのです。

　建設業の研究費は、売上高比率で見ると〇・四％程度と製造業の四・一％に比べると少ないですが、大手ゼネコンの中には年間一〇〇億円以上の研究費を投じている企業もあります。大手ゼネコンの多くは独自の研究所を持ち、地震対策や環境関連、材料開発、解体技術などの研究を行っています。欧米の建設会社に比べて、日本の大手ゼネコンは、意欲的に研究開発に取り組んでいます。日本の建設技術が世界のトップレベルとなっている大きな要因です。ここ数年の好業績から大手ゼネコンは研究開発費を大幅に増加させています。

　大手ゼネコンは、技術研究所を技術のショールームとしても活用しています。建物に新技術を取り入れて、見学者への見せ方や説明も工夫をしています。自信のある技術を自らが率先して使うことで、顧客にアピールしているのです。

＊**建設材料**　構造物の建設に用いる材料の総称です。従来のセメント、鋼材だけでなく、非鉄金属合金、合成樹脂のような高分子材料や種々の複合材料も建設材料としての役割が増加しています。近年の建設技術の進歩によって、高性能化、高品質化すると共に、新素材の開発が活発に行われています。

4 センスがモノいう建築の設計

設計の仕事は、建築主からの機能、品質、コストなどの要求を満足させた上で、創造力を駆使して最適な基本プランを提案することです。

設計の仕事とは、ただ図面を描くことではなく、「建築主の想いを汲み取って、イメージを図面に表現し、プロジェクトに関わるすべての人にそのイメージを伝えていく」ことです。ですから、建物の設計は、かなりの部分が設計者個人の力量に左右されます。

設計では、基本設計から詳細設計まで、意匠、構造、設備の各担当者が連携を取りながら進めていきます。

基本設計の段階では、建築主のニーズや社会的なニーズを把握し、建築計画、設備計画と調整を図りながら構造計画を検討します。建物に求められる耐震・耐風などの性能についてもこの段階で設定し、基本的な構造仕様を決定します。この構造仕様をもとに、積算部や調達部と連携して概算コストを見積もります。

次の**詳細設計**の段階では、詳細な部材寸法を決定し、構造図として図面化します。同時進行で建築(意匠)設計、設備設計も詳細が決まってくるので、建築・設備担当者と密接な連絡・調整を行います。施工中は、ディテールの検討をくり返し、施工図、工作図の確認、承認や製品検査といった設計監理に関する業務を行います。

工事を考慮した設計が重要

設計の問題点は、現場の施工を考慮しない設計になっているものがあることです。設計は、構造物が完成した状態を想定して行いますが、建設会社はそのまま工事に取りかかる訳にはいきません。例えば、工事中の中途半端な形状でも、安全かどうかを確認する必要があり、施工途中の状態を想定しながら工事手順を決める必要があります。

【設備設計】 平成20年の建築士法改正で、設備設計一級建築士制度が創設され、階数3以上かつ床面積の合計5,000㎡超の建築物の設備設計については、設備設計一級建築士が自ら設計を行うか、もしくは設備関係規定への適合性の確認をすることが義務付けられました。

建築設計の仕事の流れ

設計準備 → 基本設計 → 詳細設計 → 工事監理 → 完成

基本設計の準備
敷地調査
物件概要検討
法規制の調査
発注者との相談協議
企画・提案

建築計画の確立
建築意匠計画
構造計画
設備計画
室内計画
外構計画
各計画間の調整
各計画の法規制確認

実施設計図書の作成
建築意匠設計
構造設計
設備設計
室内設計
外構設計
発注者との最終調整
建築確認申請図の作成
工事打合せ、見積もり
実施設計図書の作成

工事中の監理
工事現場検査、立会い
設計図書との照合
工事関係者との検討
施工図・工作図の確認・承認
製品検査
諸官公庁検査、完成検査立会い
引渡し準備

竣工検査後引渡し
竣工検査
設計・施工品質確認検査
引渡し

また、建設工事は現場ごとに条件が異なりますから、設計も現場の状況をいかに理解して行うかが重要になります。具体的に施工を考えてみると、一度にこんなにコンクリートを打設できない、こんな所に継ぎ目を作ることはできない、というようなことがたくさん出てくるのです。

設計者を選定するコンペとプロポーザル

建築の設計は、設計の内容や結果があらかじめ目に見えるかたちになっているわけではなく、設計者によってその結果に差が生じます。設計料が安くても、設計成果物が悪ければ、発注者の要求は満たされません。つまり、設計者を選んだ段階で、成果物のレベルはある程度決まるということです。

設計者を選定する方法として、コンペ方式とプロポーザル方式があります。**コンペ方式**は設計競技とも呼ばれ、「設計案」そのものの良否を検討して選ぶものです。これに対して**プロポーザル方式**は、設計の実施方針や設計体制、実績などによって、最適な「設計者」を選ぶ方式です。

＊**意匠図**　建築設計図ともいわれるもので、建築主のニーズが表される図面です。配置図、平面図、立面図、断面図、矩形図など、多種類のもので構成されます。構造図とは、建築物の構造を基本とした設計図面で、安全性確保に必要となります。

5 利益を生む積算と原価管理部門

建設工事の現場は、それぞれが一つの会社のようなものです。現場ごとの正確な積算と的確な原価管理が会社の利益確保のために大切です。

積算は、見積もり、入札のための積算と**実行予算**を立てるための積算があります。限られた時間内で見積もり、入札の準備を行わなければならないことが多いため、取りあえず見積もり、入札のための積算を行い、落札・契約後に改めて正確な積算を行って実行予算を作成するのが一般的です。公共工事の場合は、工事の数量表が入手できますから、それに対して公開されている積算基準書の設計単価を入れて工事原価を算出し、経費率を掛けて入札の見積もり額を決めます。

正確な積算をするためには、工事現場状況の事前調査を行ったり、書類に表れていない発注者の意向(品質や工期など)をよく確認することが大切です。発注者が出す情報だけでは細部がよくわからないことが多く、正確な実行予算を組めないことがあるからです。このようにすることでリスクを避けて、かつ精度の高い金額を出すことができます。

しかし、公共工事は予定価格と**最低制限価格**の間の価格で落札者が決まるため、その価格さえわかれば、積算をしなくても入札に参加できます。できるだけ低い価格を入れれば落札の可能性が高まるため、とにかく入札に参加し、落札してから初めて積算して実行予算を組むという会社も出てきます。そのため、落札後に赤字になることに気付くということも起こります。

積算で問題なのは、発注者が見積もりコストを考慮していないことです。経費をかけずに見積もりができるはずがなく、受注できなかった物件の積算にかかった費用は、何らかのかたちで受注できた物件のコストに上乗せされることになります。

＊**最低制限価格**　公共工事の入札において、この価格未満では良質な工事が極めて困難になる可能性があるとして設定されている価格です。最低制限価格未満で応札した業者は失格になります。

公共土木工事費の積算体系

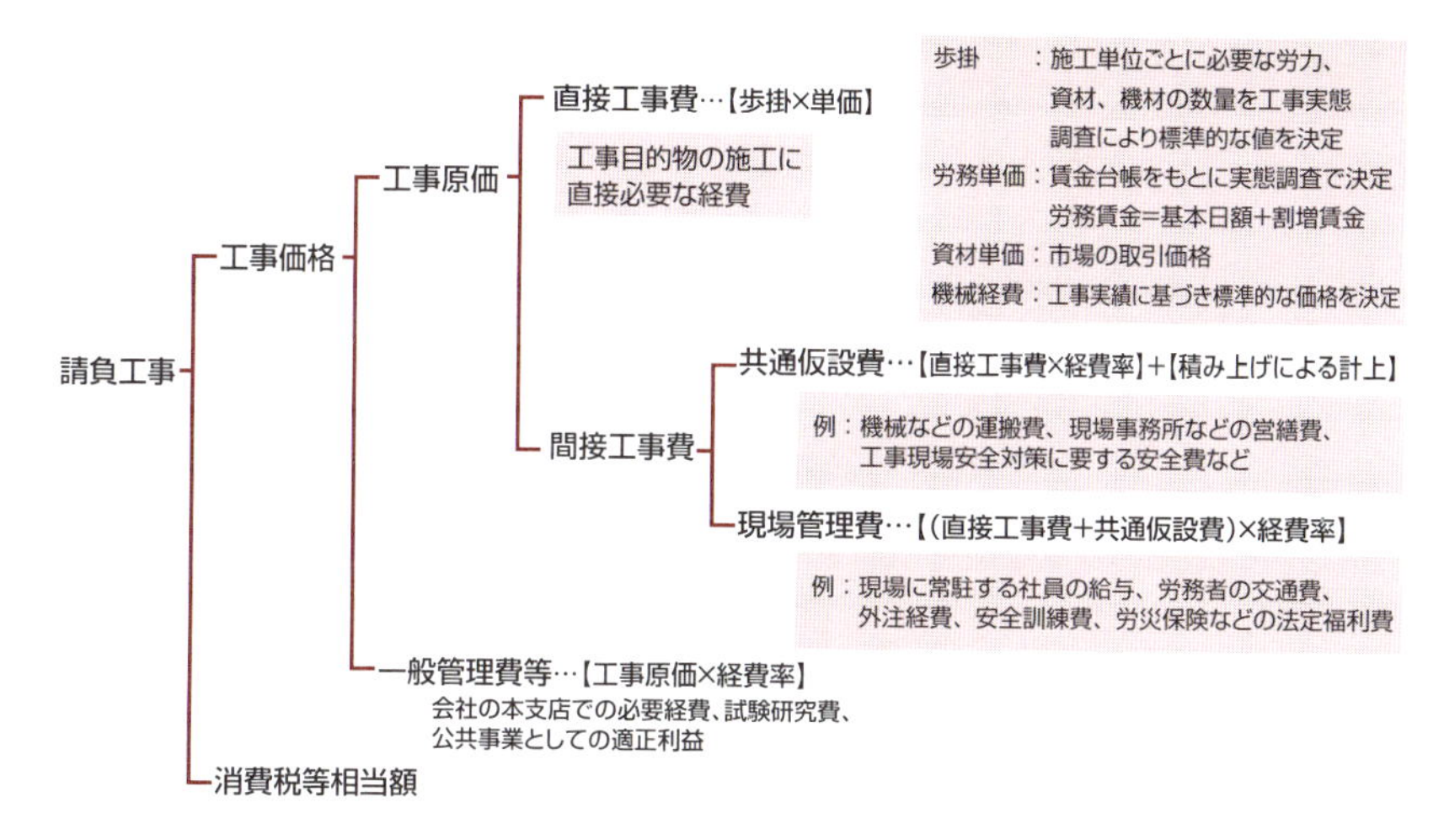

「国土交通省土木工事積算基準等の改正について」（国土交通省）より

原価管理で利益を確保

原価管理*は、工事前に算出した予算に対して、工事中の出来高と費用を対比させ、工事の利益を確保していく手法です。契約後に実行予算を計算するところから始まります。

実行予算は、施工計画を金額面で具体化したものですから、工事を始める前にきちんと作成することが大切です。昨今、コストダウンの重要性がますます高まり、どこの会社でも原価管理の必要性は理解していますが、中小建設会社では、確実に原価管理ができている会社は多くありません。単に下請け会社に値引きを要請するだけではなく、①同一の工種に対して複数の下請け会社から見積もりを取り、できるだけ価格を下げる、②工事開始後であっても、必要に応じて手順を変更し、作業を合理化して工事費を下げる、③工期を短縮するなどの対策を検討することが必要です。

工事完了後は、工事費の実績と実行予算を比較して差異の分析を行います。この分析を次の工事に生かしていくことが本当の原価管理です。

＊**原価管理**　工事原価という数字を指標に、工事の計画、実施、評価、対策を行って、より安く工事を行うための手法です。

6 工程管理と資材調達は施工管理部門

建設工事の分野は多岐にわたり、工事の計画が複雑になっています。工事の計画に基づいて、専門工事会社を現場で指導しながら建設構造物を完成させるのが施工の仕事です。

施工管理の仕事は、本社や支店スタッフと連携し、現場でQCDSE（Q・品質、C・コスト、D・工期、S・安全、E・環境）を満たしながら建設構造物を完成に導くことです。

受注が決まると、作業所長を中心に施工体制を組織します。施工管理者は、計画どおりに作業が安全に進められているか、品質に問題はないかなど、細部にわたって確認します。そして、常にコストを削減するように作業の進ちょくを管理し、必要に応じて工事の手順を変えるなどの処置を行います。工程を短縮すれば、それだけコストを削減できるからです。そのため、事前にいろいろなパターンをシミュレーションして、**工程計画の精度**を上げます。工事技術で差が付きにくくなっている現在、工期短縮が差別化の大きなポイントになっています。

コスト削減に直結する調達力

調達とは、プロジェクトに必要な材料、労務、外注を手配する仕事で、工事利益を確保する上で非常に重要な役割を担っています。調達の使命は、一円でも安く手配し、会社に利益を生み出すことです。言葉でいうのは簡単ですが、この使命を果たすには建設工事の全般と調達品目に対する専門的な知識が必要です。また、材料費と労務費の市況動向なども、絶えず把握していなければなりません。知識を深め、交渉力を磨くだけでなく、ときには設計、技術、現場作業所と一緒に、設計や工法の変更を検討することも必要になります。下請け企業の指導・育成も、調達部門の重要な役割です。

＊**生コン**　正式には**レディーミクストコンクリート**と呼ばれます。生コンはJIS指定商品で、ユーザーからの注文によって製造・出荷され、ミキサー車で現場まで運びます。生コンの種類は、呼び強度、スランプ、粗骨材の最大寸法、セメントの種類によって決定されます。

施工管理のために必要な計画書など

計画書など	用途、注意点
工事予算書	工事費の管理を行う。設計変更の場合は更新する。
施工組織表	発注者、設計者、工事関係者の関係がわかるようにする。
仮設計画書	現場に必要な仮設備や施設を計画する。
施工計画書	各施工者の作業と全体のスケジュールを調整して作成する。 検査のスケジュールも入れる。
品質管理計画書	発注者の立場で品質管理を行うことを前提として計画する。
安全衛生管理計画書	全体的な安全意識の高揚、危険要素の排除を行う。
建設廃棄物処理計画書	廃棄のみでなく再生利用も考慮して計画する。
施工業者別施工計画書	工種・施工業者ごとに作成する。 施工体制・連絡先一覧表、施工手順書、作業標準書など。
施工図	各施工者が作成する施工図をもとに全体の調整を行う。

工程管理表

国道○○号線 道路工事

No.	工種・種別	数量
1	準備工	
2	工事用道路工事	500m^2
3	土木工事	
4	切土工その1	2,000m^3
5	切土工その2	1,400m^3
6	切土工その3	1,800m^3
7	盛土工その1	3,000m^3
8	盛土工その2	1,200m^3
9	盛土工その3	2,500m^3
10	切土法面整形工	800m^2
11	盛土法面整形工	1,500m^2
12	函渠工事	
13	水路切替工	30m
14	排水路工事	
15	コンクリート側溝工	400m
16	集水桝工	10箇所
17	舗装工事	
18	下層路盤工	1,200m^2
19	上層路盤工	1,200m^2
20	表層工	1,200m^2
21	路肩盛土工	130m^3

＊**スランプ**　生コンの軟らかさの程度を示すのが**スランプ試験**です。生コンをコーンと呼ばれる高さ30cmの型に入れ、その型を逆さまにして引き抜いたときに、最初の高さからどのくらい下がったか（スランプ）を示すものです。スランプが大きいほど軟らかい生コンということになります。

7 経験が求められる品質管理と安全管理

耐震偽装事件をきっかけに、建設物の品質管理が大きな問題になりました。その後には、マンションの杭打ち問題が発生しました。建設会社の信頼性と建設工事の透明性を求める声が大きくなっています。

建設構造物は「一品生産品」であるため、工場でライン生産される商品と違い、現場の状態によって品質が大きく左右されます。現場の建設工事がきちんと行われているか、設計どおりに建物が造られているか、そのすべてをチェックするのが**品質管理**の仕事です。

建設工事の場合、工事が進行してしまうと前工程の品質がわからなくなるという問題があります。基礎や躯体は建物ができたあとでは目に見えませんし、コンクリートは固まってしまえば、あとから手を加えることはできません。品質管理のポイントは、この**目に見えない部分**とプロセスをきちんと確認することです。ですから、品質管理担当者は工事プロセスをきちんと見ていなければいけません。大手ゼネコン各社は、八〇年ごろからTQCやTQMの導入を始め、デミング賞の受賞、ISOの取得など、品質管理の仕組みを構築してきました。

最近では、多くのゼネコンの品質管理部署は、ISO関係の仕事が主な業務となっています。実際の現場での工事品質の管理は、元請建設会社の工事担当者が行いますが、下請けの行った工事の品質をきちんと管理できる技術者が不足しています。下請け建設業者が自主的に行う自主管理が重要になっています。

危険が伴う建設業の現場

建設業は、自然に囲まれた現場が相手の仕事ですから、いつ何が起こるかわかりません。足場が悪く危険な場所での作業が多い、重機や危険な道具を扱う作業が多いこともあり、他産業に比べて労働災害が多い傾

【TQCからTQMへ】 日本型QC活動は、生産現場を中心に発展して**TQC**となりましたが、ボトムアップ活動の限界に突き当たりました。そこで、企業のトップが定めた経営戦略を品質目標、顧客満足度目標にまで落とし込んで現場に展開する**TQM**(Total Quality Management)が始まりました。

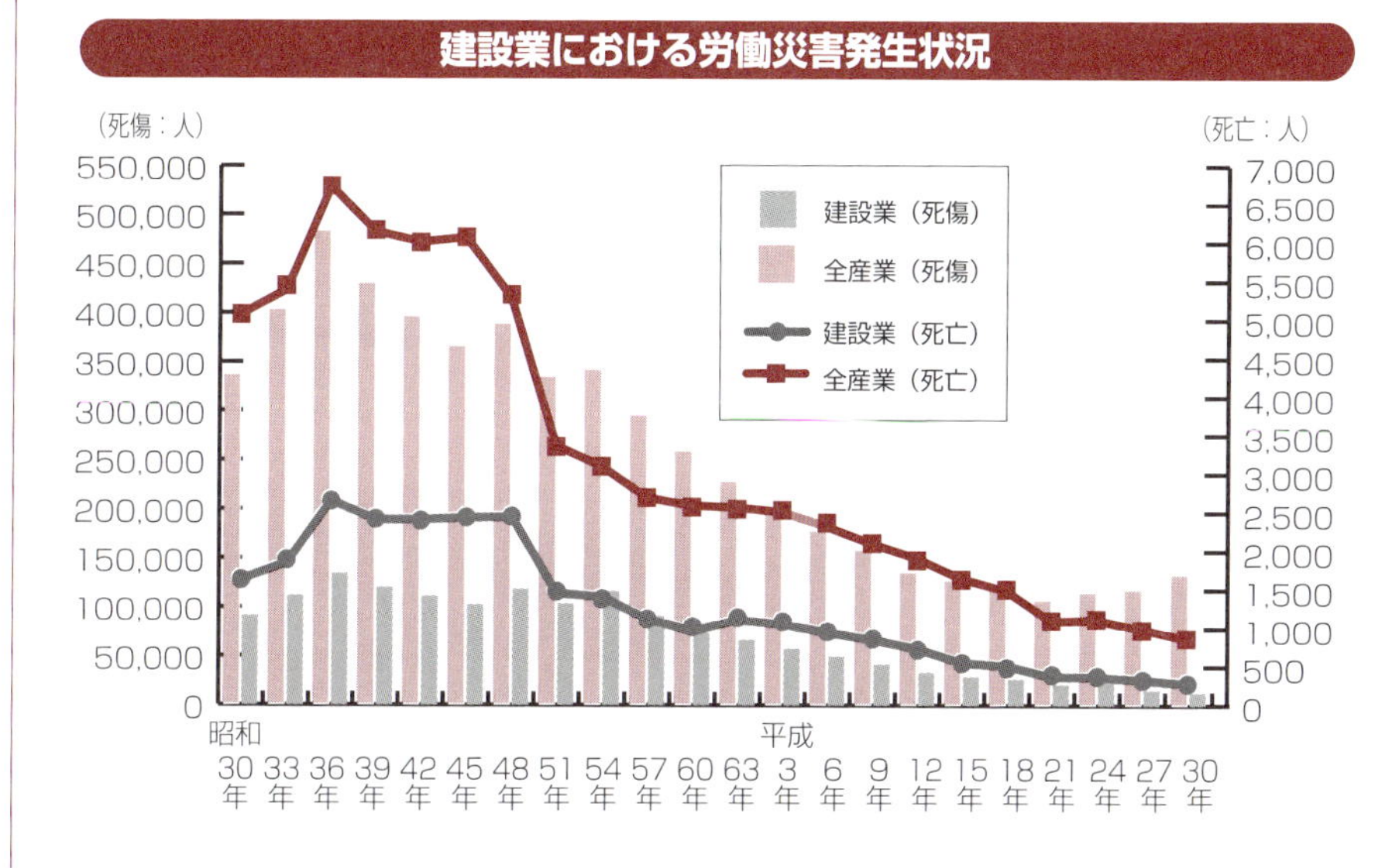

「建設業における労働災害発生状況」（建設業労働災害防止協会）より

向にあります。死亡災害などが発生すると指名停止などの措置が取られます。

建設業における労働災害は、減少を続け、死傷災害については一九九八年の三万八一一七人から二〇一八年には一万五三七四人と二一年間で六〇％の減少となりました。死亡災害についても、七二五人から三〇九人へ五七％の減少となっています。しかし、全産業の就業者中、建設業就業者の占める割合が七・五％に過ぎないにもかかわらず、死傷災害の約一二％、死亡災害の三四％と非常に高い比率を占めています。二〇一七年の建設業死亡災害三二三人中、土木工事が一二三人（三八・一％）、建築工事が一三七人（四二・四％）、設備工事が六三人（一九・五％）となっています。災害の種類としては、墜落が四一・八％と最も高く、次いで、自動車や建設機械などによる事故となっています。二〇一六年には東京都港区のマンション工事現場で、足場用の鉄パイプが歩道に落下して歩行中の男性が死亡する事故が発生しました。労働災害だけでなく周辺への安全管理も重要です。建設業界にとって安全管理の強化は永遠の課題といえます。

【COHSMS（Construction Occupational Health and Safety Management System労働安全衛生マネジメントシステム）】　経営管理の一環として組織的・体系的に行う安全衛生管理の仕組みです。事業者自らが仕組みを構築し、確実にかつ効率的に安全衛生管理活動を行うことにより“事業に潜在する災害要因の除去・低減”、“労働者の健康増進と快適職場の形成の促進”及び“企業の安全衛生水準の向上”を図ろうとするものです。

建設業界の労働条件

建設業界の労働条件は、これまで恵まれているとはいえませんでした。人材不足を背景に、業界を挙げて労働条件の改善に取り組んでいます。

建設業従業者の給与は、八〇年代後半から九〇年代前半にかけて急増したものの、その後、ゆるやかな減少が続きました。二〇一三年からは建設業の人材不足により増加に転じ、二〇一八年では四六三万円と製造業に近い水準に達しました。公共工事設計労務単価(全国全職種平均)は、二〇一二年度には一万三〇〇〇円まで低下していましたが、二〇二〇年三月には二万円にまで回復しています。

二〇一八年の年間労働時間は、二〇七六時間で製造業より約一〇〇時間多くなっています。二〇一八年の調査では、建設技術者の四割が、四週四休以下となっており、週休二日の確保が課題となっています。

これまで建設会社の中には、社会保険に加入しないことで経費を節約している会社が多くあり、二〇一一年には、建設会社の社会保険への加入率は労働者別では五七%にとどまっていました。社会保険とは、雇用保険、健康保険、厚生年金です。このような状況が建設業界の魅力を下げている要因でもありました。

社会保険加入率の増加

国土交通省は建設業界の労働環境を改善するために、社会保険の企業単位の加入率一〇〇%を目指してきました。具体的には、①建設業許可・更新時における保険未加入企業への加入指導、②経営事項審査における保険未加入企業に対する評価の厳格化、③元請け企業による下請け指導、などが行われています。二〇一九年には、企業別で九八%、労働者別で八八%の加入率となっています。

【一人親方】 職人として一人前になり、親方の下から独立した段階で、「自由に仕事がしたい」「収入を増やしたい」と考える職人が一人親方を選びます。しかし、最近では、誰も雇ってくれないという理由で、やむなく一人親方になる職人も増えています。一人親方は、雇用されているわけではないため、労災保険の適用を受けることができません。

建設業の労働賃金の推移

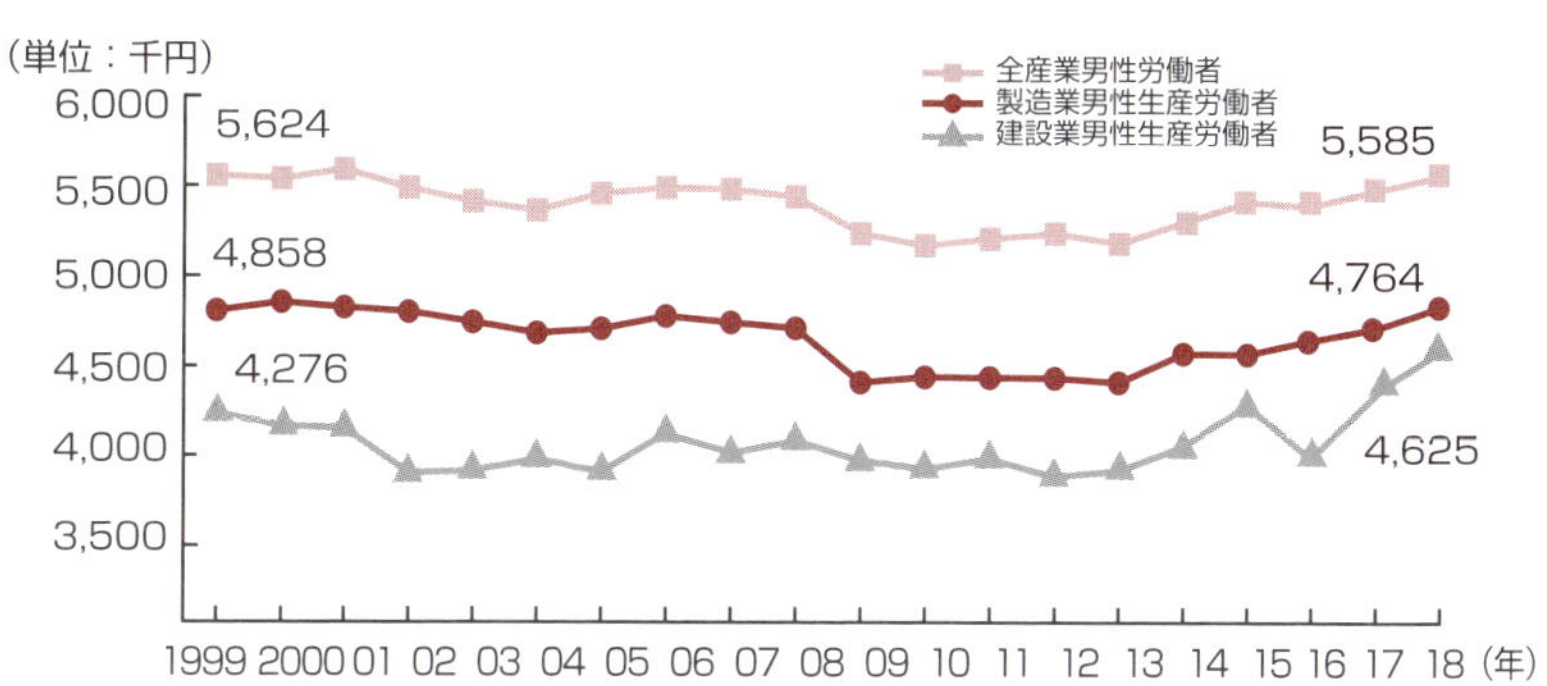

（注）1. 年間賃金総支給額＝決まって支給する現金給与額×12＋年間賞与その他特別給与額
決まって支給する現金給与額＝6月分として支給された現金給与額（所得税、社会保険料等を控除する前の額）で、基本給、職務手当、精皆手当、通勤手当、家族手当、家族手当、超過勤務手当を含む。
2. 生産労働者とは、主として物の生産が行われている現場等（建設現場等）における作業に従事する労働者である。
3. 調査対象は、10人以上の常用労働者を雇用する事業所。

資料出所：厚生労働省「賃金構造基本統計調査」

『建設業ハンドブック 2019』（一般社団法人日本建設業連合会）
http://www.nikkenren.com/publication/handbook.html

建設業の年間出勤日数

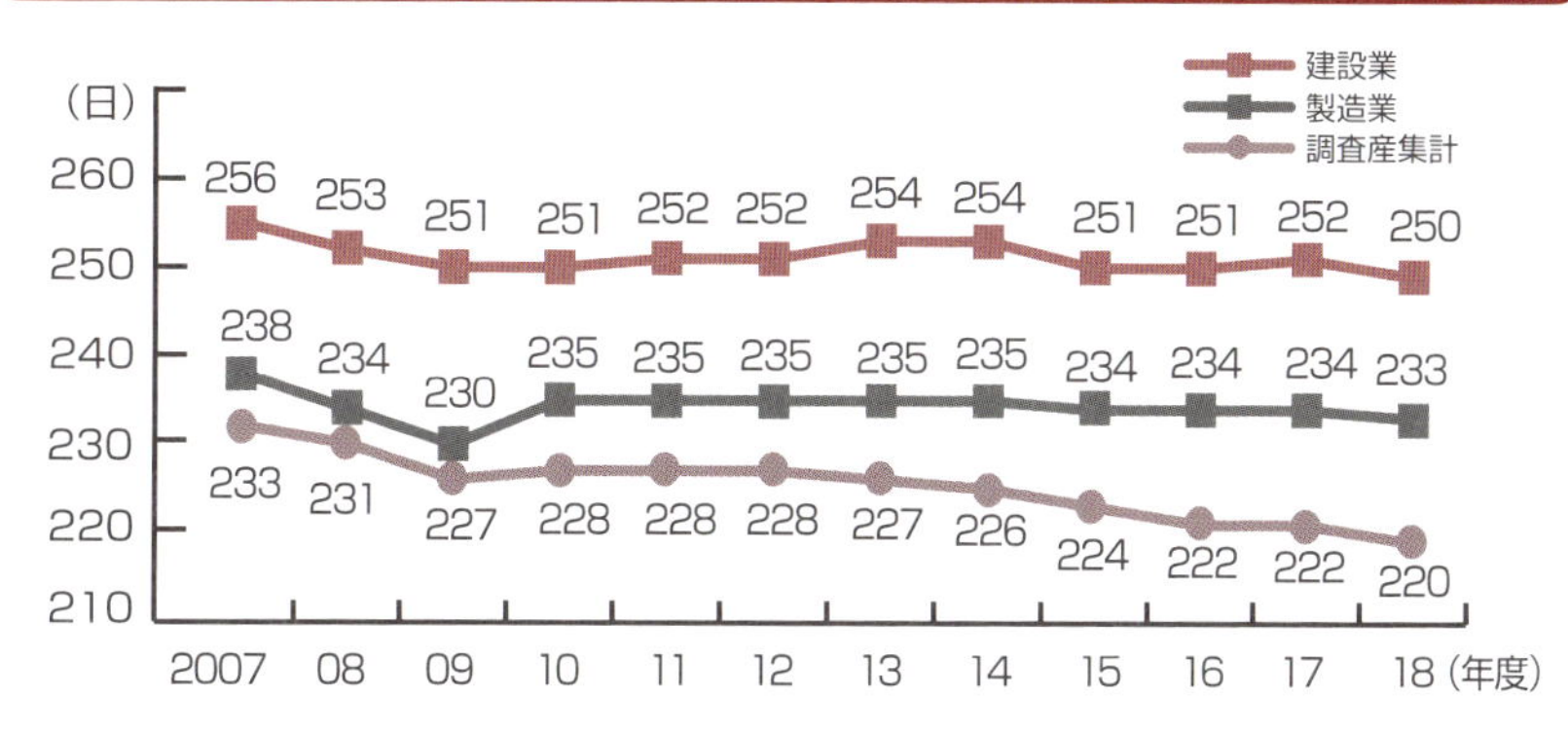

（注）1. 年間出勤日数＝年度平均月間値× 12
2. 調査対象は、５人以上の常用労働者を雇用する事業所

『建設業ハンドブック 2019』（一般社団法人日本建設業連合会）
http://www.nikkenren.com/publication/handbook.html

＊**公共工事設計労務単価**　公共工事の予定価格積算用単価であり、労働者への支払賃金を決めるものではありません。1日8時間当たりの賃金相当額で、法定福利費など会社負担の諸経費は含まれません。

建設業界の働き方改革

「働き方改革関連法」が一九年四月一日(中小企業は二〇年四月一日)から施行となりました。これにより、時間外労働の罰則付き上限規制が導入されました。

時間外労働の限度時間として、月四五時間・年三六〇時間が設定されました。ただし、繁忙期は月一〇〇時間未満(休日労働含む)、複数月平均八〇時間(同)、年七二〇時間までの時間外労働が認められます。

建設業の猶予措置

ただし、二〇二〇年東京オリンピック・パラリンピック関連施設工事などで需要が増えていた建設業については、人手不足が懸念されることから適用が五年間猶予されました。時間外労働の罰則付き上限規制は二四年四月一日からの適用となります。また、災害復旧や復興に関する工事においては月一〇〇時間未満・複数月平均八〇時間以内という例外規定が猶予期間後も適用されないことになりました。直接建設工事を行う企業だけでなく、建設現場で交通誘導警備を行う労働者も建設会社と同様の扱いとなります。

一方で、地質調査や建設コンサルタント、建築設計などの企業については、建設業でなく一般企業と同様に扱われます。

週休二日の拡大に向けて

建設業における時間外労働規制は五年間の適用猶予となりましたが、長時間労働の是正は必要です。建設業界では、週休二日制の実施を目標としていますが、工期の確保や建設会社のコスト増、日給労働者の収入減などが課題となっています。公共工事の週休二日対象工事では、補正係数によって週休二日に伴う必要経費を計上しています。

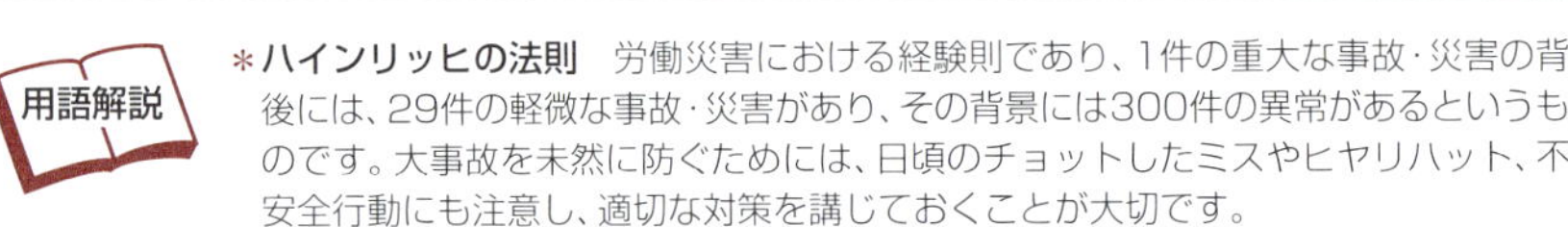

＊**ハインリッヒの法則**　労働災害における経験則であり、1件の重大な事故・災害の背後には、29件の軽微な事故・災害があり、その背景には300件の異常があるというものです。大事故を未然に防ぐためには、日頃のチョットしたミスやヒヤリハット、不安全行動にも注意し、適切な対策を講じておくことが大切です。

残業時間の上限規制

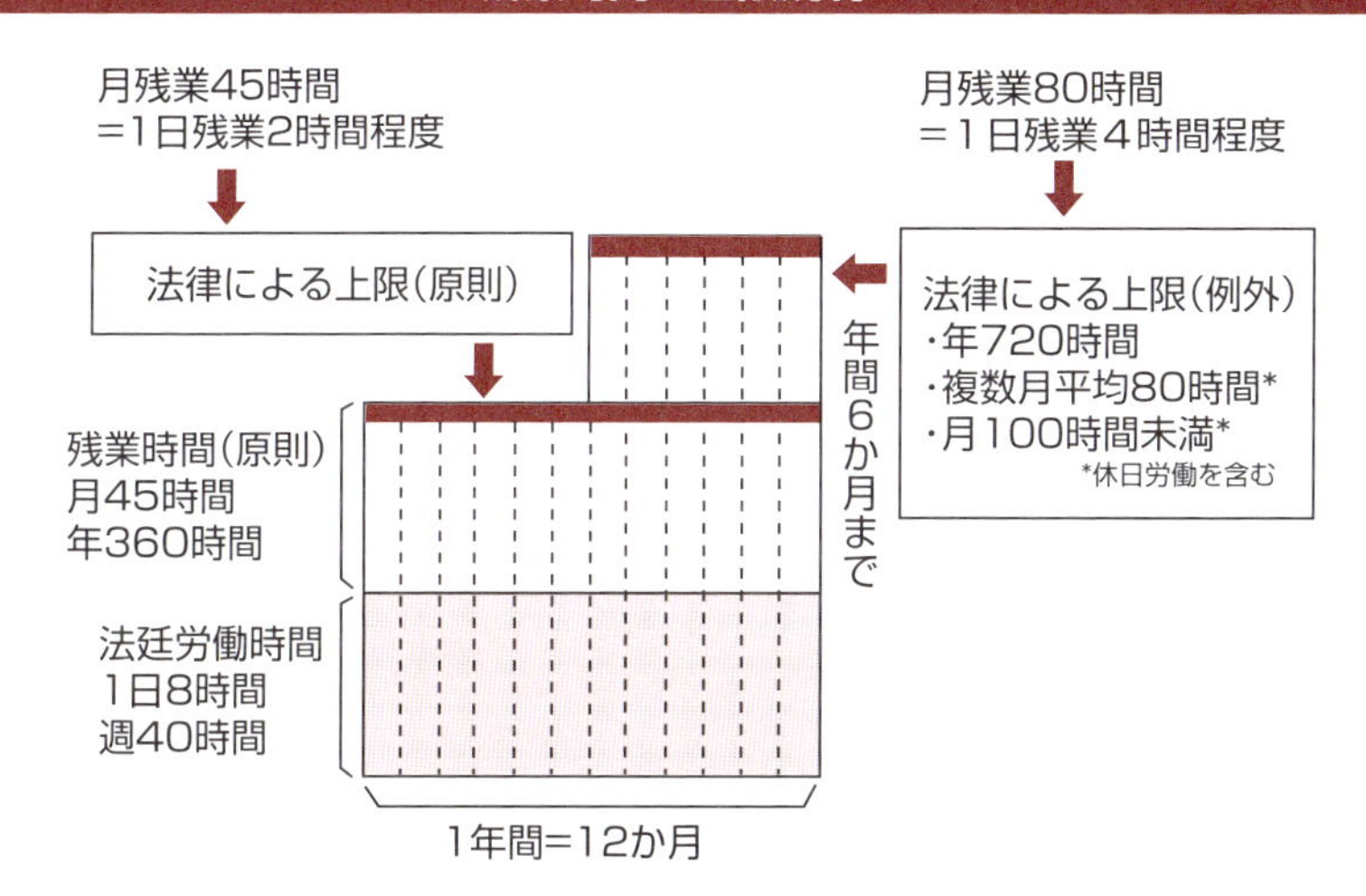

「週休 2 日等休日の拡大に向けた取り組みについて」(国土交通省)より
http://www.nilim.go.jp/lab/peg/siryou/20170314_hatyuusyakon/290314_siryou2.pdf

週休 2 日を実施するにあたっての主な課題

好意見	課題
【労働者への効果】 ①労働時間が減って、作業効率が少し上がった ②疲れが減り、普段より安全に施工ができた ③休むことにより仕事に対する意欲が増した ④現場従事者の疲れが取れて精神的に良い ⑤家族サービス、子育て等の時間が増えて喜ばれた ⑥将来的な担い手確保のためには、週休2日は必要 【その他の効果】 ⑦一般車両・近隣住民・店舗等の負担が減り、苦情・事故等の防止につながった ⑧近隣住民から喜ばれた	【発注時の問題】 ①工期が厳しい ②予期せぬ雨天等により工期が足りなくなる 【会社の利益の問題】 ③工期が延びると経費が嵩む 【労働者の問題】 ④作業員等が土曜日の作業を望んでいる ⑤残業が増える ⑥日給作業員が収入減になる ⑦早く工事を終わらせ次の現場に行きたい(稼ぎたい) 【その他の問題】 ⑧当初から休日作業を見込んで工程を計画 ⑨工事の進捗が遅れる ⑩沿道の店舗により土日施工の要望がある

「週休 2 日等休日の拡大に向けた取り組みについて」(国土交通省)より
http://www.nilim.go.jp/lab/peg/siryou/20170314_hatyuusyakon/290314_siryou2.pdf

＊**高度プロフェッショナル制度**　高度の専門的知識等を有し職務の範囲が明確であれば、本人の同意を前提として労働基準法に定められた労働時間、休憩、休日及び深夜の割増賃金に関する規定を適用しない制度です。建設業でも研究開発などの業務が対象となります。また、年収が1,075万円以上であることが条件となります。

建設技術者のいろいろな資格

建設関係の技術者の仕事は、実務経験と資格の両方を兼ね備えていることを求められます。公共工事では、入札の条件として、工事を担当する技術者の資格や経験が定められています。社員の資格が経審の評点として評価されますから、建設会社は社員の資格取得を奨励しています。資格には、国家資格と民間資格があります。

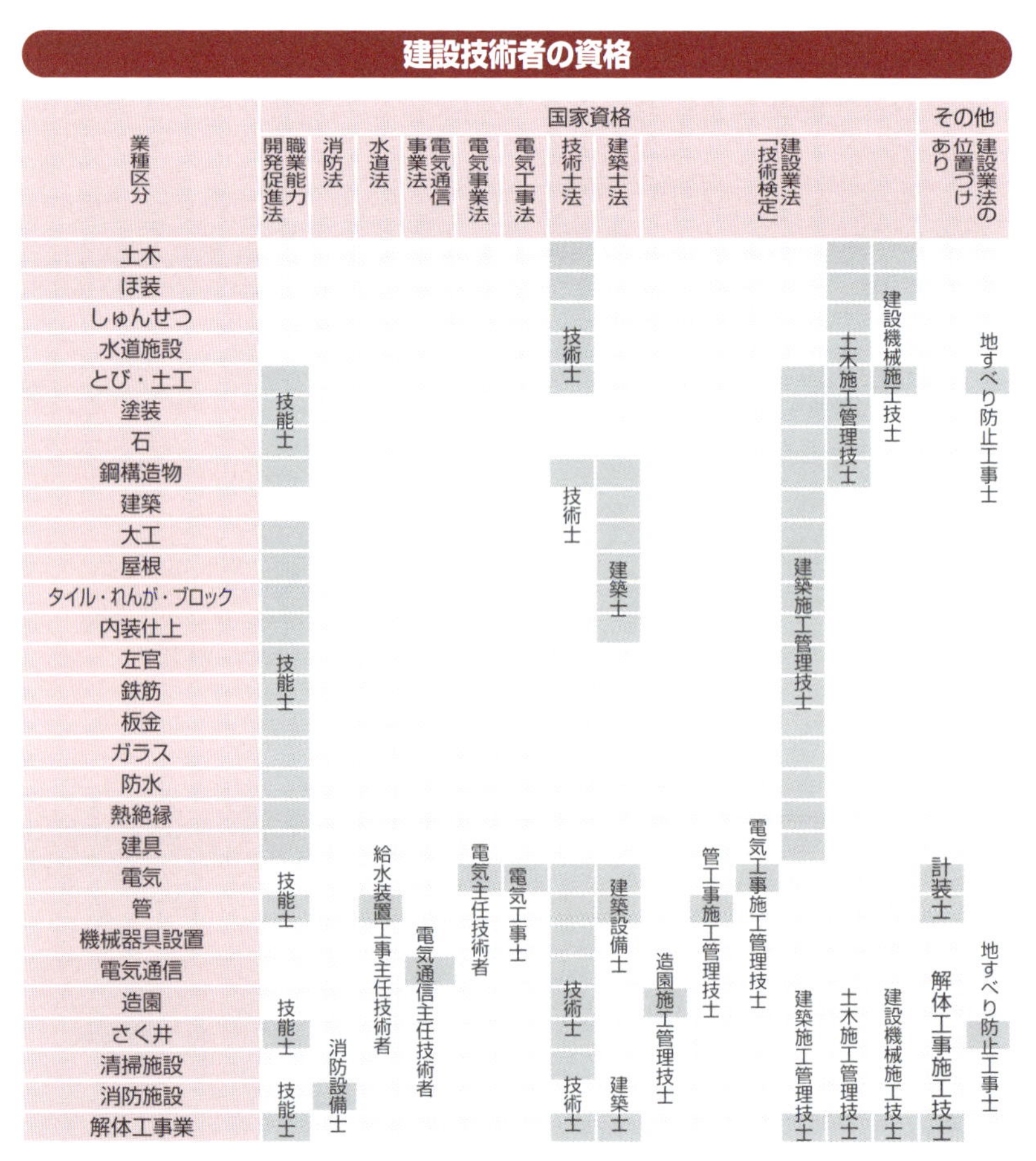

建設技術者の資格

業種区分	国家資格														その他	
	職業能力開発促進法	消防法	水道法	電気通信事業法	電気事業法	電気工事法	技術士法	建築士法	建設業法「技術検定」						建設業法の位置づけあり	
土木							技術士						土木施工管理技士	建設機械施工技士		
ほ装							技術士						土木施工管理技士	建設機械施工技士		
しゅんせつ							技術士						土木施工管理技士			
水道施設							技術士						土木施工管理技士			
とび・土工	技能士						技術士					建築施工管理技士	土木施工管理技士	建設機械施工技士		地すべり防止工事士
塗装	技能士											建築施工管理技士	土木施工管理技士			
石	技能士											建築施工管理技士	土木施工管理技士			
鋼構造物	技能士						技術士	建築士				建築施工管理技士	土木施工管理技士			
建築								建築士				建築施工管理技士				
大工	技能士							建築士				建築施工管理技士				
屋根	技能士							建築士				建築施工管理技士				
タイル・れんが・ブロック	技能士							建築士				建築施工管理技士				
内装仕上	技能士							建築士				建築施工管理技士				
左官	技能士											建築施工管理技士				
鉄筋	技能士											建築施工管理技士				
板金	技能士											建築施工管理技士				
ガラス	技能士											建築施工管理技士				
防水	技能士											建築施工管理技士				
熱絶縁	技能士											建築施工管理技士				
建具	技能士											建築施工管理技士				
電気					電気主任技術者	電気工事士	技術士	建築設備士			電気工事施工管理技士				計装士	
管	技能士		給水装置工事主任技術者				技術士	建築設備士		管工事施工管理技士					計装士	
機械器具設置							技術士									
電気通信				電気通信主任技術者			技術士									
造園							技術士		造園施工管理技士							
さく井	技能士						技術士									地すべり防止工事士
清掃施設							技術士									
消防施設		消防設備士														
解体工事業	技能士						技術士	建築士				建築施工管理技士	土木施工管理技士	建設機械施工技士	解体工事施工技士	

「業種区分の点検について」（国土交通省）
「解体工事に求められる技術者資格について」（国土交通省）

建設業界に関連する規制、法律

建設業界における新技術、工法などの進歩に伴う建設構造物の高度化、多様化には目覚ましいものがあります。しかし一方では、業界固有の古い体質を引きずっていたり、建物の安全性や環境面の問題などが指摘されています。ここでは、業界の健全な発展を支える規制や法律について紹介します。

1 業界の基本ルールは建設業法

建設業法は、①建設工事の適正な施工を確保し、②発注者を保護すると共に、③建設業の健全な発達を促進することを目的としています。二〇一九年の「新担い手三法」の成立に伴い、建設業法が改正され、経営業務管理責任者や技術者に関する合理化が行われます（4-2、4-7参照）。

建設業法の概要

①建設業の許可制度

建設業法では、建設業の業種を二種類の**一式工事**と二七種類の**専門工事**に分類しています。老朽建築物の解体工事増加に対応するため、二〇一六年六月に解体工事業が新設されました。軽微な工事を除き、必要となる業種ごとに建設業の許可を受けなければなりません。

②建設工事の請負契約

契約は、必ず書面で着工前に行わなければなりません。また、契約書面には請負代金の額や工期などを記載しておかなければなりません。

③建設工事の請負契約に関する紛争の処理

建設工事の請負契約に関する紛争の解決を図るため、中央建設工事紛争審査会と都道府県建設工事紛争審査会が設置されています。

④施工技術の確保

建設業の許可を受けている建設業者は、請け負った工事を施工する場合、元請、下請、金額の大小にかかわらず、施工計画の作成や工程管理など、その工事現場における施工の技術上の管理などを行う**主任技術者**や**監理技術者**を置かなければなりません。

⑤建設業者に対する指導監督

建設業法やその他の法令を遵守しない場合には、監督処分や営業停止処分、許可の取り消しを受けます。発注者による指名停止となる場合もあります。

【建設工事紛争審査会】 建設工事の請負契約をめぐる紛争の解決を図るためには、建設工事に関する技術、商慣行などの専門的な知識が必要となります。建設工事紛争審査会では、専門家が公正・中立な立場に立ち、「あっせん」「調停」「仲裁」のいずれかの手続きに従って紛争の解決を図ります。

建設業法の概要

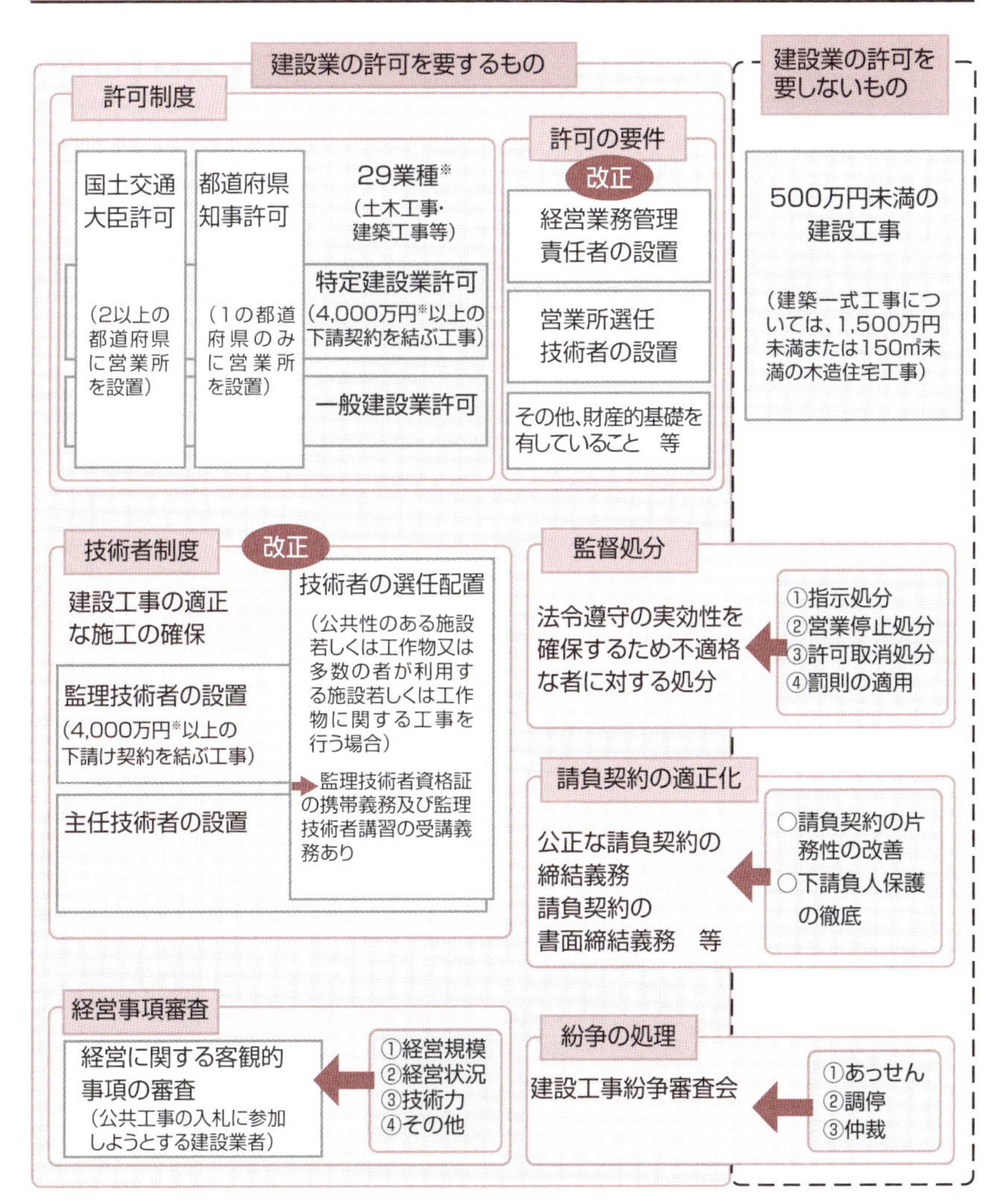

「建設業法改正経緯」（国土交通省）に加筆

※ 2016年6月に解体工事業が追加され29業種となり、下請契約の金額も引き上げられた。

＊**監理技術者**　特定建設業者が元請けとして、外注総額4,000万円以上（建築一式工事の場合は6,000万円以上）となる工事を発注者から直接請け負う場合、監理技術者を現場に配置しなければなりません。4,000万円未満の現場では、主任技術者の配置でよいことになっています。

2 建設業の許可申請

建設業の許可を受けるためには、①営業経験、②技術者の配置、③誠実性、④財産的基礎、を満たしていなければなりません。地域の守り手としての建設業を継続するため建設業法の改正が行われました。

一般建設業の許可を受けるには、次の要件を満たしていなくてはなりません。

①経営業務の管理責任者がいること

・建設業許可を受ける業種に関して五年以上もしくは、それ以外の業種で六年以上の経営業務の管理責任者または準ずる地位としての経験を有していること

・役員を補助する者を配置することで建設業の管理職5年以上、又は他業種の経営経験五年以上が追加されます。

②営業所ごとに専任の技術者がいること

・建設業許可を受けようとする業種に関する国家資格などを有する者または、建設業許可を受ける業種に関連する学科を卒業後、高卒の場合は五年以上、大卒の場合は三年以上の実務経験を有する者

・または、学歴・資格の有無を問わず、建設業許可を受けようとする業種に関して、一〇年以上の実務経験を有する者

③建設工事の請負契約に関して誠実性のあること

④財産的基礎、金銭的信用のあること

・自己資本の額が五〇〇万円以上であること　など

⑤適切な社会保険に加入していることが追加されます。

特定建設業者の義務

特定建設業は、下請け業者の保護を図るために設けられた制度です。注者から直接請け負った建設工事について四〇〇〇万円以上(建築一式工事は六〇〇〇万円以上)の下請契約をしようとする会社は、特定建設

＊**施工体制台帳**　下請け、孫請けなど工事を請け負うすべての業者名、各業者の施工範囲、技術者氏名などを記載した台帳です。現場の施工体制を把握するためだけでなく、①品質・安全などの施工トラブル、②不良不適格業者の参入や一括下請け、③安易な重層下請けなどの防止が目的です。

建設業法における技術者制度

	特定・一般の別	特定建設業	一般建設業
営業所の専任技術者	資格要件	一級国家資格者 実務経験者 *	一級国家資格者 二級国家資格者 実務経験者
工事現場の技術者（監理技術者、主任技術者）	工事現場に置くべき 技術者の種類	監理技術者 （元請工事における 下請金額 4,000 万円 ** 以上）	主任技術者 （元請工事における 下請金額 4,000 万円 ** 未満）
	資格要件	一級国家資格者 実務経験者 *	一級国家資格者 二級国家資格者 実務経験者
	工事現場における専任の要件 *** 改正	公共性のある施設若しくは工作物又は多数の者が利用する施設若しくは工作物 に関する重要な建設工事で、請負金額が 3,500 万円（建築一式の場合は 7,000 万円）以上で必要	
	専任の監理技術者が備えるべき要件	監理技術者資格者証の交付 監理技術者講習の受講	−

注）* 指定建設業の場合は国土交通大臣特別認定者　** 建築一式工事の場合は 6,000 万円
注）指定建設業：土木工事業、建築工事業、電気工事業、管工事業、鋼構造物工事業、舗装工事業、造園工事業
注）*** 監理技術者を補佐する技術者を専任で置いた場合は、2 現場（予定）の業務を認める。

業の許可を得なければなりません。一般建設業よりもさらに厳しい条件が定められています。

①営業所ごとの専任技術者について

・一級建築士、一級建築施工管理技士、一級土木施工管理技士、技術士など一級国家資格者がいること

・または、元請けとして四五〇〇万円以上の工事について、二年以上指導監督的な実務経験を有する者（指定建設業以外の場合）

②財産的基礎、金銭的信用について

・欠損の額、流動比率、資本金などについての条件を満たしていること

特定建設業者は、直接の下請業者だけでなく、孫請けを含めて工事に携わったすべての下請業者が建設業法、労働基準法、**労働安全衛生法**などの法律に違反しないように指導しなければなりません。さらに、元請けとして請け負った工事の下請契約の総額が四〇〇〇万円（建築一式工事では六〇〇〇万円）以上になる場合、**施工体制台帳**を作成しなければなりません。下請業者の保護のために、下請代金の適正な支払いに関する規定も設けられています。

【建設業許可の有効期限】　建設業許可の有効期間は5年間となっており、許可を受けた日から5年目の対応する前日をもって満了となります。更新の申請は、期間が満了する30日前までに行わなければなりません。

3 災害などをきっかけに改正、建築基準法

地震大国日本では、一九二三年の関東大震災をはじめ、多くの震災を教訓として建物・施設の耐震化を進めてきました。そして、阪神大震災の教訓により二〇〇〇年に建築基準法の大改正が行われました。

建築基準法のもととなった**市街地建築物法**は一九二〇年に制定されました。

市街地建築物法は、建物の安全構造の検討を義務付けており、家屋の密集する都市の防災対策を目的としていました。その後、一九五〇年に**建築基準法**が制定され、社会情勢の変化に合わせて改正されながら、今日まで「国民の生命、健康および財産の保護」を目的として運用されています。

建築基準法は、**集団規定**と**単体規定**から構成されています。集団規定では、都市の環境を保護するために、①建築物間における日照や採光、通風などの環境上の争いが生じないように、建築物や敷地と道路との関係を定め、②都市全体の環境や機能を望ましい水準にするため、建築物の用途や建て込み具合、形態や規模を定めています。単体規定では、建築物を利用する者の生命や健康を保護するために、①敷地の基準、②安全の基準、③防火の基準、④避難施設の基準、⑤衛生上の基準など、建築物自体が備えるべき基準を定めています。

建築基準法が目標とする耐震性能

阪神淡路大震災の被害を受けて行われた二〇〇〇年の改正では、耐震性能の向上が図られました。現在の建築基準法が最低限の目標としている耐震性能は①建物の耐用年限中に二〜三回遭遇する地震に対して、ヒビが入るなど多少の損傷は受けても、直して住み続けられること、②建物の耐用年限中に遭遇するかどうかの極めてまれな大地震に対しては、逃げる間もな

【建築協定】 建築基準法やその他の法律では満たされない地域の特殊な住宅環境について、建築協定区域内の所有者全員の同意により、建築物の敷地、位置、構造、用途、形態、意匠などについて規制を定めるものです。

建築基準法の主な改正

年代	年	出来事	内容
1900			
	1919	市街地建築物法制定	日本で最初の建築法規
	1923	関東大震災（M7.9）	
	1948	福井地震（M7.1）	
1950	1950	建築基準法制定	これまでの市街地建築物法を廃止
	1964	新潟地震（M7.5）	
	1968	十勝沖地震（M7.9）	
	1971	建築基準法　施行令改正	鉄筋コンクリート造の柱のせん断補強・木造基礎はコンクリート造布基礎と規定
	1978	宮城県沖地震（M7.4）	
1980	1980	建築基準法改正	新耐震基準の制定 鉄筋コンクリート造基礎を原則義務化 必要耐力壁量の変化
1990	1995	阪神淡路大震災（M7.3）	
	2000	建築基準法改正	地盤調査の義務化、基礎鉄筋金物補強の法制化 2002年　シックハウス症候群に対する規制
	2007	新潟中越沖地震（M6.8）	2007年　耐震偽装問題に対する対策
2010	2011	東日本大震災（M9.0）	

いような壊れ方をしないこと、を想定しています。極めてまれな大地震とは、関東大震災規模の地震といわれています。さらに、二〇〇〇年の改正では、一定の性能を満たせば、多様な材料、設備、構造方法を採用できることになりました。その結果、技術開発の促進、海外資材・部品の導入などにより、建築コストの低減や国際規格との調和につながりました。

その後、**シックハウス症候群**の増加から、二〇〇二年の改正では、シックハウス症候群に対する規制が加えられました。

さらに二〇〇七年には、構造計算書偽装問題の対策として、建築確認の厳格化、指定確認検査機関への監督強化、構造設計一級建築士による構造計算書のチェックなどが加えられました。二〇一八年の改正では、密集市街地の整備改善や戸建住宅等を用途変更する場合の規制についての合理化が行われました。これは、二〇一七年に新潟糸魚川市で発生した市街地火災の教訓や各地での空き家の増加問題に対応するためです。宅配ボックスを設置しやすくするための容積率の緩和など、社会のニーズに合わせた改正も行われています。

【既存不適格建築物】 いままでは適法であったのに、建築基準法の改正によって違反となる建築物をすべて違法建築物とすると、社会的混乱は大きなものになります。そこで、新法に違反する建築物のうち、新法の施行時にすでに存在していた建築物や建築中、修繕中であった建築物を**既存不適格建築物**と呼び、違反を問わないこととしています。

4 公共工事の品質を守る品確法

公共工事の品質確保を目的に、二〇〇五年四月に「公共工事の品質確保の促進に関する法律」が施行されました。価格だけでなく、受注者の技術的能力も含めた総合的評価の結果によって契約者が決まります。

公共工事を受注しようとする建設会社は、経営事項評価点と技術評価点の総合点数で評価されランク付けされています。これまでの価格による競争入札は、「同ランクの会社なら、どこが作っても同じものができる」との前提で行われ、良いものを作る技術があまり評価されませんでした。しかし、建設投資が大きく減少し、公共工事の受注競争が激化する中、価格のみによる競争入札が繰り返されることで、工事量を確保するための**安値受注**が横行し、「構造物の品質の低下を招いている」「労働条件の悪化につながる原因ではないか」という声が広がってきました。また、技術者が不足している市町村などでは、入札参加業者の**技術力審査**や工事の監督・検査が適切に行われていない、という問題も明らかになってきました。

「価格競争」から「価格と品質の競争」へ

そこで、単に価格のみで業者を決めるのではなく、品質や技術にも重点を置いた業者選定の仕組みに変えるため施工されたのが、「公共工事の品質確保の促進に関する法律」です。発注者に対して、「価格と品質」が総合的に優れた内容で契約することを義務付けることにより、受注する企業の施工力、技術力の向上意欲を高め、公共工事の品質が確保されることが目的です。

公共工事の品質を確保するために、

①適切な発注関係事務(仕様書・設計書の作成、予定価格の作成、入札・契約方法の選択、契約の相手方の決定、工事の監督・検査、並びに工事中および完成時の施工状況の評価など)を実施する。

【品確法への反論】 品確法の施行によって、「技術力活用=品質確保・効率化」という方向に進んでいますが、①大手ゼネコンへの受注の集中が進み、競争が阻害される、②品質は元請けの技術力だけでなく、下請け業者の技能が重要である、③技術力評価の客観的仕組みがないので官業癒着が起こりやすい、などの心配も指摘されています。

公共工事の品質獲得の促進に関する法律

公共工事の品質確保に関する基本理念及び発注者の責務の明確化

公共工事とは、物品調達とは基本的に異なり、その品質は目的物が使用されて初めて確保できるものであること、受注者の技術的能力によって品質が左右されること等を踏まえ、公共工事の品質確保に関する基本理念を定め、発注者の責務を明確化する諸規定を整備

『価格競争』から『価格と品質で総合的に優れた調達』への転換

『価格競争』から『価格と品質で総合的に優れた調達』への転換を図り、公共工事の品質確保を促進するための諸規定を整備

発注者をサポートする仕組みの明確化

発注者は、基本理念にのっとり発注者の責務を遂行することが必要であるものの、一部には体制が脆弱な発注者も存在することから、これらの発注者をサポートするための諸規定を整備

「公共工事の品質確保の促進に関する法律のポイント」（国土交通省）より作成

②工事の経験、施工状況の評価、配置予定技術者の経験などを審査することで、企業の技術力を生かす仕組みを導入する。

③発注体制が未整備な発注者を、国・地方公共団体、その他公益法人などがサポートする。

という法律です。企業の総合力を評価して選定することで、より良い公共事業を実現します。

担い手の育成・確保を目的とした改正

二〇一四年六月に、公共工事の品質確保の担い手の中長期的な育成・確保を目的として品確法が改正されました。例えば、人材育成・確保が可能となるように受注者が適正な利潤を確保できる予定価格を設定すること。競争入札参加者全てから詳細な技術提案を求めるのではなく、段階的選抜により負担を減らすこと。発注・施工時期の平準化を図ることなどです。

二〇一九年の改正では、災害時の緊急対策の充実強化、働き方改革への対応、生産性向上への取り組みなどが強化されました。

＊**住宅の品質確保の促進に関する法律**　2000年に制定された住宅の品質を守る法律で、「**住宅品確法**」と呼ばれています。新築住宅の請負／売買契約において、基本構造部分（柱や梁など住宅の構造耐力上主要な部分、雨水の浸入を防止する部分）の、10年間の瑕疵担保責任（修補請求権など）が義務付けられました。

5 品確法で定められた総合評価方式

公共工事の品質確保の促進に関する法律によって、公共工事の入札は原則として「総合評価方式」で行うことが明示されました。

総合評価方式は、受注企業の設計、施工方法などの技術力を生かすことで、公共工事の総合的な価値を高める入札方式です。価格以外の要素として、企業からの技術提案を求めて評価します。評価の対象には、工事目的物の性能や機能だけでなく、安全対策やリサイクル対策などの社会的要請項目もあります。

例えば、技術提案によって、騒音の低下や工期の短縮ができれば、住民や利用者の満足度が向上します。工事の技術力を評価することで、工事の品質向上が期待できます。安全性や環境対策などが評価されることにより、地域における企業の信用力も高まります。

総合評価方式の利用拡大に伴って、技術提案以外の評価項目が多様化しています。自治体の研修への参加実績、継続教育、地元企業活用率、資材の地元調達、ボランティア活動、工事成績、優良工事表彰、高齢者雇用、育児休業制度、仕事と家庭の両立支援などです。

落札者の決定

技術提案によるメリットを評価指標によって得点に換算します。この得点と入札価格（コスト）で除した評価値が価格あたりの工事品質を表すことになり、この評価値で各社の評価を行います。最低価格の入札者が必ずしも落札者になるとは限りません。

中立で公正な審査を行うために、総合評価方式の実施、落札者の決定、落札者決定基準を定めるときは、あらかじめ学識経験者の意見を聴くことが「品確法」で定められています。

【ライフサイクルコスト】　建物のライフサイクルにわたって発生する費用のことです。建設費から水・光熱費、点検、保守、清掃費などの運用維持管理費用、修繕・更新費用、解体処分費用や税金・保険費用までを含みます。そのうち、建築費は全コストの4分の1程度にすぎず、残りの4分の3はランニングコストだともいわれています。

総合評価方式の評価項目例

大項目	中項目	小項目
①総合的なコストに関する項目	・ライフサイクルコスト	維持管理費
		更新費
	・その他	補償費等
②工事目的物の性能・機能に関する事項	・性能 ・機能	初期性能の持続性
		騒音低減
		強度
		耐久性
		安定性
		美観
		供用性
③社会的要請に関する事項	・環境の維持	騒音
		振動
		粉塵
		悪臭
		水質汚濁

大項目	中項目	小項目
③社会的要請に関する事項	・環境の維持	地盤沈下
		土壌汚染
		景観
		大気汚染
		生活環境
		生態系
	・交通の確保	規制車線数
		規制時間
		ネットワーク
		災害復旧
	・特別な安全対策	安全対策の良否
		災害リスク
	・省資源／リサイクル対策	省資源対策
		リサイクルの良否
		効率

『総合評価方式活用ガイド』（国土交通省）

落札者の決定

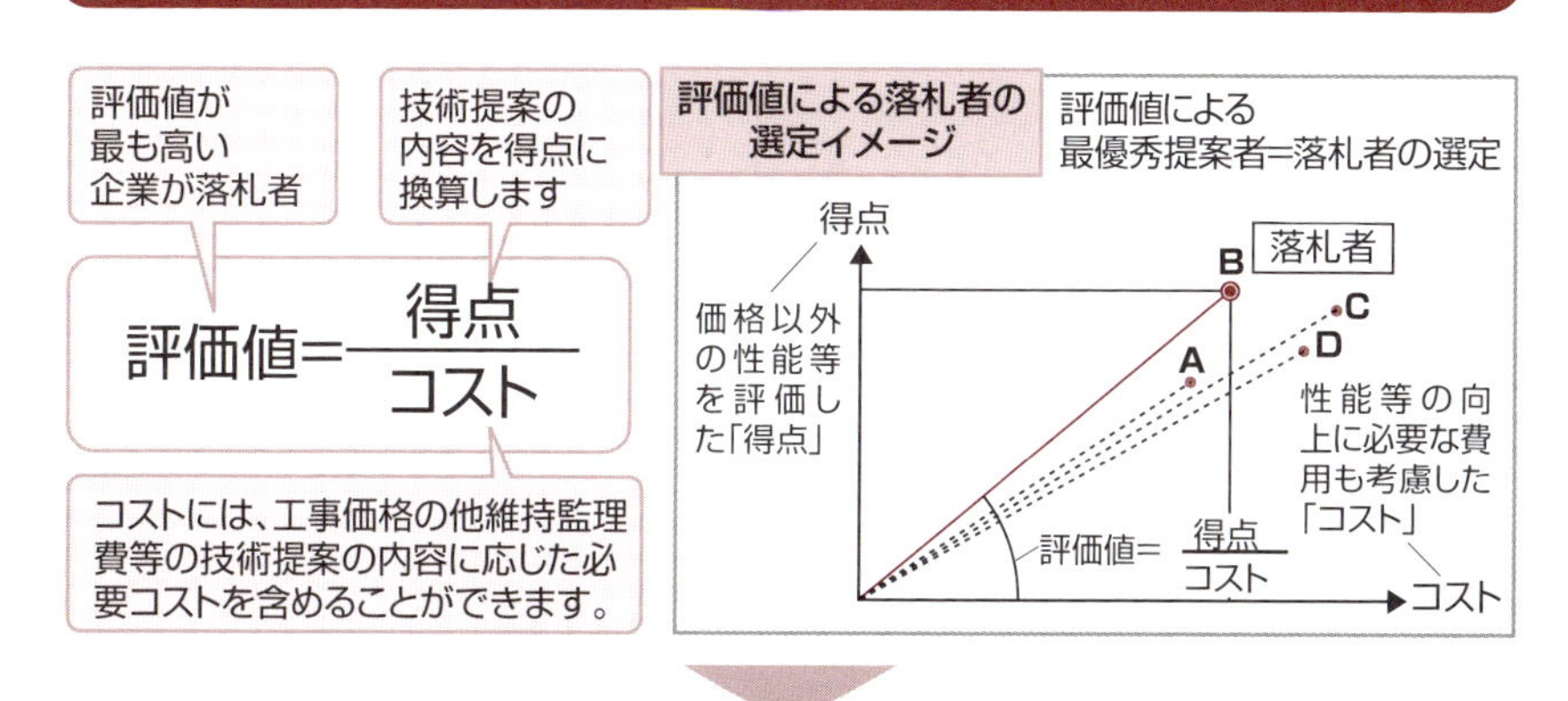

入札価格が最も低いのは、A社。しかし、評価値が最も高いのは、B社、
したがって、B社が落札者となる

『総合評価方式活用ガイド』（国土交通省）

＊**予定価格**　一定の施工条件などを想定した上で発注者側で費用を積算し、工事予算の上限を示す金額です。入札者全員の入札価格が予定価格を上回った場合は、①再度入札を行う、②最低価格の業者と交渉を行う、などの方法で契約につなげます。予定価格は、入札前非公開が原則ですが、事前公開する場合もあります。

6 公共工事入札契約適正化法とは

談合や丸投げといった不祥事をなくし、公共工事の請負契約を適正化するための法律が「公共工事の入札及び契約の適正化の促進に関する法律」(入札契約適正化法)です。

入札契約適正化法では、①透明性の確保、②公正な競争の促進、③適正な施工の確保、④不正行為の排除の徹底、を基本原則としています。すべての発注者に対して以下の事項が義務付けられています。

(1)発注者は毎年度、発注見通し(発注工事名、入札時期など)を公表する。

(2)発注者は、入札・契約の過程および契約の内容(契約の相手方、契約金額など)を公表する。

(3)一括下請負(丸投げ)は全面的に禁止です。発注者は、受注者から**施工体制台帳**の提出を受け、施工体制の状況を点検する。

(4)発注者は、談合の疑いがある場合には公正取引委員会に、一括下請負などがある場合には建設業許可行政庁などに対し、通知する。

入札契約適正化法の改正

二〇一四年の改正では、ダンピング対策の強化が法律の柱として追加されました。低入札価格調査制度や最低制限価格制度の活用を徹底する他、追加・変更工事の場合は、書面による変更契約を締結し、必要な費用・工期の変更を行います。さらに、社会保険未加入業者を排除するための資格審査を行うと共に、元請け業者が保険未加入業者と下請け契約することも禁止します。談合防止策として、予定価格を入札書の提出後に公表します。二〇一九年の改正では、発注者による必要工期の確保と年度末の工事量集中を避けることが努力義務とされました。長時間労働の解消や週休二日制の推進のためです。

【違約金特約条項】 談合などの不正行為が行われた場合、これによる損害を発注者に賠償することを、工事の契約の際にあらかじめ約定するものです。すべての都道府県、指定都市で導入されています。ほとんどの都道府県、指定都市では、請負契約金額の10%を違約金額としています。

入札契約適正化法の概要

目的　国、特殊法人、地方公共団体などの発注者全体を通じて、入札・契約の適正化の促進により、公共工事に対する国民の信頼確保と建設業の健全な発達を図る

入札・契約適正化の基本原則の明示
①透明性の確保　②公正な競争の促進　③適正な施工の確保　④不正行為の排除の徹底

すべての発注者に義務付ける事項

(1) 毎年度の発注見通しの公表
・発注工事名・時期などを公表

(2) 入札・契約に係る情報の公表
・入札参加者の資格、入札者・入札金額、落札者・落札金額など

(3) 施工体制の適正化
・丸投げの全面禁止
・受注者の現場施工体制の報告など
・発注者による現場の点検等

(4) 不正行為に対する措置
・不正事実（談合など）の公正取引委員会など、建設業許可行政庁への通知

各発注者が取り組むべきガイドライン

(1) 主な内容
①第三者機関による入札過程、契約内容などのチェック
②苦情処理手続き、体制などの整備
③入札・契約方法の改善（総合評価方式などによる民間の技術力の活用、指名競争における指名の適正化・透明化など）
④工事の施工状況の評価実施の徹底
⑤その他（ダンピングへの対応など）

発注者は指針に従い、入札・契約の適正化を推進

フォローアップ　・毎年度、取組み状況を把握し、公表　・特に必要のあるときは改善を要請

出所：「公共工事の入札及び契約の適正化の促進に関する法律」（国土交通省）

工期の確保

工期の設定にあたっては、工事の規模･難易度、地域の実情、自然条件、工事内容などのほか、工事従業者の休日、準備期間、片付け期間、降雨等の作業不能日数も適切に考慮する。

契約 → 完成

<全工期に共通する事項>
・自然的要因（多雪、寒冷、多雨、強風等）
・不稼働日（週休2日、祝日、年末年始、夏季休暇等）

<各工期において考慮すべき事項>

準備	施工			後片付け等
	基礎工事	躯体工事	内装仕上げ工事	
・用地買収や建築確認、道路管理者との調整 ・工事場所の周辺環境、近隣状況及び規制等	・地下水及び地下埋設物の存在 ・掘削土の搬出	・養成期間	・受電の時期 ・設備の総合試運転調整	・工事の完成検査 ・仮設工作物の撤去、清掃等

・労働者や建設資材の投入量や採用している工法と工期の関係を確認

<その他考慮すべき事項>
・過去の同種類似工事の実績や工事別の特性を考慮
（例）新築工事：地下水及び地下埋設物の存在
　　　改修工事：アスベスト除去工事

※特に設計変更が行われる場合には、工期の変更が認められないケースが多いため、重点的に確認

「新・担い手３法について」（国土交通省）に加筆

＊**入札監視委員会**　公共工事における指名理由や業者選考経緯などを審議し、改善に向けた提言を入札や業者選考制度に反映させ、入札･契約手続きの公正の確保と透明性を高めるために、各省庁や地方公共団体などに設置されています。

7 建設業界を支える新・担い手三法の改正

建設業界の担い手の確保、育成に向けて、二〇一四年に品質法、入契法、建設業法の改正が行われました。そして二〇一九年には、新たな課題に対応するために「新・担い手三法」として改正が行われました。

建設業界では、厳しい状況が続いたため業界の魅力が低下し、現場の技能労働者の高齢化や若者の減少といった問題が生じています。このことが将来的な建設工事の品質低下につながることが懸念されています。

将来にわたって建設工事の品質を確保するためには、労働環境を改善して担い手を確保・育成することが必要です。そのためには、建設会社が適切な利潤を確保することが欠かせません。

そこで、「担い手の確保」を新たな目的として、品確法、入契法、建設業法がセットで二〇一四年に改正されました。さらに二〇一九年には、災害に対する地域の「守り手」としての期待、長時間労働の是正、生産性の向上などの課題を受け、新・担い手三法として改正されました。

運用指針の策定

二〇一四年の改正では法律改正の趣旨を徹底するために公共発注者のための運用指針が定められました。発注者が「調査及び設計」、「工事発注準備」、「入札契約」、「工事施工」、「完成後」の各段階で取り組むべき事項がまとめられています。

(1)予定価格の適正な設定

受注者が適正な利潤を確保することができるよう、市場における労務および資材等の取引価格、施工の実態等を的確に反映した積算を行います。

(2)低入札価格調査基準・最低制限価格の設定・活用

ダンピング受注を防止するため、低入札価格調査制度又は最低制限価格制度の適切な活用を徹底します。

【若手比率の低下、高齢化の進行】 建設業界の経営環境が悪化した時期に、技能労働者の賃金の低下、若手入職者の減少等の問題が生じました。建設業の就業者の年齢構成では、55歳以上が約3割を占める一方、29歳以下の若手が約1割となっています。全産業に比べ、高齢化と若手比率の低下が著しく進行しています。

新・担い手三法（品確法と建設業法、入契法の一体的改正）について

2014年の改正

新たな課題・引き続き取り組むべき課題
- 地域の「守り手」としての建設業への期待
- 建設業の長時間労働の是正
- 生産性の向上

新たな課題に対応し、5年間の成果をさらに充実する新・担い手3法改正を実施

担い手3法施行(H26)後5年間の成果
- 予定価格の適正な設定、歩切りの根絶
- 価格のダンピング対策の強化
- 建設業の就業者数の減少に歯止め

品確法の改正 ～公共工事の発注者・受注者の基本的な責務～

働き方改革の推進	生産性向上への取組	災害時の緊急対応強化 持続可能な事業環境の確保	
○発注者の責務 ・適正な工期設定 ・施工時期の平準化 ○受注者の責務 ・適正な請負代金・工期での下請契約締結	○発注者・受注者の責務 ・情報通信技術の活用等による生産性向上	○発注者の責務 ・緊急性に応じた随意契約・指名競争入札等の適切な選択 ・災害協定の締結	○調査・設計の品質確保 ・「公共工事に関する測量、地質調査その他の調査及び設計」を、発注者・受注者の責務の各規定に追加
○工期の適正化 ・工期に関する基準を作成・勧告 ・著しく短い工期による請負契約の締結を禁止 ・公共工事の発注者が、必要な工期の確保と施工時期の平準化のための措置を講ずることを努力義務化<入契法> ○現場の処遇改善 ・社会保険の加入を許可要件化 ・下請代金のうち、労務費相当については現金払い	○技術者に関する規制の合理化 ・監理技術者：補佐する者（技士補）を配置する場合、兼任を容認 ・主任技術者（下請）：一定の要件を満たす場合は配置不要	○災害時における建設業者団体の責務と追加 ・建設業者と地方公共団体等との連携の努力義務化 ○持続可能な事業環境の確保 ・経営管理責任者に関する規制を合理化 ・建設業の許可に係る承継に関する規定を整備	

建設業法・入契法の改正 ～建設工事や建設業に関する具体的なルール～

『新・担い手3法について』（国土交通省）より

＊**積算基準**　公共工事の予定価格を積算するための基準です。工事費の各費目に含まれる対象品目や工事範囲、算出の考え方、費用の算出式、その費目の人工数を算出するための歩掛（ぶがかり）などが示されています。作業毎の建設機械の作業能力も示されています。年度ごとに見直しが行われます。

予定価格は、原則として事後公表します。

(3)適切な設計変更

施工条件と実際の工事現場の状態が一致しない場合の変更については、必要となる請負代金の額や工期の適切な変更を行います。

(4)発注や施工時期の平準化

年度当初からの予算執行の徹底や余裕期間の設定を行うとともに、週休二日を前提として工期を設定するなど、発注・施工時期等の平準化を図ります。

技術者に関する規制の合理化

二〇一九年の改正では、従来、現場に専任しなければならなかった監理技術者について、職務を補佐する者を置いた場合には二現場の兼務が認められることになりました。また、下請け会社にも工事現場への設置が必要であった主任技術者を、上位の会社の主任技術者の施工管理により設置を要しないこととなりました。下請け会社にとって受注の機会を確保しやすくなると共に重層下請構造の改善に寄与することが期待されています。

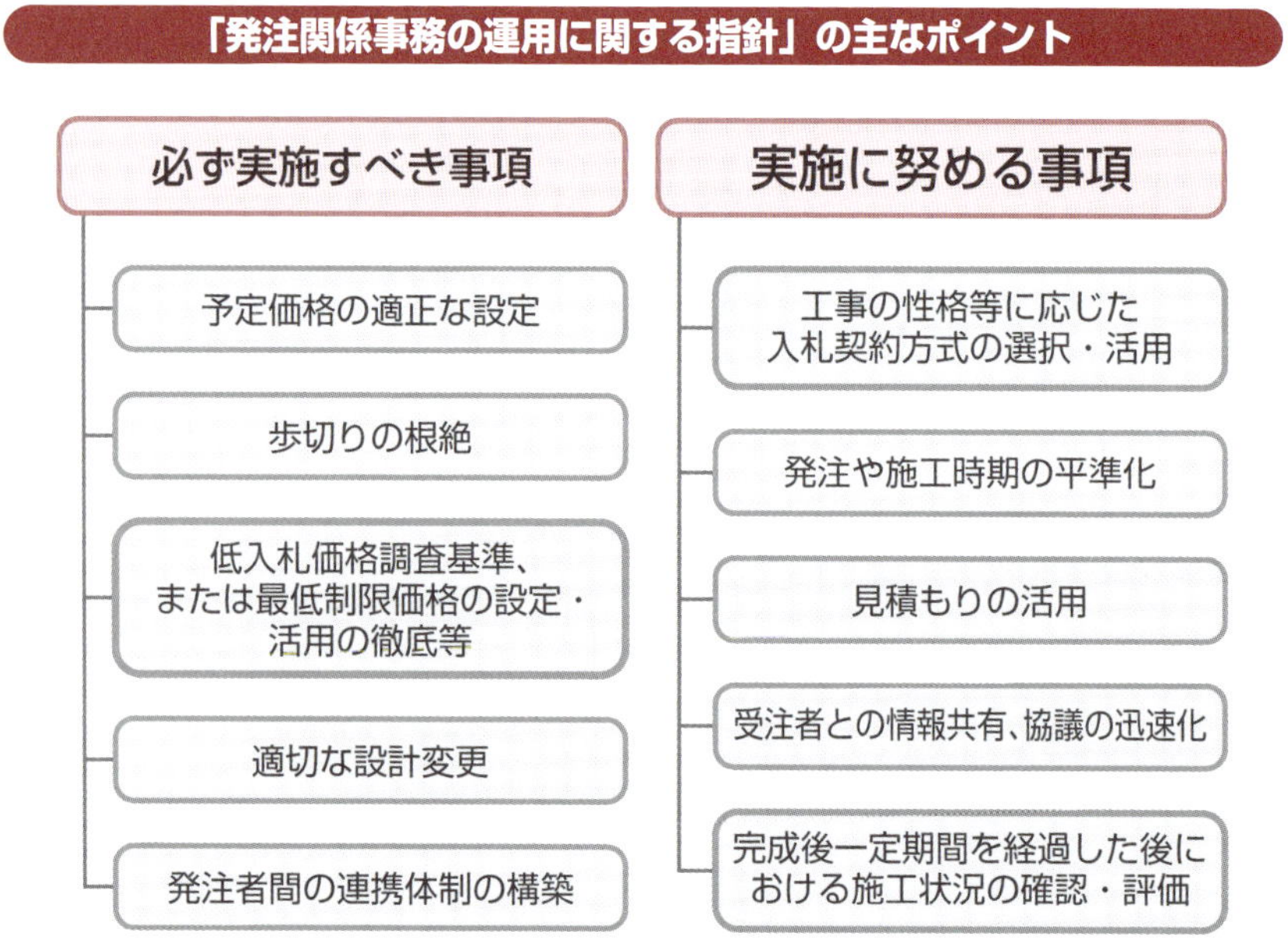

「発注関係事務の運用に関する指針」の主なポイント

必ず実施すべき事項	実施に努める事項
予定価格の適正な設定	工事の性格等に応じた入札契約方式の選択・活用
歩切りの根絶	発注や施工時期の平準化
低入札価格調査基準、または最低制限価格の設定・活用の徹底等	見積もりの活用
適切な設計変更	受注者との情報共有、協議の迅速化
発注者間の連携体制の構築	完成後一定期間を経過した後における施工状況の確認・評価

「発注関係事務の運用に関する指針（運用指針）」の主なポイント（国土交通省）より作成
http://www.mlit.go.jp/common/001068325.pdf

工事の平準化の状況

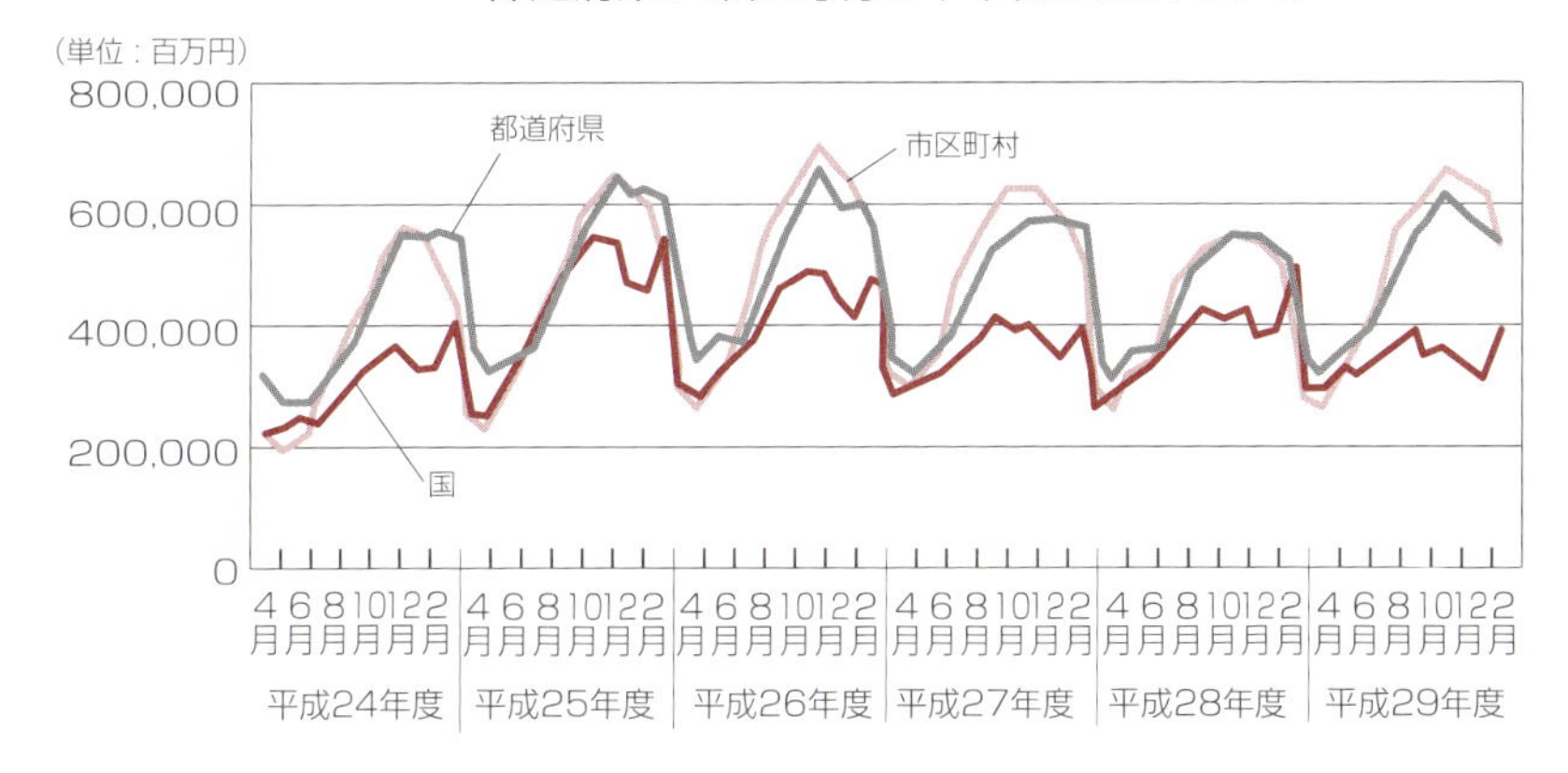

『新・担い手３法について』（国土交通省）に加筆

主任技術者の配置義務の見直し

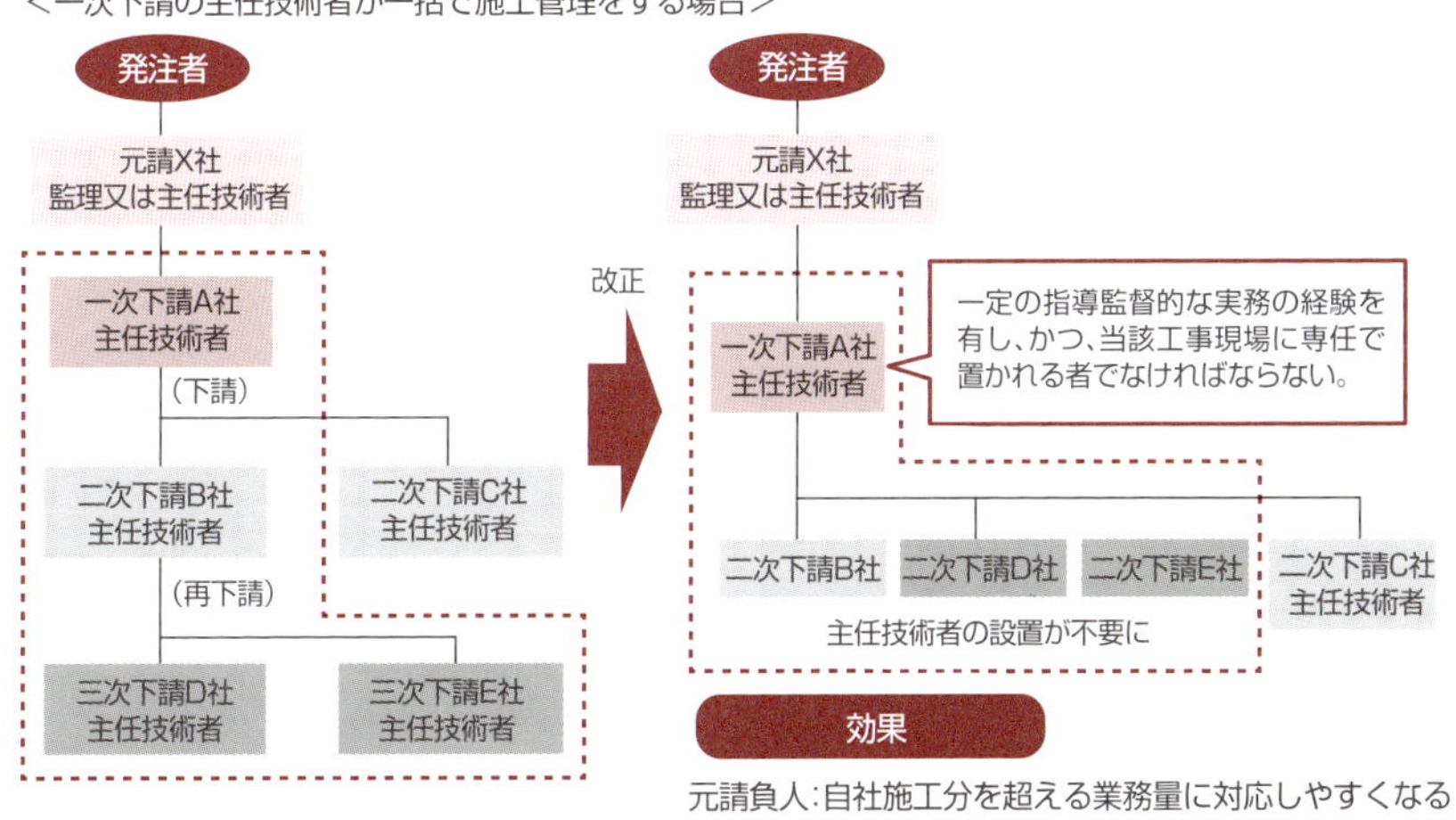

『新・担い手３法について』（国土交通省）

【山陽新幹線の土木構造物】　山陽新幹線は、全551kmのうち、トンネル280km（51%）、高架橋153km（28%）、切盛土70km（13%）、橋梁48km（9%）となっています。

8 中小建設業を保護する官公需法

中小建設業者の受注機会の確保に大きな影響を与えているのが「官公需についての中小企業者の受注の確保に関する法律」です。国などが物品の買入れ契約などを締結する場合に、中小企業者の受注機会増大を図ることを目的として、一九六六年に制定されています。

官公需法は、技術や意欲があり、創造的な事業活動を行う中小企業を育成し、中小企業の競争力を高めるための法律です。その手段として「中小企業者の受注機会の増大を図ること」が強調され、中小企業向け契約目標が設定されています。そのため、単に地元の中小建設業者に受注させることを目的にした公共工事の**分離分割発注**が行われるなど、官公需受注機会の増大措置が講じられています。

これに対して、「官公需法は受注に対する機会の平等ではなく、**目標契約率**によって、結果の平等を保証するものであり、自由競争を阻害するものである」、「中小建設業者に受注させるために、発注工事が過度に細かく細分化され、工事が非効率になっている」など、経済合理性を求めるべきだとの批判も出ています。

契約の現状

国、地方公共団体共、予算総額は減少していますが、中小企業との契約実績比率は年々上昇しています。二〇一一年度には、東日本大震災の被災地域の中小企業に対する配慮が方針として出されています。二〇一八年度の国などの契約目標は五五・一％となっています。

いずれにしても、公共事業の減少と競争激化は避けられないのですから、「官公需法」をいくら守っても、結果の平等を確保し続けることはできません。中小建設業者が機会の平等を自らのチャンスとして生かし、自立することが求められています。

【分割発注】 中小建設業者の受注機会を確保するために、工事の工程や工区を細分化して発注するものです。公共工事は規模や技術力の差をもとに業者をランク付けして発注されますから、1㎞の道路を100m単位で分割発注すれば、1社の上位ランク企業ではなく10社の下位ランク企業が仕事を受注することができます。

中小企業者の受注機会増大のための措置

1. 東日本大震災の被災地域等の中小企業・小規模事業者に対する配慮
 (1) 官公需相談窓口における相談対応
 (2) 適正な納期・工期の設定及び迅速な支払
 (3) 地域中小企業の適切な評価　など
2. 平成 28 年熊本地震及び平成 30 年 7 月豪雨の被災地域の中小企業・小規模事業者に対する配慮
3. 官公需情報の提供の徹底
 (1) 個別発注情報の提供と説明
 (2) 官公需情報ポータルサイトによる情報の一括提供　など
4. 中小企業・小規模事業者が受注し易い発注とする工夫
 (1) 総合評価落札方式の適切な活用
 (2) 分離・分割発注の推進
 (3) 適正な納期・工期、納入条件等の設定
 (4) 調達・契約手法の多様化における中小企業・小規模事業者への配慮　など
5. 中小企業・小規模事業者の特性を踏まえた配慮
 (1) 中小建設業者に対する配慮　など
6. ダンピング防止対策、消費税の円滑かつ適正な転嫁等の推進

「令和元年度中小企業者に関する国等の契約の基本方針」(中小企業庁) より

中小企業の官公需契約実績の推移

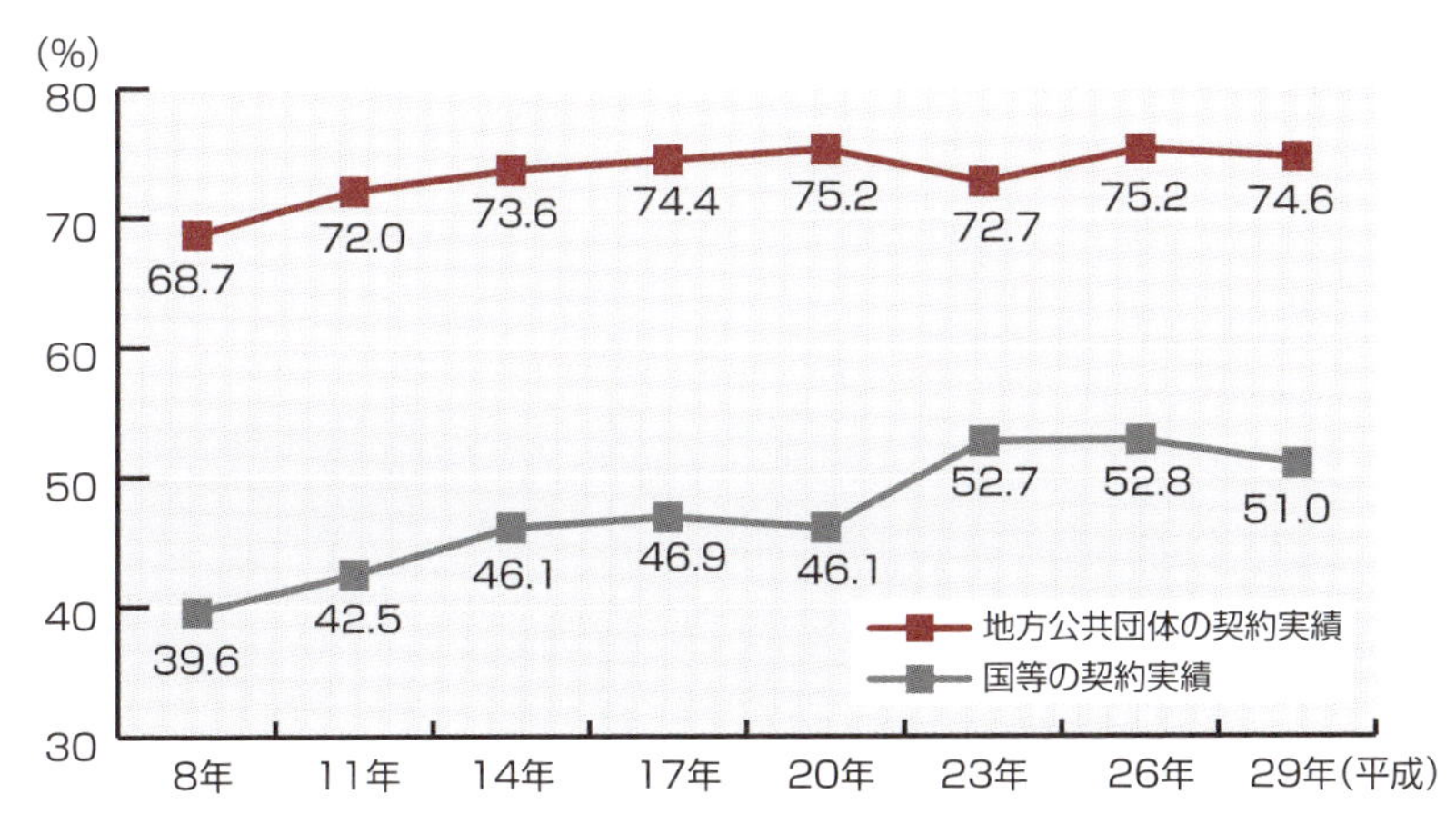

「官公需契約の手引　平成 27 年度版」(中小企業庁) のデータをもとに作成

＊**官公需適格組合制度**　官公需の受注に対し意欲的であり、かつ受注した案件は十分に責任を持って納入できる経営基盤が整備されている組合であることを、中小企業庁(経済産業省)が証明する制度です。中小企業庁の定める「官公需適格組合証明基準」の厳しい要件を満たすことが必要です。対象は共同受注を行う事業協同組合、企業組合、協業組合などです。

9

建設工事の請負契約

建設工事のトラブルの多くは、契約書がないものや契約書の記載が不足していることが原因で起こっています。当初の契約書があっても、工事の追加や変更を口約束で行っていたり、それに伴う工事代金の変更についてきちんと確認しなかったことなどが、後になって「言った、言わない」のトラブルに発展しています。

対等な立場で取り交わすべき契約書

工事請負契約とは、建物の完成を約束して、完成した仕事に対する報酬として、その対価を払うという契約です。建設工事の請負契約は、契約締結時に対象物が存在しないため、契約に不明確、不完全な部分があると、トラブルの原因になりかねません。

建設業法では工事の内容や請負代金の額、工事着手の時期や完成の時期など、一三の重要事項を契約書に記載しなければならないと規定しています。しかし、請負契約を締結するにあたっては、当事者間の力関係で契約条件が一方だけに有利に定められる恐れがあります。そのため、**中央建設業審議会や民間(七会)連合協定工事請負契約委員会**では、当事者間の具体的な権利・義務の内容を定めるための標準となる**工事請負契約約款**を作成しています。

建設工事の紛争では、工事瑕疵の割合が減少し工事代金争いの割合が増えています。

工事請負契約約款

「**約款**」とは、不特定多数の利用者を画一的に処理するために、あらかじめ定型的に定められている契約条項です。建設工事においては、具体的な工事内容、請負金額、工事期間などの工事ごとに異なる個別的な事項を除けば、他の規定はほとんど変わりません。工事ごとに個別に契約内容を定めるのは大変な労力となるた

【工事請負契約約款】 現在、工事請負契約約款として主に使用されているものは、①民間工事で使用される民間(旧四会)連合協定の「**工事請負契約約款**」、②官公庁、公団、公社などで発注する公共工事で用いられる中央建設業審議会「**公共工事標準請負契約約款**」です。

建設工事紛争取扱状況（紛争類型別）

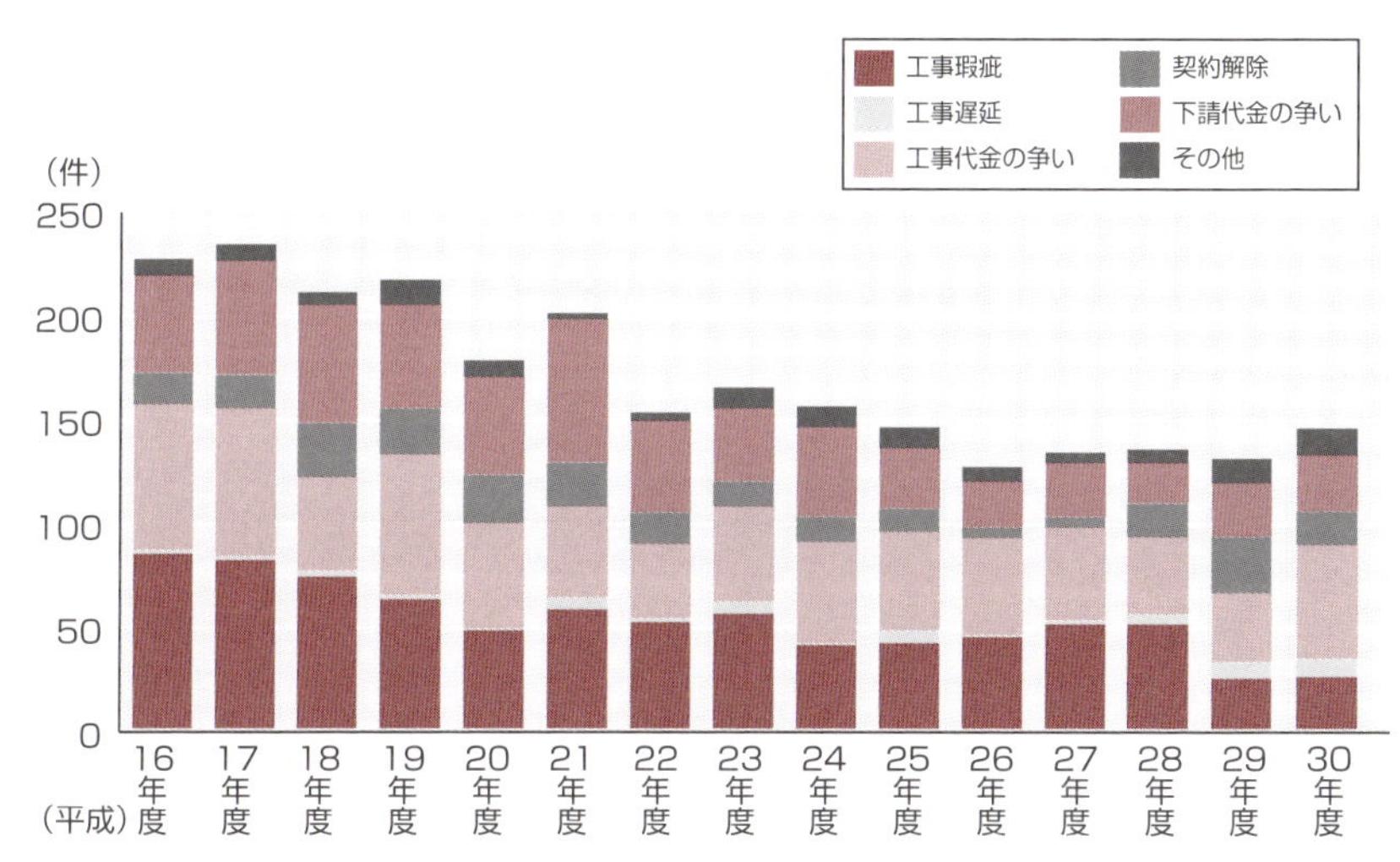

「建設工事紛争取扱状況」（国土交通省）より

め、このような約款が制定されています。

請負契約書の形態としては、公共工事・民間工事とも「①契約書」「②注文書・請書＋基本契約書」「③注文書・請書＋基本契約約款」のいずれかの書面で作成しなければなりません。

契約書は発注者と施工者が対等な立場で取り交わすべきものであり、双方の義務・責任を明確にし、不明、不満点を解決してから、契約当事者双方が署名捺印することが大切です。

瑕疵担保責任から契約不適合責任へ

二〇二〇年の民法の改正に伴い、従来の「瑕疵」が「契約不適合」に用語が変更になりました。解約不適合があった場合、発注者は従来の修補、損害賠償請求に加えて、代金減額請求と契約解除を行うことができるようになりました。契約不適合責任の期間は、契約不適合を知ってから五年または引渡しから一〇年のいずれか早い日となります。ただし、契約不適合を知って一年以内に請負人にその旨を知らせる必要があります。標準請負契約約款の改正も行われました。

＊七会　日本建築学会、日本建築協会、日本建築家協会、全国建設業協会、日本建設業連合会、日本建築士会連合会、日本建築工事事務所連合会のことです。

10

楽して儲かる丸投げの禁止

請け負った工事をそっくり下請けに出す「丸投げ」は、公共工事では中間搾取などを招くとして、建設業法などによって禁じられていました。民間工事では、発注者が書面で了承すれば認められていましたが、二〇〇六年の法改正により、多数の者が利用する重要な施設については禁止されました。

責任があいまいな丸投げ

建設業法では、発注者から請け負った工事すべてを下請業者に一括発注する、いわゆる**丸投げ**は禁止されています。工事を請け負った建設業者が施工において「実質的な関与」をせず、そのまま下請けに出すことはできません。**監理技術者**や**主任技術者**を配置し、技術的な管理責任を果たした上で、一部の工事を下請けに出すのが本来の姿です。

民間工事で発注者が書面で了承すれば認められていたのは、各業者にメリットがあったからです。マンションなどの建築主が大手ゼネコンに発注し、大手ゼネコンが工事を中小建設会社に丸投げしたとすると、建築主は「大手ゼネコンが手掛けた」などとPRできますし、大手ゼネコンは「監理料」が得られる上に工事実績を上げることができます。また、下請業者も大手の下に入ることにより、大型物件の受注が可能になります。

耐震強度偽装事件では、大手が施工したと信じて購入したマンションが、実は別の業者が手掛けていたという事態が明らかになり、責任の所在のあいまいさが浮き彫りになりました。その結果、一括下請の禁止が民間工事にも拡大されました。

横浜市の杭打ちデータ偽装事件でも、データ偽装だけでなく、杭工事の一次下請事業者が二次下請け事業者に施工計画書の作成や工程管理などすべて「丸投げ」をしていたことが明らかになっています。

＊**上請け**　中小建設業者が元請け業者として受注した工事を、大手建設会社に下請けに出すことです。下請けに出すことで中間マージンを受け取り、楽して儲けることができます。

建設業法が一括下請けを禁止している理由

①発注者から技術力や工事経歴などを信頼され、発注されたのに、その信頼を裏切ることになる

②施工責任があいまいになり、手抜き工事や労働条件の悪化につながる

③中間搾取を目的に、施工能力のない商業ブローカー的不良建設業者輩出を招く

一方、公共工事の場合は、丸投げの一種で**上請け**(うえうけ)という問題が発生しています。公共工事の入札では、建設業者はその規模や技術力に応じてランク付けされており、ランクに応じて受注できる工事の金額が決まっています。下のランクの業者が上のランクの工事に参加できないだけでなく、上のランクの業者が下のランクの工事に参加することもできません。つまり、ランク制によって建設業者に発注金額別の「棲み分け」を強制しているのです。

地域の公共工事では、地元優先の暗黙の了解があります。そのため、特定の技術が必要な工事にもかかわらず、工事を分割するなどしてランクの低い地元業者しか参加できないようにすれば、自然に技術を持った大手建設会社に丸投げせざるを得なくなります。これを上請けといいます。舗装工事を細かく分割したり、一つのトンネルを七、八工区に分割したものを、ゼネコンが中小企業からまとめて受注して施工するような工事受注事例が指摘されています。こうした分割発注は不経済であり、公共工事のコスト高を招く原因にもなります。

【実質的な関与】 自社の技術者が下請け工事の①施工計画の作成、②工程管理、③品質管理、④完成検査、⑤安全管理、⑥下請業者への指導監督、などについて、主体的な役割を現場で果たしていることが必要です。また、⑦発注者との協議、⑧住民への説明、⑨官公庁への届出、⑩近隣工事との調整、などについても主体的な役割を果たすことが必要です。

11

監督処分と入札参加資格停止

建設業法に規定された監督処分で、営業停止処分を受けると、入札、見積もり、契約交渉などを一定期間停止しなければなりません。

建設業法の違反

建設業者が建設業法や入札契約適正化法に違反すると、建設業法の**監督処分**の対象になります。監督処分には、指示処分、営業停止処分、許可取消処分の三種類があります。

(1)指示処分

指示処分とは、法令違反や不適正な事実を是正するために監督行政庁が命令するものです。

(2)営業停止処分

一括下請禁止規定の違反や独占禁止法、刑法などの他法令に違反した場合などには、指示処分を経ずに直接、営業停止処分になります。営業停止の期間は一年以内で、監督行政庁が判断して決定します。建設業者が指示処分に従わないときにも、営業停止処分の対象になります。

(3)許可取消処分

不正な手段で建設業の許可を受けたり、営業停止処分に違反して営業したりすると、監督行政庁によって建設業許可の取り消しが行われます。一括下請禁止規定の違反や独占禁止法、刑法などの他法令に違反した場合などで、情状が特に重い場合は、指示処分や営業停止処分を経ずに許可取消処分になります。

公共工事で不正な行為を行った業者や、事故などを起こした会社に対して一定期間、入札に参加できないようにするのが**入札参加停止**です。一般競争入札の増加に伴い、多くの発注者が指名停止から入札参加資格停止に呼称を変更しています。

【排除勧告】 入札談合などの独占禁止法違反行為があると認められた場合、妨げられた競争秩序を回復し、違法行為を排除するために公正取引委員会が出す勧告です。排除勧告を受けると、指定された期間内に勧告を応諾するか否かを通知しなければなりません。

建設業者の不正行為などに対する監督処分の基準

	具体的基準	営業停止期間
建設業者の業務に関する談合・贈賄等	代表権のある役員が刑	1年間
	その他の役員または使用人が刑	120日以上
	上記以外の者が刑	60日以上
	独禁法に基づく排除命令等の確定	30日以上
	営業停止期間満了後10年以内に上記の再犯	上記期間の2倍(最高1年)
請負契約に関する不誠実な行為	虚偽申請	15日以上
	虚偽申請(経営事項審査)	30日(または45日)以上
	一括下請、主任技術者等の不設置等	15日以上
	粗雑工事等による重大な瑕疵	7日以上
	施工体制台帳の不作成、無許可業者との下請契約	7日以上
事故	公衆危害	指示処分
	公衆危害(死亡者または3人以上の負傷者)	7日以上
	工事関係者事故	指示処分
	工事関係者事故(死亡者または3人以上の負傷者)	3日以上
建設工事の施工等に関する法令違反	建築基準法違反等	3日以上または7日以上
	廃棄物処理法違反、労働基準法違反等	3日以上または7日以上
	特定商取引に関する法律違反	3日以上または7日以上

営業停止処分の内容

営業停止期間中は行えない行為

1 新たな建設工事の請負契約の締結
2 処分を受ける前に締結された請負契約の変更であって、工事の追加に係るもの
3 前2号及び営業停止期間満了後における新たな建設工事の請負契約の締結に関連する入札、見積り、交渉等

営業停止期間中でも行える行為

1 建設業の許可、経営事項審査、入札の参加資格審査の申請
2 処分を受ける前に締結された請負契約に基づく建設工事の施工
3 施工の瑕疵に基づく修繕工事等の施工
4 アフターサービス保証に基づく修繕工事等の施工
5 災害時における緊急を要する建設工事の施工
6 請負代金等の請求、受領、支払い等
7 企業運営上必要な資金の借入れ等

「建設業者の不正行為等に対する監督処分の基準」(国土交通省)より

＊**中央公契連** 中央公共工事契約業務連絡協議会の略。中央公契連をトップとして、地方の公契連、都県の公契連があります。会員は各省庁や公団、地方公共団体などで、公共工事の契約制度の運用合理化を図るために、発注機関相互の連絡調整や必要な調査研究を行っています。

12 不法投棄を許さない建設リサイクル法

建設廃棄物は、全産業廃棄物の約二割、最終処分量の約二割と、多大な量を占めています。今後、高度成長期の建築物が更新期を迎え、建設廃棄物の排出量の増大が予測されるため、建設廃棄物の発生抑制とリサイクル促進が急務となっています。

近年、廃棄物の発生量が増大し、廃棄物の最終処分場のひっ迫、および廃棄物の不適正処理など、廃棄物処理をめぐる問題が深刻化しています。そこで二〇〇〇年五月に制定されたのが、**建設リサイクル法**です。建設廃棄物の再資源化を行い再利用するため、一定規模以上の建築物の解体・新築工事を請け負う事業者に、建設廃棄物の分別・リサイクルなどを義務付けています。

二〇一二年度の建設廃棄物の排出量は、全国で七二六九万t(トン)となっています。コンクリート塊は、砕石として再資源化して道路工事の路盤材へ活用、アスファルト廃材は、再生プラントで再生して舗装工事に再利用するなどのリサイクルが進み、全体の再資源化率は九六%と、一九九五年度の五八%から大幅に向上しています。しかし、建設混合廃棄物は五八%、建設汚泥は八五%とこれらの再資源化等率は、他に比べて低くとどまっています。

マニフェストで管理する廃棄物の移動

産業廃棄物の処理は、廃棄物の排出事業者である元請けが、最終処分の確認まで責任を持って行わなければなりません。実際には、元請けは収集運搬業者や処理処分業者と個別に契約して廃棄物の処理を委託します。そこで、排出事業者は、収集運搬業者や処理処分業者にマニフェストを交付し、さらに、処理業者から返送されてくるマニフェストで、産廃物が正しく処理されたことを確認します。

＊**建設副産物**　建設工事に伴い副次的に得られたすべての物品で、建設発生土、コンクリート塊、アスファルト・コンクリート塊、建設発生木材、建設汚泥、紙くず、金属くず、ガラスくず、コンクリートくず、陶器くず、またはこれらのものが混合した**建設混合廃棄物**などがあります。

建設廃棄物の品目別排出量（平成 24 年度）

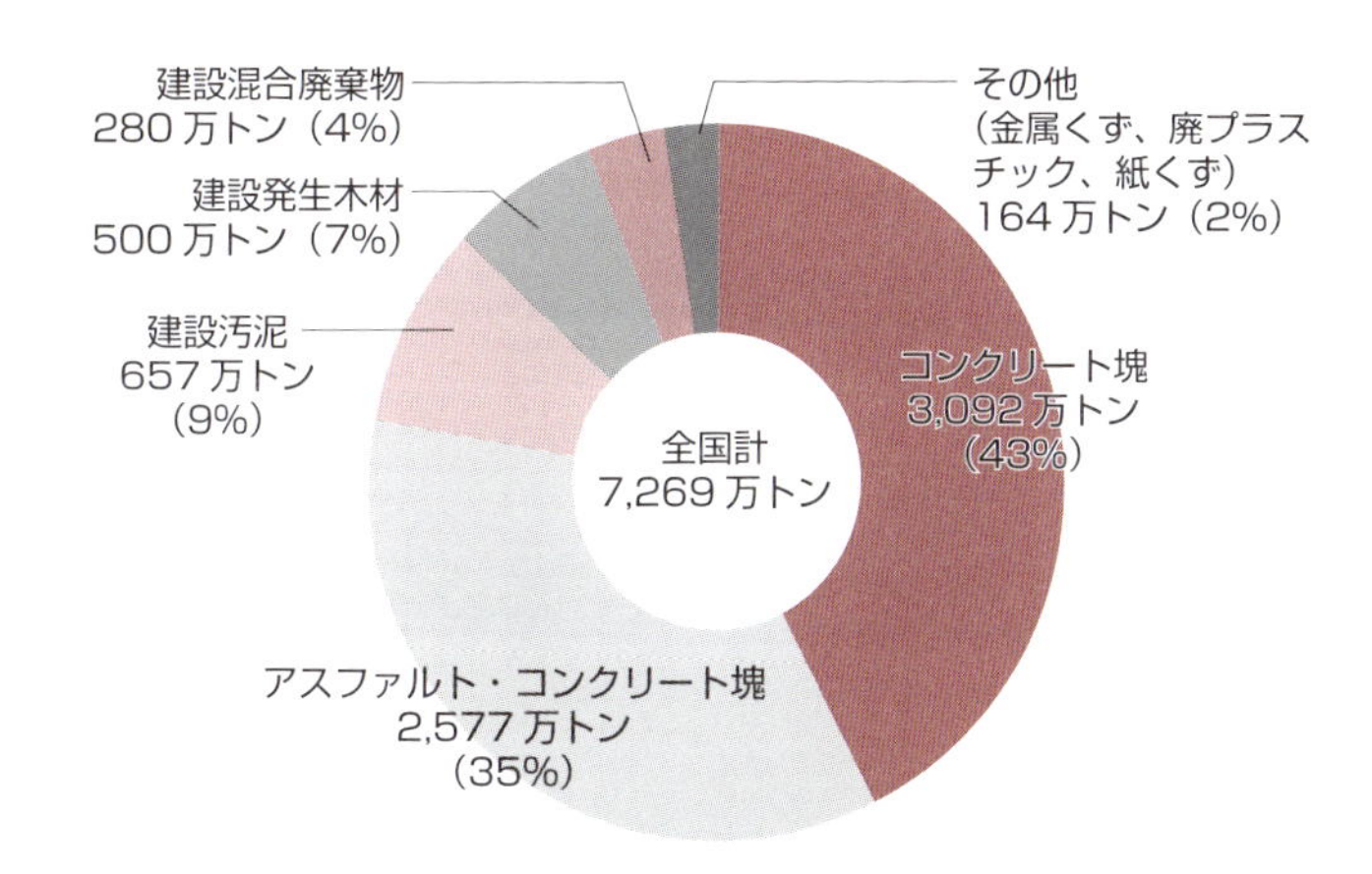

注 1）四捨五入の関係上、合計値とあわない場合がある
（出典：国土交通省「平成 24 年度建設副産物実態調査」）

『資源循環ハンドブック 2019』（経済産業省）

コンクリートの再資源化の例

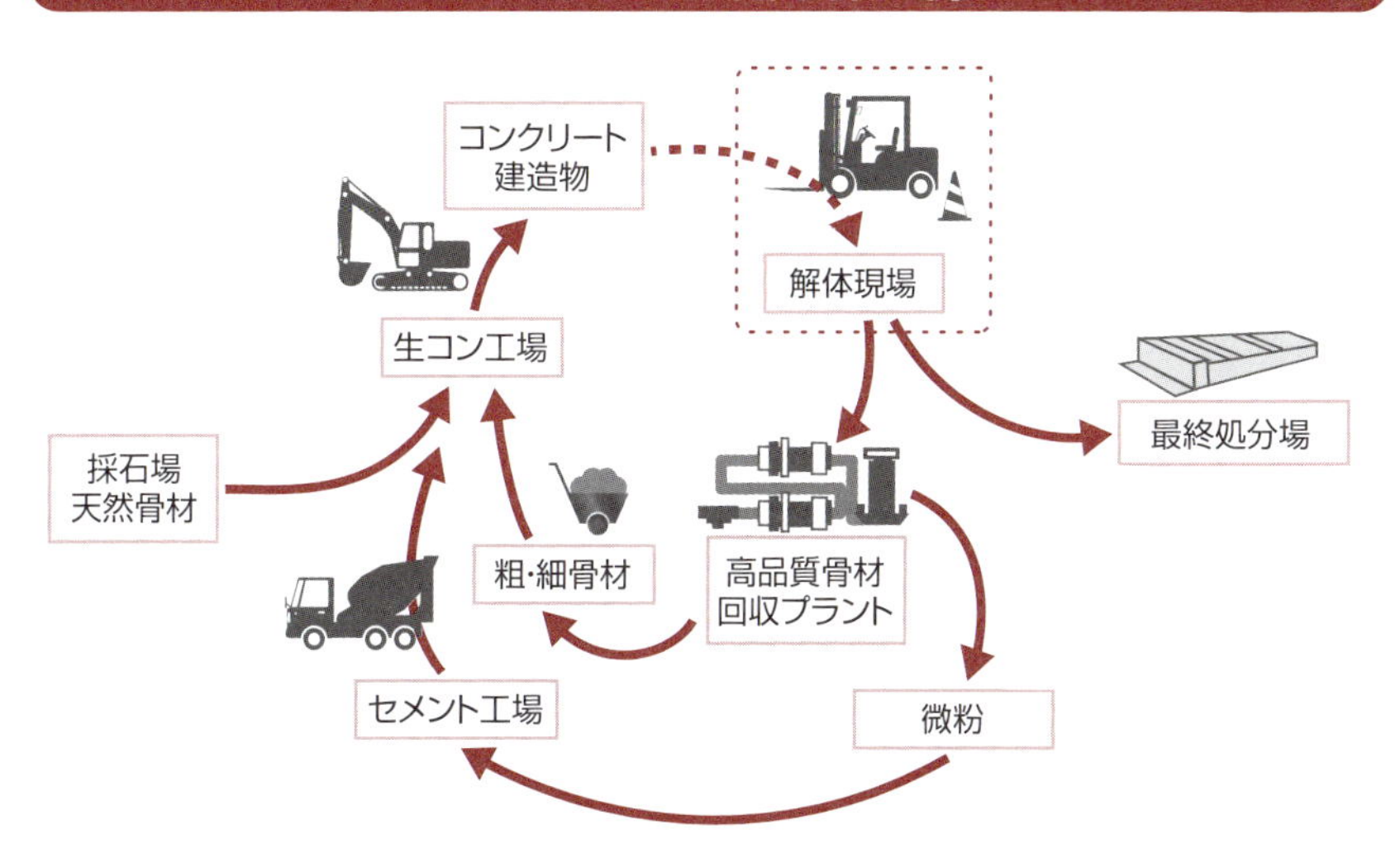

『資源循環ハンドブック 2019』（経済産業省）より

＊**サーマルリサイクル**　廃棄物から熱エネルギーを回収することです。廃棄物の焼却時に発生する熱は冷暖房や温水などの熱源となります。一方、**マテリアルリサイクル**とは「**再資源化**」のことで、廃棄物を回収して再度原料として使うことを指します。サーマルリサイクルはマテリアルリサイクルの次善の策とされています。

13 消費者の不安を解消する民間工事指針

マンションや建て売り住宅、ビルなど不動産会社が施主となって建設する民間工事を対象として、請負契約前に受発注者が行う事前協議の項目が定められています。

杭工事データ偽装の反省

一品生産である建設工事は現場ごとにその状況が異なります。工事が長期にわたり、地中の状況や近隣対応など、工事開始時には想定していなかったリスクが、工事中に発生する可能性が常にあります。契約時点で想定されていなかった施工上のリスクが発生すると、工期調整や金額変更が生じて工事請負契約の受発注者間の調整が難航しがちです。

特に、地中で行う杭の打設工事では、想定深度で支持地盤に到達しない場合、再設計や杭の再注文が必要になることもあります。

二〇一五年に発覚したマンション杭工事のデータ偽装事件では、このような想定外のトラブルに対して、工期厳守や工費圧縮の圧力が大きく、調整を申し出ることができなかったことも一因だと指摘されています。

このようなリスクは、どのような工事現場でもあえることです。従って、想定される施工上のリスクに関して受発注者が情報共有や意思疎通を図り、不明な点や各々の役割分担についてできる限り明確化しておくことが大切です。受発注者の双方で、設計変更が必要なケースや協議の進め方などを確認しておけば、トラブル発生時もあわてずに調整ができるからです。

そこで、二〇一六年七月に民間工事指針として、施工上のリスクに対する基本的考え方が定められました。

＊**近隣対応**　建設工事では、騒音・振動・ほこりなどが発生しやすいため、工事を円滑に進めるためには、近隣の理解・協力が欠かせません。日照や通風の阻害、プライバシーの侵害など、クレームやトラブルになると工事がストップすることもあるため、事前に工事計画を説明し、要望への対応を検討します。

民間工事では費用や仕様、工期などについて、受発注者間の取り決めがあいまいでトラブルが生じたり、受注者側に負担が集中しがちな問題がこれまでも指摘されていたからです。

民間工事の協議項目

民間建設工事の適正な品質を確保するための協議項目として一二の具体的項目が定められました。例えば、支持地盤深度についての考え方では「地盤状況を発注者がボーリングなどで調査した上で、設計者が杭長の設計などを適切に行う」。その際の留意事項としては「工事請負契約の締結に先立ち、発注者、設計者及び施工者が、支持地盤深度、不陸の状況等について設計図書や質問回答書等を通じて情報共有し、不明な点を明らかにしておく」となっています。

受発注者双方がリスクの可能性を想定して契約を行い、トラブルに対して協力して解決に取り組むことで消費者が安心して住宅購入や施設利用を行うことができます。建設工事の基本に立ち返ることが求められています。

民間工事指針

・事前調査の重要性
調査会社の調査結果や専門的知見を活用して必要な事前調査を実施。

・必要な情報提供の実施
施行者が工事経験等を基に専門的な見解を提案し、受発注者間で適切に情報共有。

・関係者間の協力体制の構築
協議項目について施工上のリスクに関する協議を行い、共通認識を持った上で請負契約を締結。

「民間建設工事の適正な品質を確保するための指針を策定しました」(国土交通省)

＊**支持地盤**　構造物の重さを支えることができる固い地盤のことですと。木造2階程度の一般住宅の支持地盤の強度としてはN値15～20程度を目安とします。マンションでは、N値50という固い地層が5m連続する層を支持地盤とします。N値は地盤の硬さを示す指標です。

14 建設技能者の能力評価 建設キャリアアップシステム

建設キャリアアップシステムは技能者のレベルを明確にすることにより、能力や経験に応じた処遇を受けられる環境づくりをするものです。国土交通省は、二〇二三年には建設キャリアアップシステムをすべての工事で原則化する方針です。

建設キャリアアップシステムは、技能者の資格、社会保険加入状況、現場の就業履歴などを業界横断的に登録・蓄積する仕組みです。個人のICカードを現場に設置されたカードリーダーに読み取らせることで、だれが、いつ、どの現場で、どのような立場で仕事をしたかという記録が蓄積されます。現場や勤務先を変わったりしても継続して就業情報を蓄積することができます。

処遇改善に向けた取り組み

ICカードは、技能者の能力に応じて四段階に分けて発行されます。最上位のレベル4は、一〇年以上の就業経験で職長経験三年以上が目安です。レベル3は七年以上の就業経験で職長または班長として一年以上の経験が必要です。レベル2は三年以上の就業経験となります。経験に応じて資格を取得していることも必要です。

技能者のレベルが明確になることで能力が請負代金に反映され、そして技能者の賃金上昇につながることを目指しています。国土交通省は職種ごとに技能レベルに応じた年収目安を設定し、標準見積書を改訂します。若い世代にキャリアパスと処遇の見通しを示すことができ、建設業界のイメージアップにつながることが期待されています。

任意の制度であるため、活用を広げることが課題となっています。二〇二〇年度からは、国の直轄工事で建設キャリアアップ義務化モデル工事と活用推奨モデル工事の試行が始まります。

＊**建設業退職金共済制度**　労働者が現場を移動し事業主を変えても、建設業で働いた日数は全部通算される建設業界全体の退職金制度です。建退共に加入する事業者に所属する建設技能者に対して、老後の安心感を提供しています。ただし、民間工事ではあまり普及しておらず、公共工事でも徹底されていない例があります。建設キャリアアップシステムとの連携により活用が徹底される方向です。

建設技能者の賃金上昇に向けた取り組み

建設キャリアアップシステムに技能者の能力と経験を蓄積	技能者の技能レベルに応じて4段階のカードを発行
＜現場での能力·経験の蓄積＞	＜技能者の経験の見える化·能力評価＞

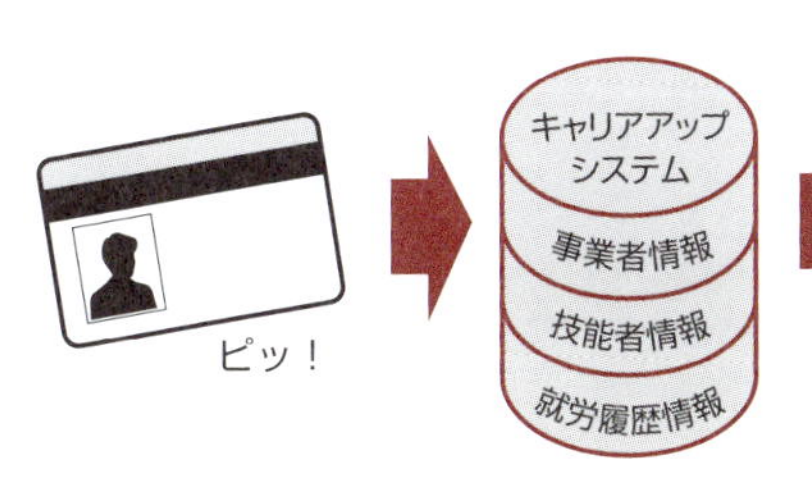

○経験（就業日数）
○知識·技能（保有資格）
○マネジメント能力
（登録期間技能者講習·職長経験）

- 現場管理のIT化·書類削減
- 見積り·請求のエビデンスとしての活用
- 施工実績DB·ビックデータとしての活用

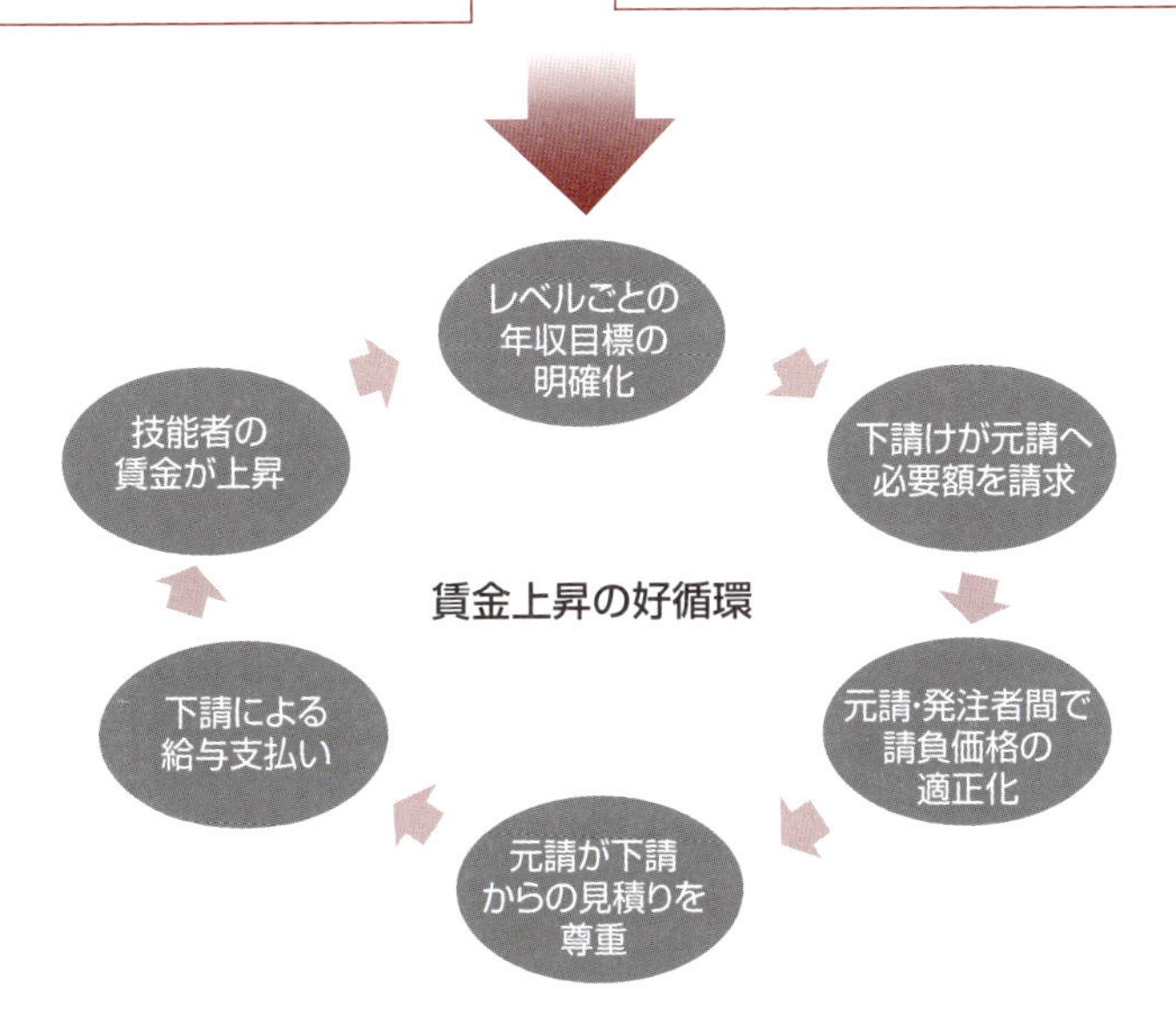

「建設キャリアアップシステムの活用について」（国土交通省）から作成

＊**シックハウス症候群**　新築やリフォームした住宅に入居した人が、目がチカチカする、喉が痛い、めまいや吐き気、頭痛がする、などの症状を発症することです。建材や家具、日用品などから発散するホルムアルデヒドやVOC（トルエン、キシレン、その他）などの揮発性の有機化合物が発症の原因です。

15 耐震偽装の反省、住宅瑕疵担保履行法

二〇〇五年に発生した構造計算書偽装事件では、売主などが瑕疵担保責任を十分に果たすことができない場合、住宅購入者などが極めて不安定な状態に置かれることが明らかになりました。

新築住宅の売主などは、住宅の品質確保の促進などに関する法律に基づき、住宅の基本構造部分の瑕疵について、一〇年間の瑕疵担保責任を負うことが義務付けられています。しかし、売主などが倒産すると瑕疵担保責任を十分に果たすことができません。そこで、住宅購入者などの利益の保護を図るため、二〇〇九年一〇月から「特定住宅瑕疵担保責任の履行の確保等に関する法律」がスタートしました。

この法律によって、事業者が住宅専門の保険に加入するか、または保証金を供託することが義務付けられました。万一、事業者の倒産などにより、瑕疵の補修などが行われない場合には、住宅購入者に対して保険会社から保険金が支払われます。保険の対象となるのは、住宅の中でも特に重要な部分である、構造耐力上主要な部分と雨水の浸入を防止する部分です。

既存住宅の売買やリフォーム工事についての瑕疵保険もスタートしています。

既存住宅売買瑕疵保険とリフォーム瑕疵保険

既存住宅売買瑕疵保険は、中古住宅の検査と保証がセットになった保険制度で、リフォーム瑕疵保険は、リフォーム時の検査と保証がセットになった保険制度です。いずれも、住宅の基本的な性能について、専門の建築士による検査に合格することが必要です。中古住宅の購入やリフォーム工事における安心を得ることができます。

＊**瑕疵担保責任**　契約の目的物に瑕疵(欠陥)があった場合に、これを補修したり、瑕疵によって生じた損害を賠償したりする責任のことをいいます。

保険の仕組み

建設業者
宅建業者

保険料
保険金請求
保険金支払

保険法人
（大臣指定）

補修等請求
補修等
瑕疵
倒産等

業者が倒産などにより瑕疵担保責任を履行できない場合

保険金請求

住宅
購入者等

保険金支払

「住宅瑕疵担保履行法パンフレット」（国土交通省住宅局）

対象となる瑕疵担保責任の範囲

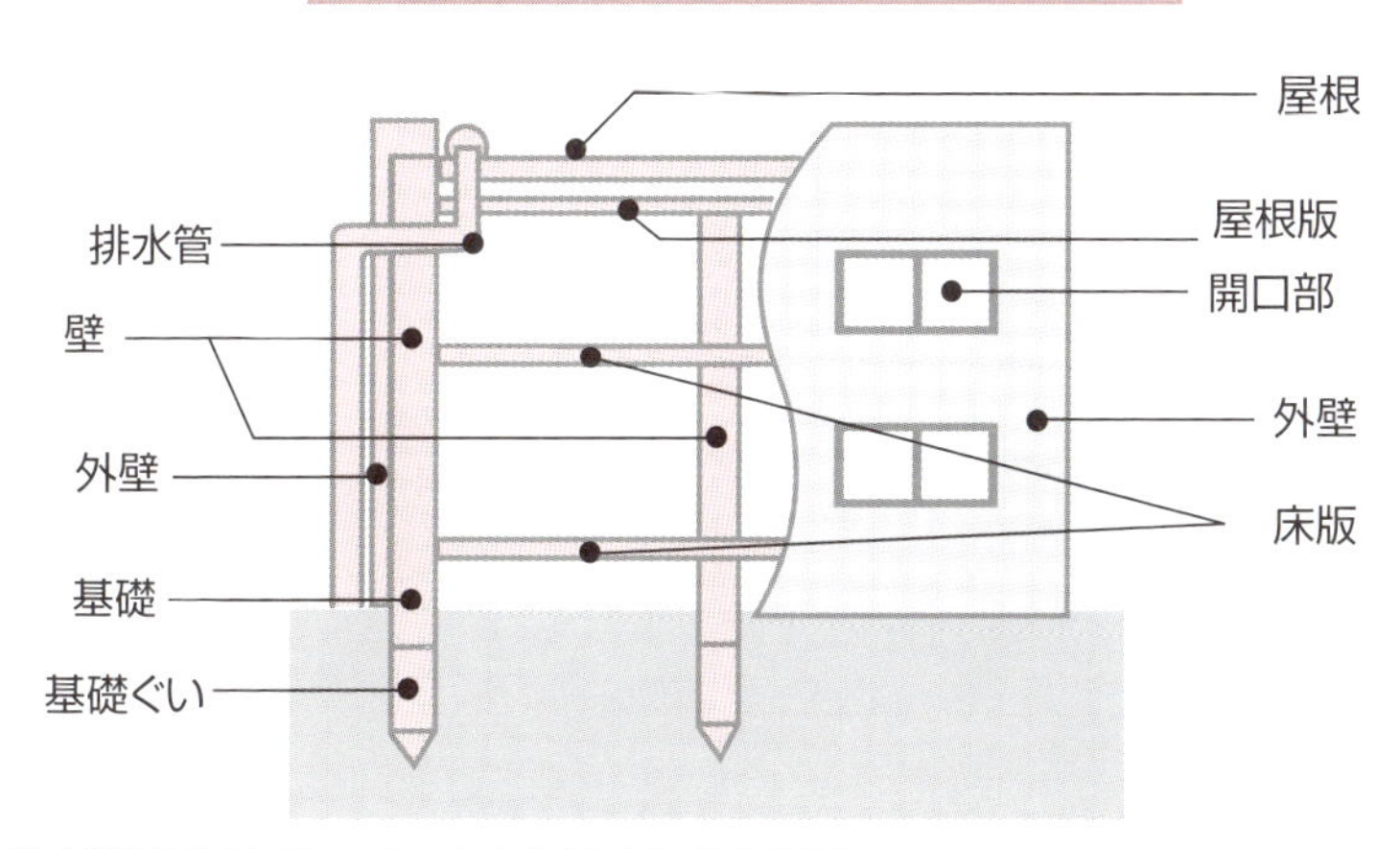

「住宅瑕疵担保履行法パンフレット」（国土交通省住宅局）

＊**住宅の基本構造部分**　構造耐力上主要な部分と雨水の浸入を防止する部分です。具体的には、壁、柱、床、はり、屋根、小屋組、斜材、土台、基礎と開口部などになります。

都市の整備を行う都市計画法

都市計画法は、一体の都市として整備すべき区域を都市計画区域として定め、市街化を促進する市街化区域と、市街化を抑制する市街化調整区域を線引きしています。

都市計画法は、無秩序な開発を防ぎ、限られた財源で効率の良いインフラ整備を行うことが目的です。都市計画区域は、都心の市街地から郊外の農地や山林まで、地形や人、物の動き、都市の将来の発展を考えて、一体の都市として捉える必要がある区域です。全国三八万km²の四分の一にあたる一〇万km²が都市計画区域として定められ、その中には、市街化区域、市街化調整区域と非線引き区域があります。市街化区域は一・四万km²、市街化調整区域は三・四万km²で、地方自治体の都市計画作成は土木部都市計画課で行われています。

公共事業に直結する都市計画

市街化区域は、すでに市街地を形成している区域、およびおおむね一〇年以内に優先的かつ計画的に市街化を図るべき区域であり、用途地域が定められます。ここでは地域ごとに住居、商店、工場のように建築物の用途の制限や容積率、建物の高さなど、建築物の建て方のルールが定められ、目的に応じた環境の確保を図ることができます。都市施設として道路、公園、下水道の整備が重点的に行われます。

市街化調整区域は、市街化を抑制する区域です。開発行為や都市施設の整備が原則として抑制されます。

土地区画整理事業と市街地再開発事業

市街地開発事業は、土地の区画を整理して宅地利用の増進を図り、道路や公共施設などを総合的に整備します。都市構造を効率的にすることで、安全、快適で活力のある市街地づくりを行います。市街地開発事業

＊**立地適正化計画**　コンパクトシティでは、都市的土地利用の郊外への拡大を抑制し、中心市街地を活性化させ、生活に必要な諸機能を近接させます。立地適正化計画では、商業施設や病院、公共施設を集める都市機能誘導区域と住宅を集める居住誘導区域を具体的に定めます。計画に基づく都市機能の整備には国の補助金を活用することができます。

市街地再開発事業

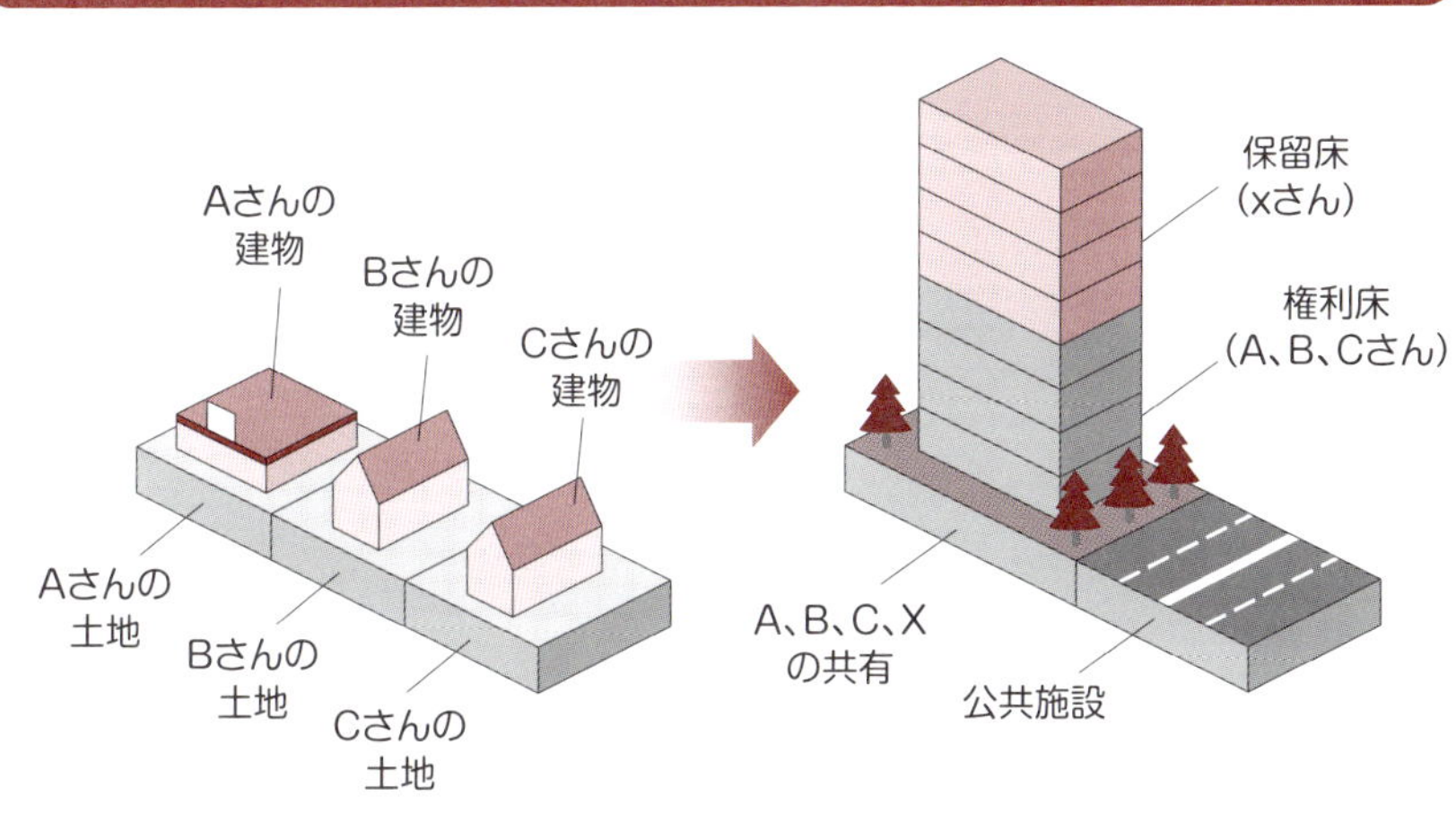

「市街地再開発事業」(国土交通省)より

には、土地区画整理事業、市街地再開発事業などがあります。

土地区画整理事業は、公共施設が不十分な区域において、地権者からその権利に応じて少しずつ土地を提供してもらい、道路、公園、河川等の公共施設を整備するものです。市街地再開発事業は、市街地内の老朽木造建築物が密集している地区などで、細分化された敷地の統合や不燃化された共同建築物の建築、公園、広場、街路などの公共施設の整備を行うものです。

コンパクトシティの形成

地方都市では急速な人口減少と高齢化、住宅や店舗の郊外立地により市街地の拡散による低密度化が進んでいます。車を運転できない高齢者が買い物難民になったり、ごみ収集など行政コストのアップが課題となっている地域があります。都市をコンパクトにすれば、住民が徒歩や公共交通で暮らすことができ、行政コストも抑えることができます。国はコンパクトシティを広めるため、自治体に対して立地適正化計画を定めるよう促しています。

＊**権利床・保留床**　権利床と保留床は共に市街地再開発事業によって建設される施設の床です。権利床は、地権者が資産の対価として取得する権利がある床部分のことで、保留床は、権利床以外の部分です。この保留床を新しい居住者やデベロッパーなどに販売することによって事業費を賄います。

17

建築物の省エネ性能向上を図る建築物省エネ法

我が国の最終エネルギー消費のうち、民生部門（業務・家庭）でのエネルギー消費量が増加しています。

日本は、二〇三〇年度にCO_2排出量で二〇一三年度比▲二六・〇％の省エネを達成することを世界に約束しています。そのため、全体の三分の一を占める住宅・建築物分野における対策が重要となっています。エネルギー消費量の増加は、住宅世帯数の増加と機器使用の増加、建築物の床面積の増加と営業時間の延長が大きな要因でした。

そこで、建築物の省エネ性能を向上させるため二〇一五年七月に「建築物のエネルギー消費性能の向上に関する法律（建築物省エネ法）」が制定されました。

二〇〇〇㎡以上の非住宅は、新築時に省エネ基準に適合させることが義務化され、三〇〇㎡以上の建築物は新築・増改築時に省エネ措置の届出を行わなければならなくなりました。

エネルギー消費の削減をさらに進めるため、二〇一九年に建築物省エネ法の改正が行われました。

建築物省エネ法の改正

改正により省エネ基準への適合義務が三〇〇㎡以上の非住宅に拡大されました。また三〇〇㎡以上の住宅における届出手続きが合理化されるとともに指示・命令が強化されることになりました。三〇〇㎡未満の建築物については、省エネ性能向上の努力義務が省エネ基準適合の努力義務へと強化されるとともに、建築士から建築主への説明が義務化されました。

大手住宅事業者が対象となるトップランナー制度は、注文戸建てと賃貸アパートまで範囲が拡大されました。これらの改正が二〇一九年一一月から二〇二一年四月にかけて順次施行されます。設計者、施工者は新たな規制に対応していくことが求められています。

ワンポイントコラム

【業務部門のエネルギー消費】 業務部門は、事務所・ビル、デパート、卸小売業、飲食店、学校、ホテル・旅館、病院、劇場・娯楽場、その他サービス（福祉施設など）の9業種に分類されます。

エネルギー起源 CO_2 の各部門の排出量の目安

	CO_2排出量（100万tCO_2）		
	2013年度実績	2030年度の目安	削減率
全体	1,235	927	▲25%
産業部門	429	401	▲7%
住宅ー建築物分野	480	290	▲40%
業務その他部門	279	168	▲40%
家庭部門	201	122	▲39%
運輸部門	225	163	▲28%
エネルギー転換部門	101	73	▲28%

※温室効果ガスには、上記エネルギー起源 CO_2 のほかに、非エネルギー起源 CO_2、一酸化二窒素、メタン等があり、これらを含めた温室効果ガス全体の削減目標が▲ 26.0%

「改正建築物省エネ法の各措置の内容とポイント」（国土交通省）

建築物省エネ法改正の概要

	現行制度 建築物	現行制度 住宅		改正法 建築物	改正法 住宅
大規模（2,000m²以上）	適合義務	届出義務【必要と認める場合、指示・命令等】	➡	適合義務	届出義務 審査手続を合理化 =監督（指示･命令等）の実施に重点化
中規模（300m²以上2,000m²未満）	届出義務【必要と認める場合、指示・命令等】	届出義務【必要と認める場合、指示・命令等】	➡	適合義務	届出義務 審査手続を合理化 =監督（指示･命令等）の実施に重点化
小規模（300m²未満）	努力義務【省エネ性能向上】	努力義務【省エネ性能向上】 トップランナー制度※ 対象住宅：持家 建売戸建	➡	努力義務【省エネ基準適合】＋建築士から建築主への説明義務	努力義務【省エネ基準適合】＋建築士から建築主への説明義務 トップランナー制度※ 対象住宅：持家 建売戸建／持家 注文戸建／貸家 賃貸アパート

※大手住宅事業者について、トップランナー基準への適合状況が不十分であるなど、省エネ性能の向上を相当程度行う必要があると認める場合、国土交通大臣の勧告・命令等の対象とする。

「改正建築物省エネ法の各措置の内容とポイント」（国土交通省）

【家庭部門のエネルギー消費】 動力･照明（38.1%）、給湯（27.8%）、暖房（22.9%）、ちゅう房（9.1%）、冷房（2.0%）の順となっています。家電機器の普及や大型化、生活様式の変化などに伴い、動力･照明のシェアが増加しています。エアコンやパソコンなどの保有台数も増えています。

18 強くしなやかな国をつくる国土強靭化基本法

国土強靭化基本法が二〇一三年に施行され、二〇一四年には国土強靭化基本計画が閣議決定されました。

わが国では度重なる大災害により様々な被害がもたらされてきました。そして、その都度、長い時間をかけて復旧・復興を図る「事後対策」を繰り返してきました。阪神淡路大震災でも東日本大震災でも多大な人的被害・物的被害が発生し、復興には長い期間が必要となりました。現在でも、南海トラフ地震や首都圏直下型地震の発生確率が高まっており、地震が発生すると大きな被害が生じることが想定されています。

そこで、大規模自然災害に対して、最悪の事態を想定し、国土政策・産業政策など総合的な対応を行うために国土強靭化基本法が制定されました。国土強靭化推進本部が基本計画を策定し、都道府県と市町村が、防災・減災に必要な地域計画を策定します。これまで以上にハザードマップ作成や避難訓練などのソフト対策に力を入れる計画です。

災害の反省と求められる緊急対策

二〇一五年九月の関東・東北豪雨では、鬼怒川堤防の決壊により大きな被害が発生しました。その後の調査で、①ハザードマップの認知割合が非常に低かった、②避難勧告等の発令タイミングや避難確保計画を事前に定めていなかった、③避難勧告等の情報が確実に伝達されず、適切な避難行動に結びつかなかった、などの課題が明らかになりました。

二〇一七年には九州北部豪雨災害、二〇一八年には広島・岡山・愛媛での豪雨災害や震度七の北海道胆振東部地震が発生しました。二〇一九年には九州北部豪雨災害のほか、台風が関東・東北に甚大な被害をもたらしました。毎年のように大きな災害が発生しており、ハードとソフトの緊急対策が求められています。

【脆弱性評価】 個別施策分野として、行政機能/警察・消防など、住宅・都市、保健医療・福祉、エネルギー、金融、情報通信、産業構造、交通・物流、農林水産、国土保全、環境、土地利用(国土利用)の12分野と横断的分野としてリスク・コミュニケーション、人材育成、官民連携、老朽化対策、研究開発の5分野で構成されています。

南海トラフ地震・首都直下型地震の被害想定

南海トラフ地震

人的被害

・建物倒壊による被害:
死者約3.8万人～約5.9万人

・津波による被害:
死者約11.7万人～約22.4万人

・火災による被害:
死者約0.26万人～約2.2万人　等

▼

最大約32万3000人の死者

被害額

●資産等の被害　(陸側ケース)

【被災地】(合計)	169.5兆円
・民間部門	148.4兆円
・準公共部門(電気・ガス・通信、鉄道)	0.9兆円
・公共部門	20.2兆円

●経済活動への影響【全国】

・生産・サービス低下に起因するもの	44.7兆円
・交通寸断に起因するもの(上記とは別の独立した推計)道路、鉄道の寸断	6.1兆円

等

▼

最大約220兆円の被害

内閣府作成「南海トラフ巨大地震の被害想定(第二次報告)」に基づき作成　(平成25年公表)

首都直下地震※

人的被害

・建物倒壊による被害:
死者約0.4万人～約1.1万人

・火災による被害:
死者約0.05万人～約1.6万人　等

▼

最大約2万3000人の死者

被害額

●資産等の被害

【被災地】(合計)	47.4兆円
・民間部門	42.4兆円
・準公共部門(電気・ガス・通信、鉄道)	0.2兆円
・公共部門　(ライフライン、公共土木施設等)	4.7兆円

●経済活動への影響【全国】

・生産・サービス低下に起因するもの	47.9兆円
・交通寸断に起因するもの(上記とは別の独立した推計)道路、鉄道、港湾の機能停止	12.2兆円

等

▼

最大約95兆円の被害

内閣府作成「首都直下地震の被害想定と対策について(最終報告)」に基づき作成

※今後30年間に約70%の確率で発生するM7クラスの地震　(平成25年公表)

「国土強靭化に向けた取組みについて」(内閣官房国土強靭化推進室)

【国土強靭化の基本的考え方】　いかなる災害等が発生しようとも、①人命の保護が最大限図られること、②国家及び社会の重要な機能が致命的な障害を受けず維持されること、③国民の財産及び公共施設の被害を最小化すること、④迅速な復旧復興に資すること、などが基本目標として挙げられています。

定価がわからない土地の価格

公示地価、基準地価、路線価など、同じ土地でもいろいろな値段の付け方がありますが、土地取引の指標とされるのが、公示地価と基準地価です。

1.公示地価と基準地価

公示地価は、国土交通省の土地鑑定委員会が毎年1月1日における標準地の正常な価格を公示するものです。一般的な土地取引の指標や公共事業用地の取得価格算定の指標とされ、適正な地価の形成に寄与することを目的としています。

基準地価は、都道府県地価調査といい都道府県知事が毎年7月1日における標準価格を判定するものです。土地取引規制に際しての価格審査や地方公共団体などによる買収価格の算定の指標となり、適正な地価の形成を図ります。

どちらも基準地の市場価格を調べて、それに基づいて専門家が調整して地価を算定します。毎年同じ地点を調べて公表しているため、価格の変動内容が比較しやすくなっています。この価格は公共用地の買収に用いられます。

2.路線価

路線価は、国税庁が調べて公表するもので、相続税などの基準になります。道路に面する土地の値段を面積当たりで示します。公示地価の8割程度の水準です。固定資産税評価額は、公示地価の7割程度になっています。

その他に、近所の土地がいくらで売れたかによって調べる取引事例比較法や賃料を元にした不動産運用の利回りから計算する収益還元法などがあります。

いずれにしても売りたい人と買いたい人の交渉で決まるのは、他の商品と同じです。国土交通省の土地総合情報システムでは、公示地価や基準地価を調べることができます。

▼土地総合情報システム

https://www.land.mlit.go.jp/webland/

国土面積の1割を超える所有者不明の土地

誰が所有しているのかわからない所有者不明の土地が全国で増えています。一般財団法人国土計画協会では、2016年時点での所有者不明土地は全国の1割を超える410万ha(ヘクタール)と推定しています。

●相続人登記の問題

所有者不明の土地が増えている理由は、所有者死亡時に相続人が登記をしないことが多いのが原因です。法務局に申請して登記簿の名義を書き換える手続きの手間や登記費用の負担を避けるためです。固定資産税もかかるため、資産価値の低い土地では、登記をするメリットがありません。そうすると元の所有者の名前が残り続けます。

放置された土地は雑草が生え、ゴミが不法投棄されたりすることもあります。街並みの荒廃にもつながります。所有者不明の土地は、利用したい人が現れても交渉相手が見つからないため開発の障害になるケースが増えています。公共事業でも所有者を特定するために多くの費用がかかります。東日本大震災の復興事業でも所有者不明土地が事業の障害になりました。

●所有者不明の土地の利用の円滑化等に関する特別措置法

このような問題を解決するため、2018年に所有者不明土地の利用の円滑化等に関する特別措置法が成立しました。公共事業での収用や公益性の高い事業において知事の判断で所有者不明土地の利用ができるようになりました。2019年には所有者の不明な土地について裁判所の選任した管理者が管理できる制度も創設されています。

所有者不明土地が増え続けると2040年には720万haにまで拡大するといわれています。今後は相続時の登記が義務化されるとともに所有権の放棄も認められることになる方向です。

老朽マンションへの指導の強化

マンションは1950年代以降に分譲が始まり、2018年末のストック数は655万戸に達しています。20年後には築40年以上のマンションが367万戸となります。老朽マンションが大きな社会問題となることが予想されています。

●マンション改修・建替えの円滑化

これまでの区分所有法では、マンションの大規模改修は、3/4以上の賛成がないと決議できませんでした。そこで、2013年に耐震改修促進法の改正が行われ、耐震改修の必要性があると認定されたマンションについては、過半数の賛成で改修を行うことができるようになりました。さらに、2014年6月に改正マンション建替え円滑化法が成立しました。特定行政庁から耐震性上、除却が必要との認定を受けたマンションでは、区分所有者の5分の4が同意すれば、建物の解体と跡地売却が認められることになりました。この改正によって、区分所有者が自力で建替えるだけでなく、跡地を買い受けたデベロッパーなどによる建替えも認められることになりました。しかし、現実には所有者の意見集約は難しく、実際には建替えが進んでいません。さらに、耐震性不足と認定されるのは1981年の新耐震基準以前に建てられたマンション104万戸が対象です。ところが、1981年以降の新耐震基準で築40年経過するマンションが2022年に25万戸、2037年には250万戸に達するためその建替えも課題となってきました。

●マンション管理適正化法、建替円滑化法の改正

そこで、外壁や配管が劣化した危険なマンションも条件に加える改正が2020年2月に閣議決定されました。

今回の改定では、適切な管理が行われているマンションを自治体が認定する「管理計画認定制度」も創設されました。空き家や滞納による修繕積立金の不足により、計画通りの積立ができていないマンションは35%に達するといわれています。また、大規模マンションでは総会の出席割合が少なく役員の高齢化やなり手不足も進んでいます。

新しい制度では、自治体がマンション管理への関与を強め、管理組合に対する指導や助言を行うようになります。マンション管理の質の向上が期待されています。

建設業界の問題点

建設業界を取り巻く問題としては、寿命を迎える建設構造物の維持更新が大きな課題です。そして業界内では、人材不足と高齢化、労働条件の改善が課題となっています。

How-nual
図解入門
業界研究

談合は永久になくならない？

1

談合という反社会的行為に対して厳しい批判の目が向けられています。二〇〇六年四月には、日本土木工業界が「旧来のしきたりからの決別」を宣言しました。

談合のルール

受注のために建設会社が話し合いを行う談合は、一般的には地域ごと、工事種別ごとに親睦会などの建設会社の集まりが組織され、そこで行われていました。地域の建設業協会がその役割を担うこともありました。集まりに出席する社員は営業職として特別の権限を持ち活動をしていました。談合といっても単に声の大きな会社が落札者になるのではなく、例えば、工事現場の近くに事務所がある、近くで同種の工事を行っている、以前から関連工事を受注しているなど、参加者の間では納得できるルールによって、バランス良く仕事を配分していました。当事者には違法という認識はありながらも罪悪感はありませんでした。談合は業界内では公然の秘密で、発注者や政治家などの意向が考慮されることもありました。

脱談合の方向へ

二〇〇六年一月に改正独占禁止法が施行され、談合に対する罰則が強化されたのをきっかけに、同年四月に、日本土木工業界が「旧来のしきたりからの決別」を宣言しました。公共工事が大幅に減少して過当競争になったため、参加者が満足するだけの配分ができなくなってきたことも、脱談合の動きを加速させています。

発注者が入札談合に関与する、いわゆる**官製談合**は、天下りや首長への選挙協力への見返りによるものです。官製談合を防止するために、二〇〇七年三月に**入札談合等関与行為防止法**が施行されました。

【低入札価格調査】 入札価格が予定価格を大きく下回った場合、手抜き工事や下請業者へのしわ寄せを防ぐために、発注者が業者に価格の内訳書などを提出させて、適正な施工が可能かどうかを調べる制度のことです。

低入札価格調査基準の改定（工事）

	H20.4〜H21.3	H21.4〜H23.3	H23.4〜	H25.5.16〜	H28.4.1〜	今回（H31.4.1〜）
【範囲】	予定価格の2/3〜8.5/10	予定価格の7.0/10〜9.0/10	予定価格の7.0/10〜9.0/10	予定価格の7.0/10〜9.0/10	予定価格の7.0/10〜9.0/10	予定価格の7.5/10〜9.2/10
【計算式】直接工事費	×0.95	×0.95	×0.95	×0.95	×0.95	×0.97
共通仮設費	×0.90	×0.90	×0.90	×0.90	×0.90	×0.90
現場管理費	×0.60	×0.70	×0.80	×0.80	×0.90	×0.90
一般管理費等	×0.30	×0.30	×0.30	×0.55	×0.55	×0.55
上記の合計額	×1.05	×1.05	×1.05	×1.08	×1.08	×1.08

「低入札価格調査基準の見直し／改定」（国土交通省）

品質確保に向けた調査基準の改定

各地で〝脱談合〟が進むと落札率の低下が続き、七〇％や七五％といったいわゆる低入札工事が増えました。

低価格入札の工事では、下請けへのしわ寄せや工事品質への影響が懸念される、建設業者が疲弊するという批判を受け、低入札調査基準価格の改定が行われています。二〇一九年四月の改定では、直接工事費の九五％、共通仮設費の九〇％、現場管理費の九〇％、一般管理費の五五％の合計額から算出し、予定価格の七五〜九二％の間で設定する方式となりました。

このような改革で低入札調査基準価格を上げていますが、結局は最低制限価格や調査基準価格ぎりぎりに応札が集中する状況が多発しています。研究者の調査では、一三〜一七年に東北地方の市町村が発注した公共工事で再入札となった工事一八三〇件のうち、九六・八％で一回目と二回目に同じ業者が一位となっており、談合の可能性があると報告されています。明らかに談合は減っていますが、抜本的な解決策がない、もどかしい状態が続いています。

用語解説

＊**課徴金減免制度**　2006年1月の独占禁止法改正で「課徴金減免制度」が導入されました。公正取引委員会が調査を開始する前に談合を告発すれば、最初に告発した企業は100%、2番目の企業は50%、調査開始後に告発した企業は30%、課徴金が減免される制度です。

2 くじ引きで決まる公共工事の受注

入札制度の改革により新たな問題が発生しています。多くの建設会社が最低制限価格と同額で入札し「くじ引き」で決まる工事が増えています。

多くの建設会社が最低制限価格で入札できる理由は、最低制限価格や低入札調査基準価格の事前公表が行われているからです。**最低制限価格**は、それ以下の価格で入札した場合に失格となる価格です。**低入札調査基準価格**は、その価格を下回って入札した場合は、契約内容に適した工事がきちんとできるのか、厳しいチェックが行われます。膨大な資料提出が必要になります。

手抜き工事の懸念

本来、入札においては、工事の内容に応じて資材や人件費などを正確に積算し入札価格を決めるものですが、最低制限価格が事前公表されている工事を受注したければ、正確な積算を行う必要はありません。最低制限価格と同額で入札すれば良いからです。

最低制限価格や低入札基準価格の事前公表が行われない場合でも、予定価格が事前公表されていれば、これまでの傾向から、最低制限価格を推定することは難しくありません。その結果として、最低制限価格での入札が重複し、くじ引きになるのです。

都道府県発注の工事では、低入札基準価格または最低制限価格を事前公表した場合に四割以上の割合で、予定価格の事前公表では一三%でくじ引きになったという調査結果もあります。企業努力ではなく、運が受注を決めている状況です。

十分な積算をせずに最低制限価格で落札した結果のしわ寄せは下請けがかぶることになり、手抜き工事や品質の低下が心配されています。

【リニア談合事件】 リニア中央新幹線の品川駅と名古屋駅の工事業者選定において、大林組、鹿島建設、清水建設、大成建設の4社が独占禁止法違反に問われました。大林組と清水建設は罪を認めて有罪が確定したのに対し、鹿島建設と大成建設は無罪を主張して裁判で争っています。発注者であるJR東海にも問題があったのではないか、ともいわれています。

予定価格・低入札調査基準価格・最低制限価格の公表状況（平成30年8月1日時点）

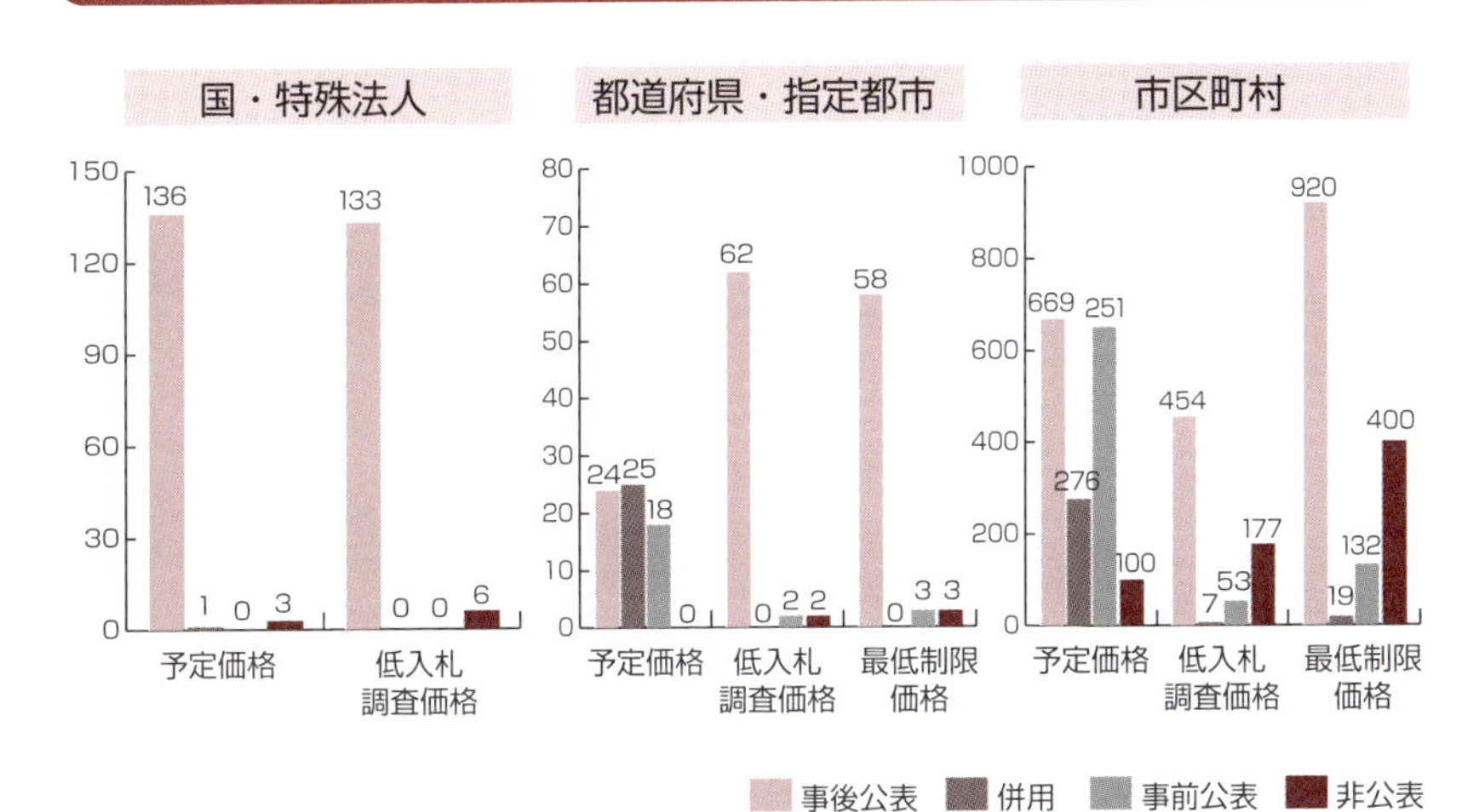

「入札契約適正化法等に基づく実施状況調査の結果について」（財務省）

発注者の職員を守るツケ

二〇〇一年の**公共工事適正化法**と二〇〇三年の**官製談合防止法**の施行法律により、入札の過程の透明化と、発注者が予定価格を漏らすことに対する防止措置が行われました。予定価格の事前公表が進み、漏らすような秘密がなくなりました。

しかし、予定価格の事前公表がくじ引きの増加を招くようになったため、その後国は地方公共団体などの発注者に対して、予定価格の事後公表を要請しました。

ところが事後公表に戻した途端に、最低制限価格を建設業者に漏らす事件が発生しました。発注者の職員を守るために行っている事前公表がくじ引きを増やし、その結果として工事の品質低下や建設会社の経営悪化を招いているとしたら、本末転倒です。発注者の職員はもっと厳しい倫理観を持つべきです。

改正公共工事品質確保促進法に基づく運用指針でも、入札前には予定価格を公表しないことと明記されていますが、五道府県・指定都市の三割、市区町村の四割で事前公表が行われています。

【官製談合防止法】「入札談合等関与行為の排除及び防止並びに職員による入札等の公正を害すべき行為の処罰に関する法律」で2003年に施行されました。選挙の支援、予算消化、天下り先確保などを目的として官側が主導する談合を排除する法律です。

3

経営事項審査は会社の成績表？

公共工事への入札参加を希望する建設業者は、「経営事項審査」の受審が義務付けられています。

総合点数によるランク付け

公共工事の発注者は、入札に参加しようとする建設業者に対する客観的事項と主観的事項の審査結果を点数化し、総合点数で順位付けをします。建設業者は、そのランクに応じて受注できる工事金額が決まっています。例えば、国土交通省の直轄工事の契約金額七億二〇〇〇万円以上はAランク、三億円以上七億二〇〇〇万円未満はBランクとなります。

この審査のうち、客観的事項に関する審査が**経営事項審査**と呼ばれ、経営規模（X点）、経営状況（Y点）、技術力（Z点）、社会性等（W点）で評価されます。

建設業者の中には、経審で高い点数を取るために、完成工事高を水増ししたり、負債額を実際より少なくするなどの虚偽申請を行う会社もあります。

審査基準の改正

二〇一九年に経営事項審査の審査基準の改正案が提示されました。知識及び技術または技能の向上、建設キャリアアップシステムへの取り組みが加点されることになります。

(1)技術力への加点

二〇二〇年四月から建設キャリアアップシステムのレベル4（3点）、レベル3（2点）の建設技能者が加点対象になります。

(2)社会性への加点

二〇二一年四月からは、CPDの取得と建設キャリアアップシステムでのレベルアップが評価されます。また、登録建設業経理士が加点対象になります。

社会の変化により評価内容も変わっていきます。

【経営事項審査の虚偽申請】 添付書類の改ざん（工事契約書の偽造、建設機械特定自主検査記録表の日付の書き替え等）による、経営事項審査の虚偽申請が増えています。経営事項審査の申請書類に虚偽があった場合は、指示処分や営業停止処分などの監督処分が行われます。

国土交通省　等級別登録の仕組み

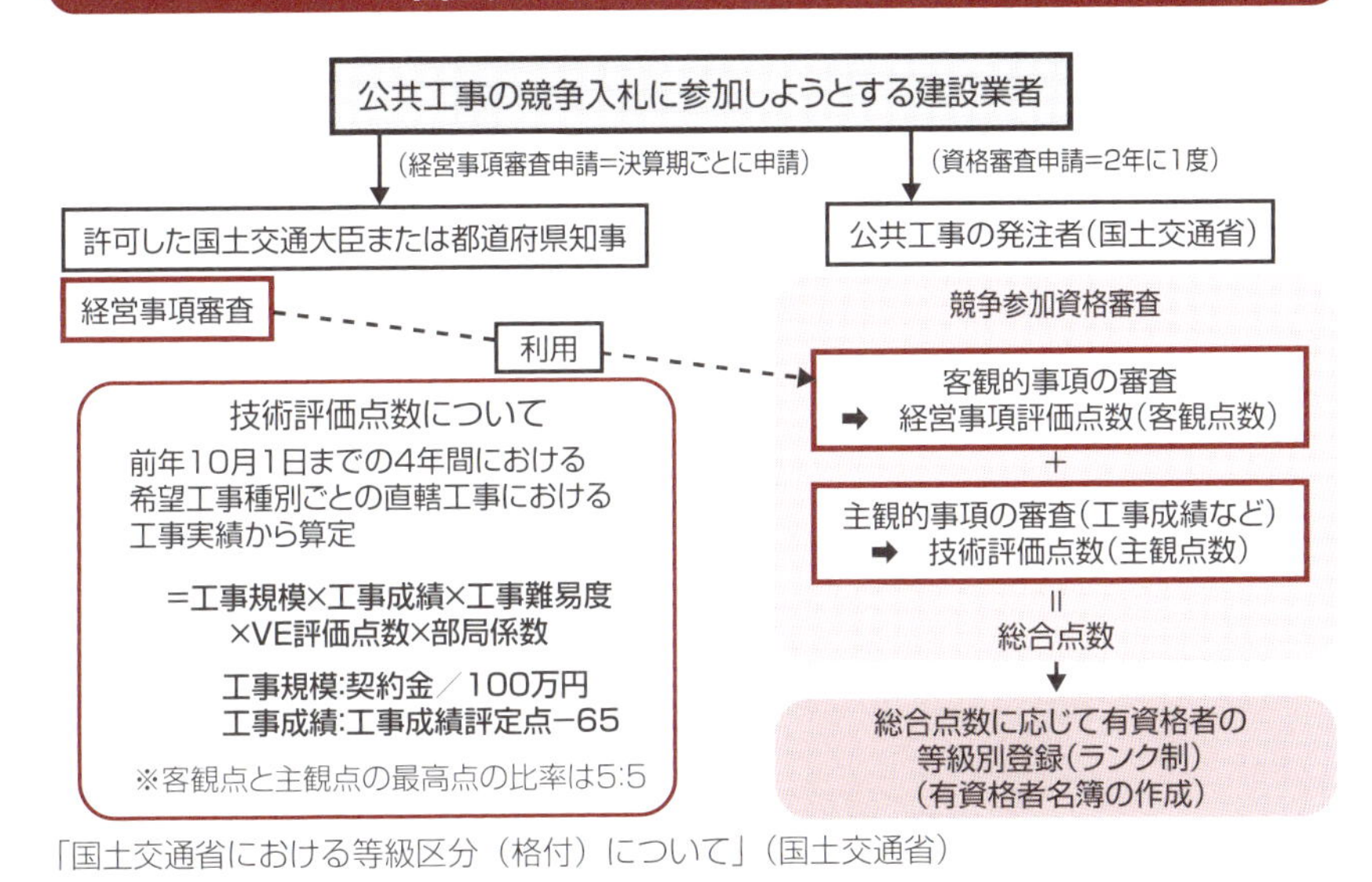

「国土交通省における等級区分（格付）について」（国土交通省）

一般競争（指名競争）参加資格における等級区分別総合点数

平成 31・32 年度関東地方整備局

一般土木工事

等級区分	総合点数	予定価格
A	3,000 点以上	7 億 2,000 万円以上
B	3,000 点未満～ 2,620 点以上	3 億円以上 7 億 2,000 万円未満
C	2,620 点未満～ 1,600 点以上	6,000 万円以上 3 億円未満
D	1,600 点未満	6,000 万円未満

建築工事

等級区分	総合点数	予定価格
A	2,900 点以上	7 億 2,000 万円以上
B	2,900 点未満～ 2,170 点以上	3 億円以上 7 億 2,000 万円未満
C	2,170 点未満～ 1,600 点以上	6,000 万円以上 3 億円未満
D	1,600 点未満	6,000 万円未満

入札契約（国土交通省関東地方整備局）

【CPD(Continuing Professional Development継続教育)】 技術者一人ひとりが自らの意思に基づき、自らの力量の維持向上のために行うもので、多くの学会や業界団体等においてCPDの認定が行われている。全国土木施工管理技士会連合会でCPDの対象となるプログラムには、講習会や研修会、現場見学、監理技術者講習などのほか技術論文や図書執筆、特許出願などもある。

4

繰り返される偽装事件

横浜市のマンションで建物の傾きが発生し、杭工事でのデータ偽装が行われていたことが明らかになりました。

杭工事でのデータ偽装問題

横浜市のマンションの杭工事では、二次下請けの会社が基礎杭の支持層への未達があるにもかかわらず、データを改ざんしていたことが発覚しました。杭打ちデータに別の工事のデータが転用され、セメント注入量の偽装も行われていました。

また、建設業法の違反があったことも明らかになりました。一次下請けの会社は、施工計画書の作成や工程調整を二次下請けの会社に丸投げするだけでなく、一次下請け、二次下請けとも、専任を義務づけられている主任技術者に複数の現場を兼任させていました。そして、元請け会社もこの違反を知りながら改善を指導せず、杭工事を下請けに任せきりにしていました。

繰り返される偽装事件

二〇〇五年の構造設計偽装事件以降も、偽装事件が繰り返されています。二〇〇七年には、軒天や間仕切りなどの防耐火部材の不正な認定取得が発覚し、二〇〇九年には防火サッシの不正な認定取得が発覚しました。二〇一五年には、杭工事データの偽装以外に、免震ゴムのデータ偽装が発覚しました。

さらに、二〇一六年には、羽田空港の地盤改良工事で、大手ゼネコンが薬液注入量を偽装していたことが発覚しました。設計量の五・四%しか薬液が注入されておらず、地盤改良はほとんどできていませんでした。

このような偽装は、内部告発や施工後のトラブルが発生しない限りわかりません。発覚した事件の再調査

【防耐火認定】 建物の防耐火性能を求められる部分には、防耐火構造の認定や防火材料の認定を受けた構造・部材を使用しなければなりません。試験体を製作して試験を受け、評価を得て認定を受けることができます。

で、偽装の根の深さが明らかになっています。

杭打ちデータ偽装では、この会社が他の工事でもデータ偽装を行っていたことや杭業界の他社でもデータ偽装が行われていたことが発覚しました。免震ゴムのデータ偽装では、このゴムが他に五五棟もの建物で使用されていることが明らかになりました。地盤改良の偽装では他にも、同社の四件の工事で偽装がありました。防火サッシの不正な認定取得では三万棟以上に使用されていました。

二〇一九年には、大手ハウスメーカーで三〇〇人以上が実務経験の要件を満たさず、不正に施工管理技士の資格を取得していたことが明らかになりました。発覚していない多くの偽装や不正、手抜きがあるのではないか、と建設業界の信頼が低下しています。

不正を防ぐために

これらの偽装事件で繰り返し指摘されるのが、受注者や下請、担当者の弱い立場です。工期やコストだけでなく、できないとは言えない、というプレッシャーを受けます。そして、このくらいなら問題にはならないだろうという黙認が大きな事件につながっています。

国土交通省では、杭工事データ偽装事件を受けて、二〇一六年七月に民間工事指針を定めました。民間建設工事の適正な品質を確保するための協議項目として十二の具体的項目を定めています。一部の不正が業界全体の信頼を低下させています。建設業界の関係者全員が真摯に工事に向き合うことが求められています。

民間建設工事の協議項目リスト

区分	No.	項目
Ⅰ 地中関連	1	支持地盤の深度 軟弱地盤の圧密沈下
	2	地下水位
	3	地下埋設物　埋蔵文化財
	4	土壌汚染　産業廃棄物
Ⅱ 設計関連	5	設計図書
	6	設計間の整合
Ⅲ 資材関連	7	資材納入
Ⅳ 周辺環境	8	近隣対応
	9	日照阻害、風害、電波障害
	10	騒音・振動
Ⅴ 天災	11	地震、台風、洪水等
Ⅵ その他	12	法定手続き

「民間建設工事の適正な品質を確保するための協議項目リスト」（国土交通省）より

【免震ゴム】 免震構造物は、地面の上に免震装置がありその上に建物がのっています。地震時に免震装置が地震の揺れを吸収することで建物に地震の揺れが伝わりにくくなります。この免震装置として用いられるのが免震ゴムです。

5 建設費の本当の値段は

「日本の建設コストは海外に比べて高い」「公共工事は民間に比べて高い」「建設工事の費用はよくわからない」・・・だから、建設会社は相当儲けているのではないかといわれますが、本当はどうなのでしょうか。

建設コストを比較するためには、いろいろな条件の違いを考える必要があります。日頃は意識していませんが、山が海近くまでせまり、平野の少ない日本の地形は相当厳しいものです。そのため、高速道路や鉄道の建設では、大陸であるヨーロッパやアメリカと比べて日本では橋やトンネルが非常に多くなります。高速道路延長に対する橋梁とトンネルの延長比率は、欧米が一〇%以下であるのに対して日本では二五%になります。

また、世界で発生するマグニチュード六以上の地震の約二割が我が国周辺で発生しています。耐震性を高めるため、橋脚一基で比較するとアメリカの二・三倍のコストになっています。用地の価格も異なるため、これらの違いを考慮すると大きな差はないようです。

公共工事の価格は高いのか

公共工事の一般競争入札の拡大に伴い、**落札率**が極端に低下した工事が出たから、「予定価格の算定が甘く、業者が予定価格に近い価格で落札することで不当な利益を上げていたのではないか」といわれました。しかし、予定価格は発注者が面積や数量を計算し、実態の市場単価とかけ合わせて計算するものですから、現実とかけ離れた金額になることはありません。

また、民間工事に比べて公共工事の価格は高いのではないかといわれていますが、建物用途や構造に大きな差があれば、単純な比較はできません。大半の会社はコストを切り詰めて利益を捻出しています。

＊**落札率**　予定価格に対する落札価格の比率を百分率で表したものです。予定価格とは、発注者が入札に先立って定める価格で、落札を認める上限価格ですから、建設業者は100%以下の、できるだけ高い落札率で落札しようと努力します。

各国の「橋梁＋トンネル」比率（高速道路）

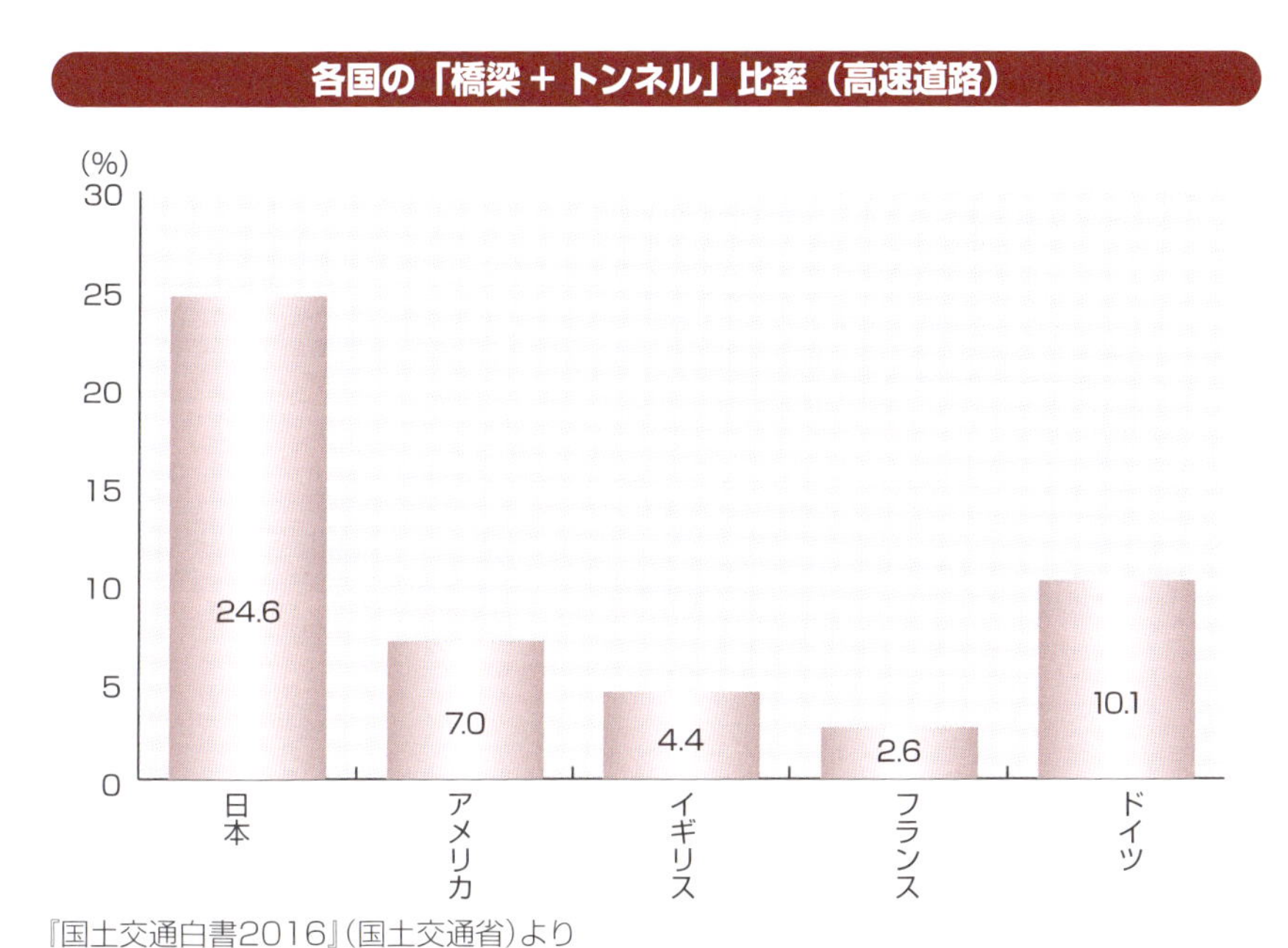

『国土交通白書2016』（国土交通省）より

建設業の財務内容（1 社平均財務諸表）

対象企業数	21,973 社
平均従業員数	21 人
平均技術者数	16 人

外注費　522,073　53.0%
材料費　179,926　17.3%
労務費　55,432　5.3%
経費　137,537　13.2%
販売管理費　100.436　9.6%
営業利益 54,055　5.2%

（千円）

「建設業の財務統計資料　平成 30 年度決算分析」（東日本建設業保証株式会社）

【建設業の財務統計指標（東日本）】　中小建設企業の経営活動の実態を計数によって把握し、業種別、売上高別、地区別・都県別の経営指標を示しています。東日本建設業保証（株）が決算書の提出を受けた企業のうち、①本店所在地が東日本23都県の法人企業、②業種が総合工事業（土木建築、土木、建築）、電気工事業、管工事業の企業、③兼業売上高が総売上高の20％以下の企業を調査対象としています。

6 公共事業は誰のためか?

大規模な公共事業は、地域の環境や経済に大きな影響を与えます。誰のための公共事業かということを考えると、本来、いちばん尊重されなければならないのは地域住民の意思のはずです。

公共工事は、地域住民そして国民全体のために行われるべきものです。しかし、一部の当事者だけに有益な工事の問題が指摘されています。

公共工事では、その便益がその費用を上回ることが必要です。入札を行って最低限の費用で調達したとしても、そこから得られる便益に効果が少なければ、事業自体が無駄ということになります。

例えば、一〇〇年に一度しか起きない災害のために防災対策工事を計画することもあります。どの程度の安全を確保するためにどのような工事をするかというのは、本来、コストと便益を比較して検討する必要がありますが、厳密な比較は難しいものです。地域振興のための工事ありきで、費用を上回るように便益を見積もるようなことも発生しています。

公共工事の事業性評価

民主党政権時代の事業仕分けでは、公共事業の需要予測に関する指摘があり「建設ありき」の姿勢が厳しく問われました。

航空需要について多くの空港で利用実績、需要予測を下回っていることが明らかになっています。過大な需要予測をもとに、地方空港を次々と造ってきたことが認識されています。採算の悪い新設空港では着陸料を減免したり、発着便利用者に旅行費用を助成する自治体もあるようですが、利用客数の見込みが大幅に違っているのですから、根本的な解決にはなりません。

東京圏に近い茨城空港や静岡空港では、インバウンド客が増加した二〇一八年度でも開港前に想定した需要

＊**特定行政庁**　建築の確認申請、違反建築物に対する是正命令等の建築行政全般を司る行政機関で、建築主事を置く地方公共団体、およびその長を指します。すべての都道府県、および政令で指定した人口25万人以上の市には、建築主事の設置が義務付けられています。25万人未満の場合は、都道府県と市町村の協議によって知事か首長が特定行政庁になります。2019年(平成31年)4月現在で451となっています。

公共工事の施設別構成比の推移

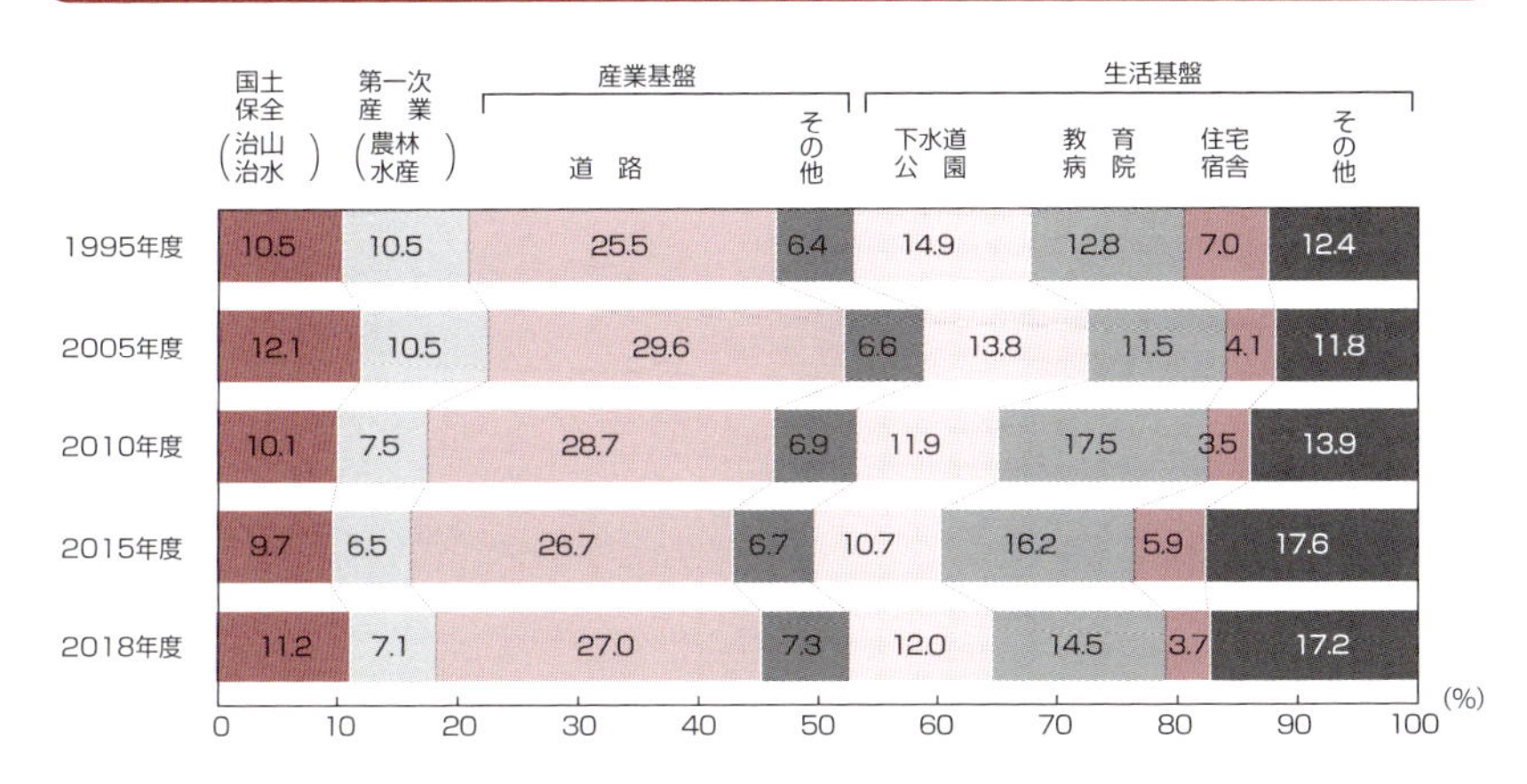

（注）1. グラフ内の数字は年度計に対する構成比
2.「産業基盤・その他」：港湾空港、鉄道軌道等　「生活基盤・その他」：土地造成、上・工業用水道、庁舎、災害廃棄物処理等
資料出所：北海道建設業信用保証（株）、東日本建設業保証（株）、西日本建設業保証（株）「公共工事前払金保証統計」

『建設業ハンドブック2019』（社団法人日本建設業連合会）

予測を下回っています。東京湾アクアラインや本州四国連絡橋も利用者が当初の需要予測を大幅に下回っています。アクアラインは開通二〇年後の二〇一七年に六万四千台／日の目標でしたが、通行料を値下げしても二〇一八年に三万四千台／日にとどまっています。国民は、需要予測の信頼性に対して大きな疑問を感じています。

八ッ場ダム建設事業の再評価では、費用便益比三・四となり、中止していた工事が再開されました。再開には批判もありましたが、二〇一九年の台風一九号豪雨では八ッ場ダムへの貯水により下流の水位を下げる効果があったといわれています。

東日本大震災の被災沿岸部では、約一兆円もの税金を投入して行政が進める巨大防潮堤建設と、計画の見直しを求める地域住民とのあいだで合意形成が難航しました。高台に移転したのに巨大防潮堤が必要なのか、何をどのように守るのかという、住民の疑問に応えていないことが指摘されました。

公共工事の評価は、長い時間を経た後に明らかになると考える必要があります。

ワンポイントコラム

【公共工事の地域要件】 地元業者保護のために、入札参加資格を地域の業者に限定することです。入札参加者の範囲を狭くすると、競争が働く余地が少なくなり、落札価格が高くなりやすくなります。地元業者以外との競争がないので、談合が行われやすくなりますが、一方で、災害時に活動したり、地元に税金を払う業者を優遇すべきだとの意見もあります。

7 どこまで延びる新幹線

北海道新幹線の新函館北斗―札幌、北陸新幹線の金沢―敦賀、九州新幹線の武雄温泉―長崎の三区間の整備新幹線工事が進んでいます。

新幹線鉄道は、その大部分の区間で時速二〇〇kmを超える速度で運行するため、在来線とは違った様々な技術が用いられています。それによって、速度だけでなく乗り心地や安全面でも、世界的に非常に高い水準が確保されています。またカーブにおける曲率半径を大きくして、できる限り直線を確保し、自動車との衝突事故を防ぐため、踏切を設けていません。

動力は編成各車両に分散させる**動力分散方式**を用いています。地盤が悪く山の多い日本で列車を高速運転するには、機関車が客車を牽く**動力集中方式**よりも、電車のように編成の各車両に動力を持たせる動力分散方式の方が適しているからです。カーブや勾配の多い条件でも加減速能力に優れ、また線路への負担が小さいため、脆弱な地盤でも高速を出すことができます。

最高時速は二一〇kmの時代が長く続きましたが、一九八五年頃から次第に向上するようになりました。東海道新幹線で時速二八五km、東北新幹線区間で三二〇km、山陽新幹線区間で三〇〇kmに至っています。

北陸新幹線開通により、東京から金沢は二時間二八分、北海道新幹線開通により東京から函館は四時間九分で結ばれています。

維持管理に関しては、一九九〇年代末期から多発したトンネルのコンクリート剥落事故が大きな問題です。一九六〇年代以降の高度成長期に建設された山陽新幹線で手抜き施工が行われていたことが露呈しています。

政治の影響を受ける新幹線の延伸

札幌、敦賀、長崎の三区間は、民主党政権時代に、公

【整備新幹線の着工条件】 ①安定的な財源見通しの確保　②収支採算性　③投資効果　④ＪＲの同意　⑤平行在来線経営分離についての沿線自治体の同意　が条件となっています。しかし、沿線住民にとっては不便になることもあります。新青森駅の開業では、八戸-青森間の在来線での移動が1時間半から2時間20分に伸び、不便になっています。

全国の新幹線の状況

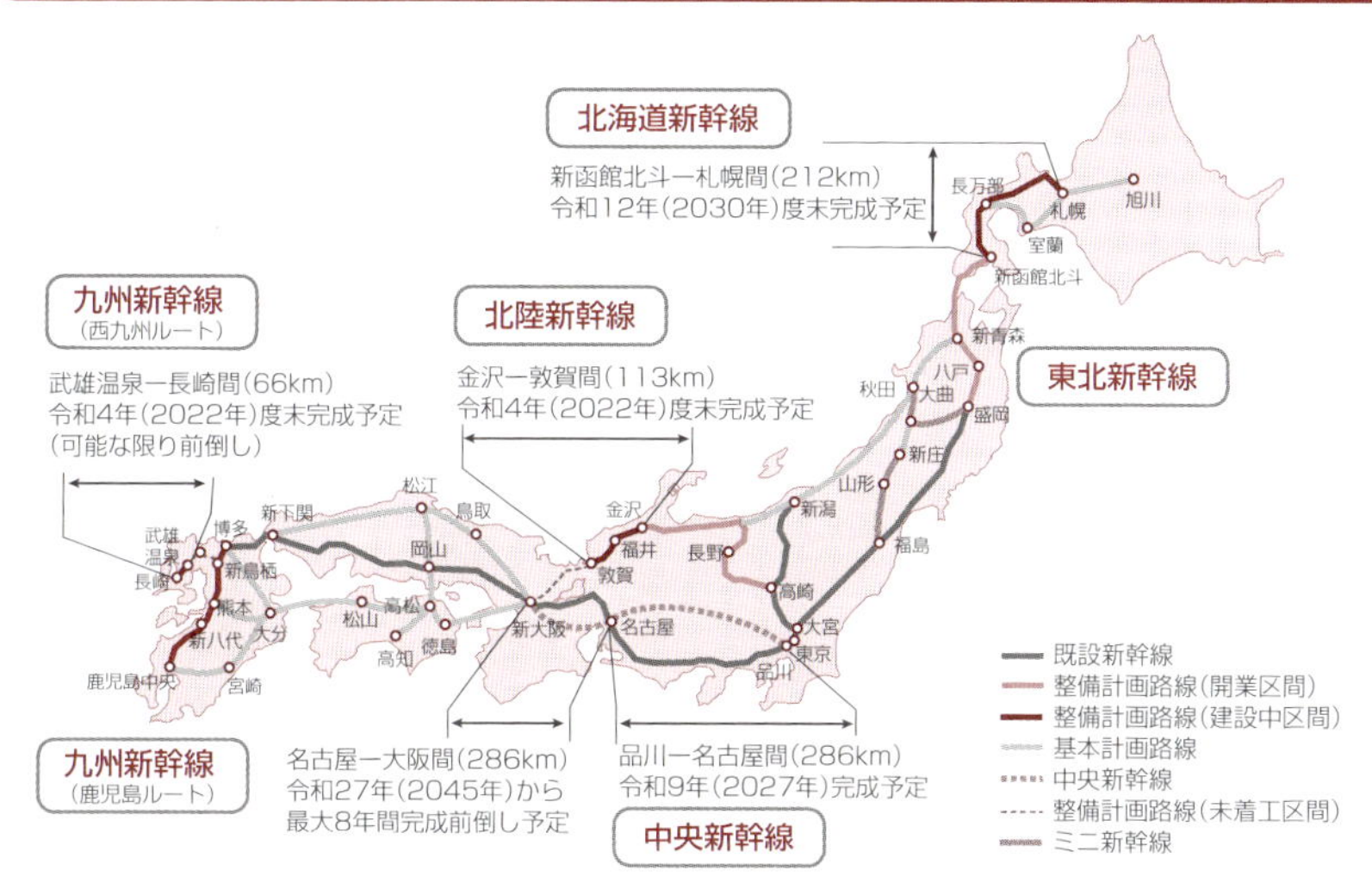

「全国の新幹線鉄道網の現状」（国土交通省）

共事業見直しの一環として凍結しました。しかし自民党政権になり、通常一〇年である工事期間を延ばして、一年当たりの負担額を少なくして着工することになりました。北海道二〇三〇年度、北陸と九州は二〇二二年度の開業を目指しています。札幌までの延伸で東京とは約五時間で結ばれますが、航空会社との競争は厳しく、利用客が増えるかどうかはわかりません。九州新幹線長崎ルートは在来線と新幹線を乗り継ぐため、博多—長崎間の時間短縮効果は二八分です。

工事が進んでいる整備新幹線ですが、最新の試算で効果が費用を下回る例が出ています。金沢—敦賀、武雄温泉—長崎とも着工時には一・一であった効果が、〇・九と〇・五になると試算されています。人件費や資材費の高騰による建設費の増加が原因です。開業している新青森—函館北斗の北海道新幹線は年間一〇〇億円の赤字といわれています。新幹線は政治の影響を強く受けますが、建設の効果を本当に議論することが必要です。全国には新幹線の基本計画路線が多く残されています。北陸新幹線の大阪延伸は小浜・京都・松井山手を通るルートに決まりました。

【山形新幹線・秋田新幹線】 山形新幹線は、福島駅から山形県の新庄駅まで、秋田新幹線は、盛岡駅から秋田駅までを結ぶJR東日本のミニ新幹線列車の通称です。全国新幹線鉄道整備法では「主たる区間を200km/h以上の高速度で走行できる幹線鉄道」を新幹線と定義しているため、正式には新幹線ではなく、在来線の特急列車です。

8 崩れた建設構造物の安全神話

東日本大震災では、東京電力(株)福島第一原子力発電所の原子炉の炉心冷却機能が停止するなど、わが国史上最悪の原子力事故が発生しました。

福島第一原発事故の衝撃

福島第一原子力発電所の事故では、多重防護による絶対的な安全性は、あっけなく崩れ、世界中の心配を集めました。事故後には、大地震や大津波時の危険性が警告されていたにもかかわらず、対策が不十分であったことが指摘されています。

三陸沿岸地域では、過去の大津波の浸水深を基準に海岸堤防の整備が進められてきました。しかし、岩手県のごく一部を除くほとんどすべての海岸において、堤防の高さを大きく上回る大津波が押し寄せ、すさまじい外力によって堤防が損壊されました。

その他にも、これまで液状化の心配をしていなかった埼玉県や千葉県などの内陸部でも液状化による被害が発生しました。地盤がゆるみ、住宅が傾くなどの被害が多数発生しました。これまで専門家が安全だといっていたことの根拠は何だったのか、と多くの人が考えました。

阪神・淡路大震災でも、同様の問題がありました。それまで、諸外国での地震被害が報道されるたびに、「日本の大型建設構造物は大地震にも耐える構造である」といわれていました。しかし、阪神高速神戸線に象徴されるように、多くのビルやマンション、病院、鉄道の駅舎などが広範囲にわたり倒壊しました。手抜き工事による倒壊も多く見つかり、日本の建設構造物に対するそれまでの信頼は、大きく崩れました。都心で増加している高層マンションやビル、地下空間についても、絶対の安全はないという冷静な目が求められています。

【阪神高速神戸線】 大阪府大阪市西区の16号大阪港線接続部(西長堀)から、兵庫県神戸市須磨区の第2神明道路(月見山)に至る阪神高速道路の路線です。阪神大震災によって、神戸市東灘区の区間で橋脚が倒壊するなど、兵庫県内の区間で甚大な被害を出したことで知られています。

大震災の被害概要

被　害	東日本大震災(*1)	阪神・淡路大震災(*2)
死亡	19,729 人	6,434 人
行方不明	2,559 人	3 人
負傷者	6,233 人	43,792 人
建物全壊	121,996 棟	104,906 棟
建物半壊	282,941 棟	144,274 棟
建物一部破損	748,461 棟	390,506 棟

＊1：令和２年３月10日　消防庁災害対策本部
＊2：平成18年５月19日　消防庁

大震災における犠牲者の死因割合

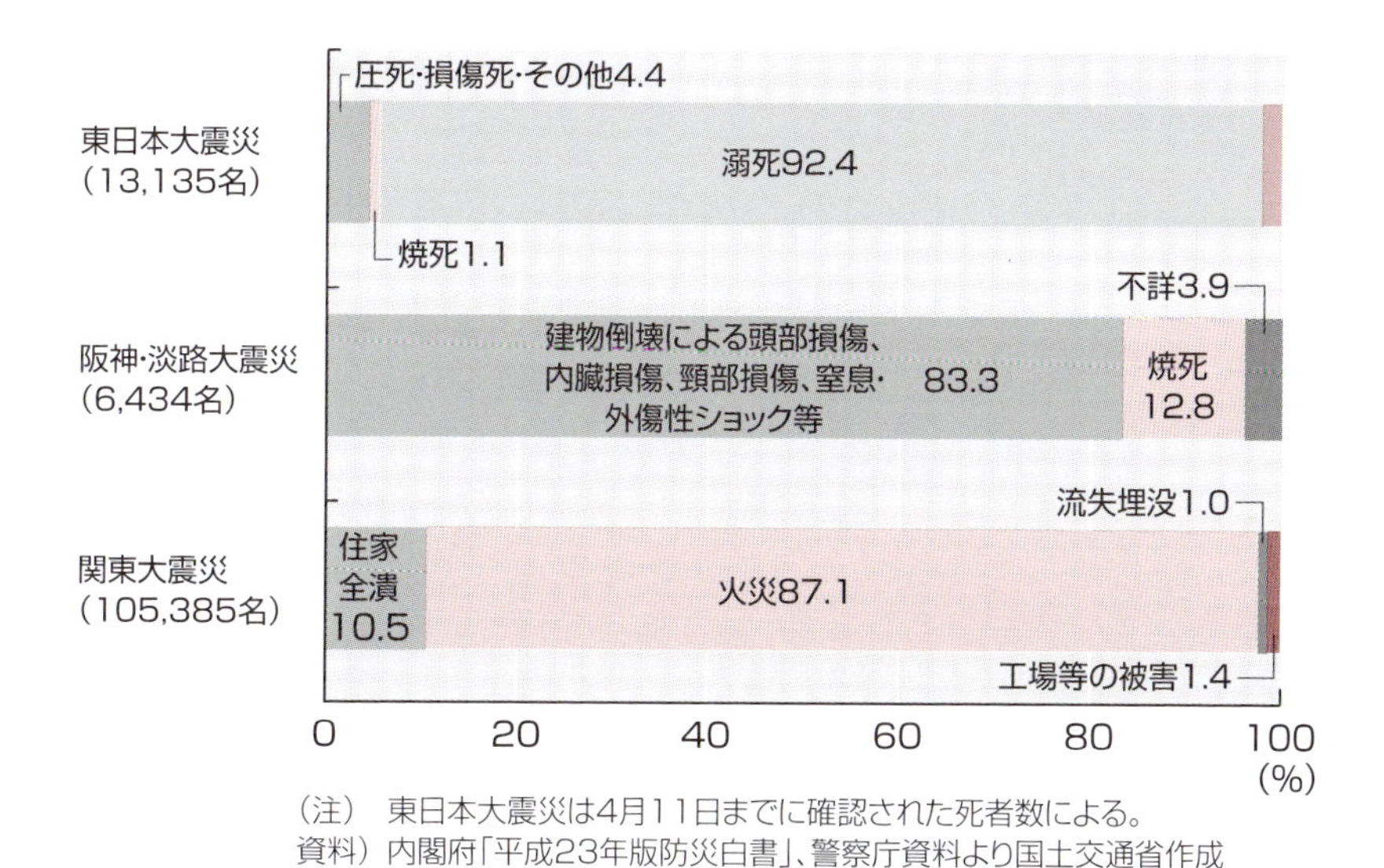

（注）　東日本大震災は4月11日までに確認された死者数による。
資料）内閣府「平成23年版防災白書」、警察庁資料より国土交通省作成

『国土交通白書 2011』より

＊**活断層**　地層が交差する地点を断層といいます。繰り返し活動している断層は、将来もほぼ同じ間隔で断層運動を起こし、地震を発生させせると推定されます。これを「**活断層**」と呼び、国内に2000以上あるといわれています。

9 新型コロナウィルスによる工事の中断

二〇二〇年二月二七日、国土交通省は新型コロナウィルス感染症対策として「工事一時中止」を打ち出しました。風通しの良い場所での作業なので心配ないといわれていた建設現場でも感染者が出ました。

国土交通省は、政府が新型コロナウイルスの感染症対策基本方針を決定したことを受け、全国の地方自治体と民間発注者に対して現場での対策実施を通知しました。受注者が作業員の感染を理由に工期の見直しを申し出た場合、請負代金の変更や工期延長の協議に応じることを求めました。

工事の継続が困難な場合は、工事の一時中止を指示することも求めています。さらに、新型コロナウイルス感染症の影響に伴う工事の遅れは、標準約款における「不可抗力」に当たるとの解釈を提示しました。

決断に慎重な建設会社

大きな建設現場では一〇〇〇人程度が集まる朝礼が行われたり、エレベータに並んで待つこともあります。室内の仕上げ作業で多くの人が出入りする現場もあります。そのようなことから、四月には大手ゼネコンが工事の一時中断を発表しました。しかし、多くの中小建設会社は工事中断の決断に慎重です。

工事を中断して、入居や施設の開業が遅れると発注者から損害賠償を求められることがあるためです。「不可抗力」と認められても発生する損失をどうするかという問題は残ります。発注者と受注者の間では、中断を言い出した方が負担せざるを得ないという思惑もあります。中断しても現場でリースしている機材の費用は発生しますし、工事が止まれば出来高払いの下請け会社は収入が止まります。中断が長引けば、技能者を雇い続けることが難しくなります。そのため、感染防止に配慮しつつ工事を進めている会社が多くありました。

＊**雇用調整助成金**　経済上の理由により、事業活動の縮小を余儀なくされた事業主が、雇用の維持を図るための休業手当に要した費用を助成する制度です。コロナウィルス感染症特例措置として解雇を行わない中小企業は90%の支給が受けられます。コロナ特例により8,330円/日の上限額が15,000円/日に、助成率も100%に引き上げられました。

新型コロナウィルス感染拡大防止に向けた直轄工事の取扱いについて（令和2年4月16日版）

工事全般	一時中止措置等について、受発注者間で協議 工事の継続又は再開に当たっては、感染拡大防止対策の徹底
設計積算	一時中止した場合、工期・費用等適切に設計変更
入札契約	**一時中止し工期が年度をまたぐ場合には繰越等を実施** ・事故繰越の場合は、適宜随意契約も活用 **入札等手続き中及び今後公告する工事について柔軟に対応** ・競争参加資格確認申請書および資料等の提出期限を延長する ・継続教育（CPD）の評価対象期間を延長する、CPDの評価対象単位数を減らす ・工事の一時中止措置等を行ったことにより完了が令和元年度から令和2年度に変更となった工事について、令和2年度以降の入札公告における評価対象に含む　等 **ヒアリングの原則省略** ・ヒアリングが真に必要と認められる場合はテレビ会議等で実施する　等 **監理技術者等の規制緩和** ・所属建設業者と監理技術者等が3ヶ月未満の雇用関係でも可 **登録基幹技術者の講習修了証有効期限の延長** ・R2.3.6～R2.9.30が有効期限である講習修了証を一律にR2.9.30まで有効とする
施工段階	**検査は積極的にテレビ会議にて実施** ・打合せも同様 **監理技術者の専任の緩和** ・新型コロナウィルスに起因する監理技術者の途中交代を許可 **監督時の現場臨場は遠隔臨場を積極的に試行** ・建設現場の遠隔臨場に関する監督・検査試行要領（案） **中間前金払及び既済部分払等の手続きの簡素化・迅速化を実施** ・工事一部一時中止等を実施する受注者に対し、資金繰りが逼迫することのないよう適切に支払う

「新型コロナウィルス感染拡大防止に向けた直轄工事の取扱いについて（令和2年4月16日版）」（国土交通省）https://www.mlit.go.jp/tec/content/001341252.pdf

＊**セーフティネット保証**　景気の低迷などにより経営の安定に支障を来たしている中小企業者を支援するための保証制度です。本店所在地の市区町村長の認定を受けることにより、通常の保証枠とは別枠で、最大で無担保8,000万円・有担保2億円の保証の利用申込ができます。新型コロナウイルス感染症の発生に伴い市区町村の窓口に認定申請が集まっています。

老朽が進むインフラとの闘い

国土交通省や地方自治体が二〇一四〜二〇一八年に行ったインフラ老朽化点検において、全国の六万四千の橋、四千四百のトンネル、六千の歩道橋などが五年以内に修繕が必要と判定されました。

二〇一二年に中央自動車道笹子トンネルで天井板の崩落事故が発生し、道路管理者に対して五年に一度の点検が義務付けられました。二〇一四〜二〇一八年度に一巡目の点検として全国の七一万六千の橋、一万のトンネル、四万の歩道橋など道路付属物の点検が行われました。橋の1割、トンネルの4割、道路付属物の一・五割に五年以内の修繕が必要となっています。人口減少が続く地域では費用と便益を検討して道路橋の改修を断念するケースもあります。二〇一九年五月時点で全国の一三七橋が撤去・廃止と決まっています。

その他のインフラでも老朽化が進んでいます。二〇一九年の台風一五号では送電線の鉄塔が倒壊して一〇万戸の大規模停電は発生しました。倒壊した鉄塔は一九七二年に建てられたもので、当時の鉄塔は全国に多くあります。

水道の漏水と破損

水道設備も老朽化が進んでいます。水道の漏水と破損は全国で年間二万件発生しています。二〇一八年の大阪北部地震でも水道管の破裂で広範囲の断水が発生しました。

水道事業は市町村が料金収入で行う独立採算が原則です。しかし、人口減少によって料金収入が減り、全国の1割が赤字です。特に規模の小さな自治体ほど経営状態が悪く、十分な設備更新ができません。水道料金の平均は月三二〇六円ですが、最高六八四一円と最低八五三円で八倍の差があります。水道の整備も待ったなしの状況であり、民営化も検討されています。

【老朽ガス導管の危険】 ガス管も老朽化すれば破損や漏洩のリスクが高まり、水道管と違い大事故につながる可能性もあります。経済産業省では事業者が需要家に供給する低圧ガス導管の耐震化が2017年で88%完了していることを確認しています。ガス小売りの全面自由化をきっかけに、需要家敷地内の導管の保安責任が一般ガス事業者にあること、ガス栓からガス機器までの保安責任が小売事業者にあることが明確になりました。

点検されたインフラの危険度比率

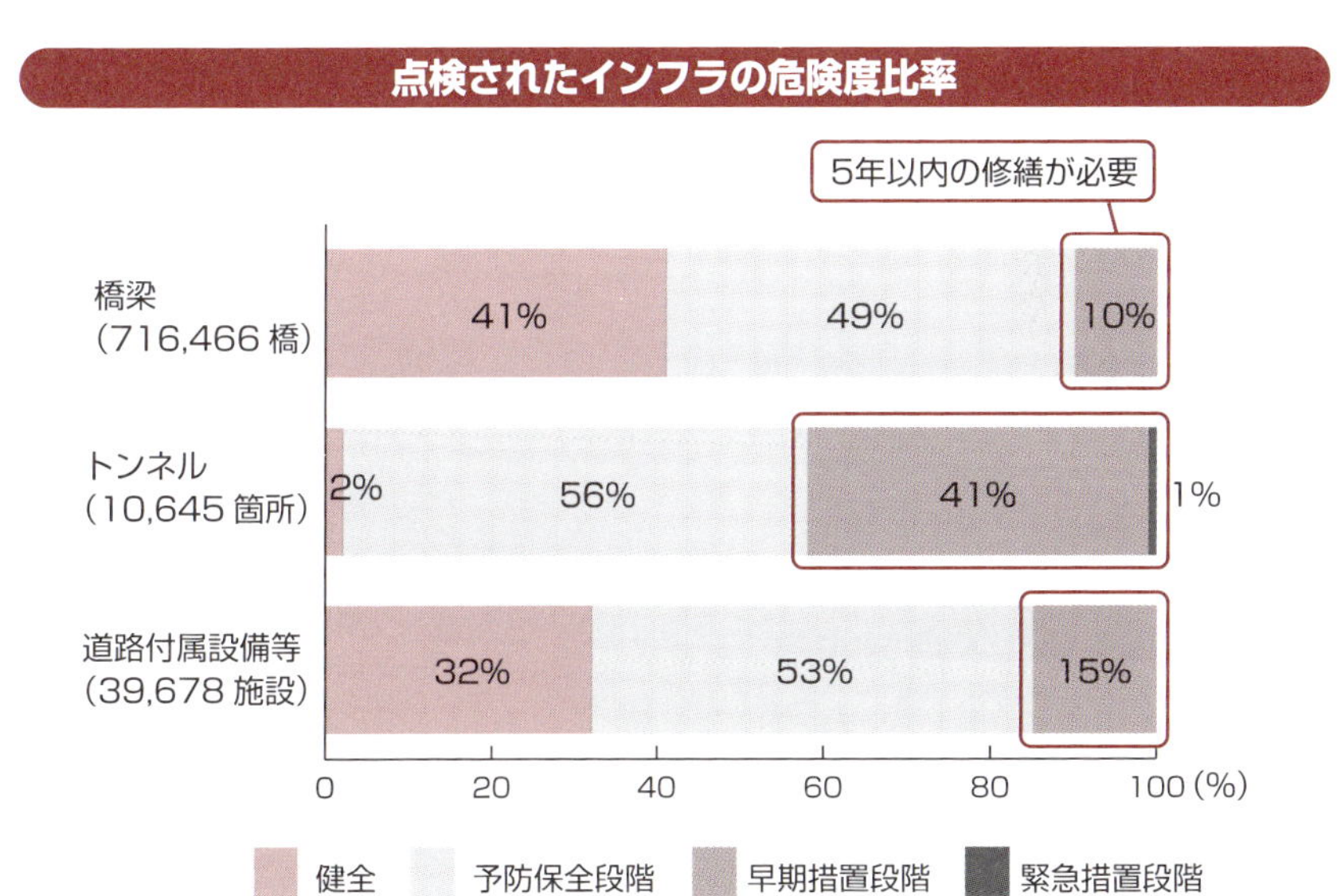

「道路メンテナンス年報（令和元年８月）」（国土交通省）より作成

建設後50年以上経過するインフラの割合

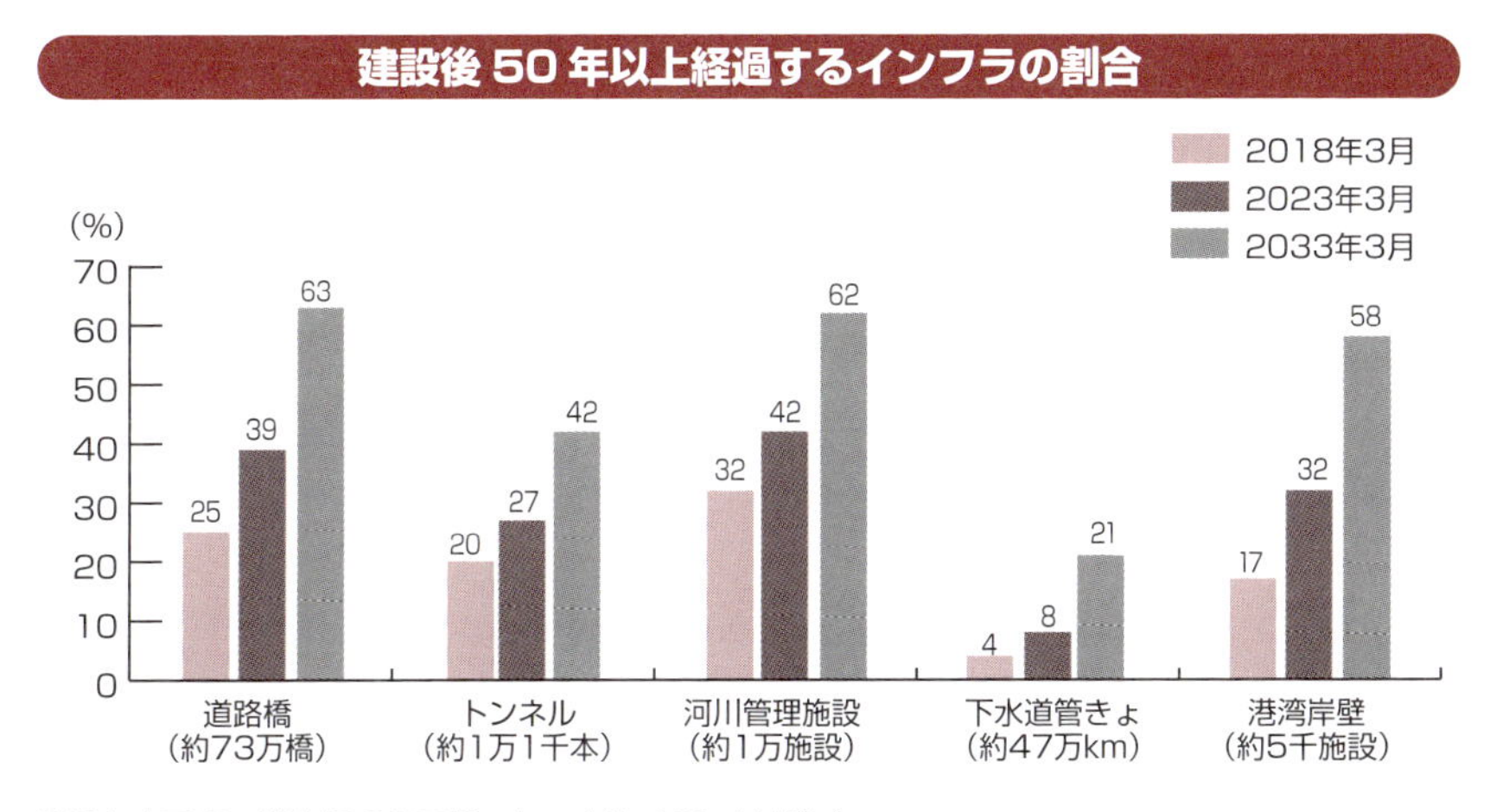

建設年度不明の道路橋23万橋、トンネル400本は除く
建設年度不明の河川施設（水門等）1,000施設は50年経過としている
建設年度不明の下水道管きょ2万kmは30年経過としている

「デジタル技術の進展を踏まえた規制の総点検　インフラの老朽化と新技術・データ活用について」（国土交通省）より作成

【古いブロック塀の危険】 2018年6月の大阪北部地震では小学校のブロック塀が倒壊して女児が亡くなりました。その後、きちんと点検がされていなかったことや施工不良のあったことが確認されました。この事故をきっかけに多くの自治体が塀の補修や撤去への補助制度を設けています。老朽化しているのは公共インフラだけではありません。

11 不足する点検・メンテナンス人材

インフラ老朽化に伴い点検の重要性が高まっていますが、町の約三割、村の約六割には橋梁保全業務に携わる土木技術者が存在しません。人数も経験も不足しています。

従来の点検では、約八割の自治体で、双眼鏡を使った遠望目視が主に行われていました。しかし、ある自治体が遠望目視で点検した約五〇橋を対象に、第三者機関が近接目視で再点検したところ、約三割で点検結果が異なるという結果が得られました。

そこですべての橋やトンネルで「打音検査が可能な距離まで近づく近接目視」が義務化されました。必要に応じて、触診や打音検査を含む非破壊検査を実施します。いずれも正しく点検するためには知識と経験が必要な業務です。

点検技術者の不足

道路橋の点検では、「道路橋に関する相応の資格または相当の実務経験」、「道路橋の設計、施工、管理に関する相当の専門知識」などを持つ者が定期点検を実施すると定められています。しかし、市区の七%、町の二四%、村の五九%は橋梁保全業務に携わる土木技術者が存在しません。地方自治体の橋梁点検では、直営点検の五四%、委託点検の四二%が研修未受講かつ資格未保有者によって行われています。

国土交通省は、各地方整備局の技術事務所で自治体職員向けにしている維持管理研修を行っていますが、育成は簡単ではありません。

現場を良く知る識者たちからは、「静かに危機が進行している」「国民に理解を得る努力をするべきである」という警告が出されています。

橋やトンネルなど安全に通行できることが当たり前の感覚ですが、それを支える体制は非常に脆弱です。

【荒廃するアメリカ】 1920年代から幹線道路網を整備した米国は、1980年代に入ると各地で橋や道路が壊れ「荒廃するアメリカ」といわれました。その後急ピッチで予算を増やし改善が進められました。日本が置かれている状況は、1980年代の米国と同様です。「荒廃する日本」となる前に、本格的なメンテナンス体制を構築することが必要となっています。

橋梁保全業務に携わる市区町村の土木技術者数（令和元年六月時点）

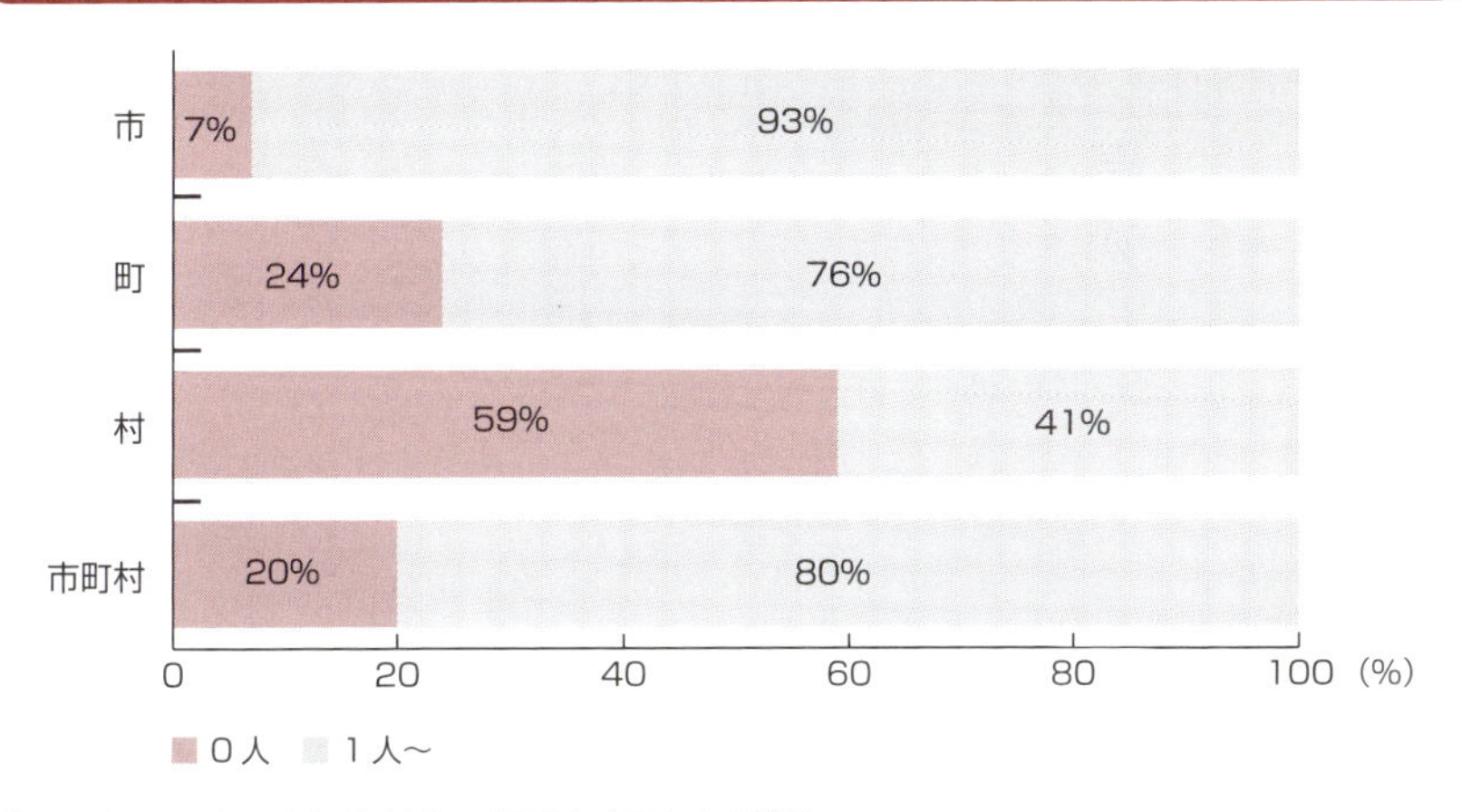

「老朽化の現状・老朽化対策の課題」（国土交通省）

点検実施者の保有資格や研修受講歴

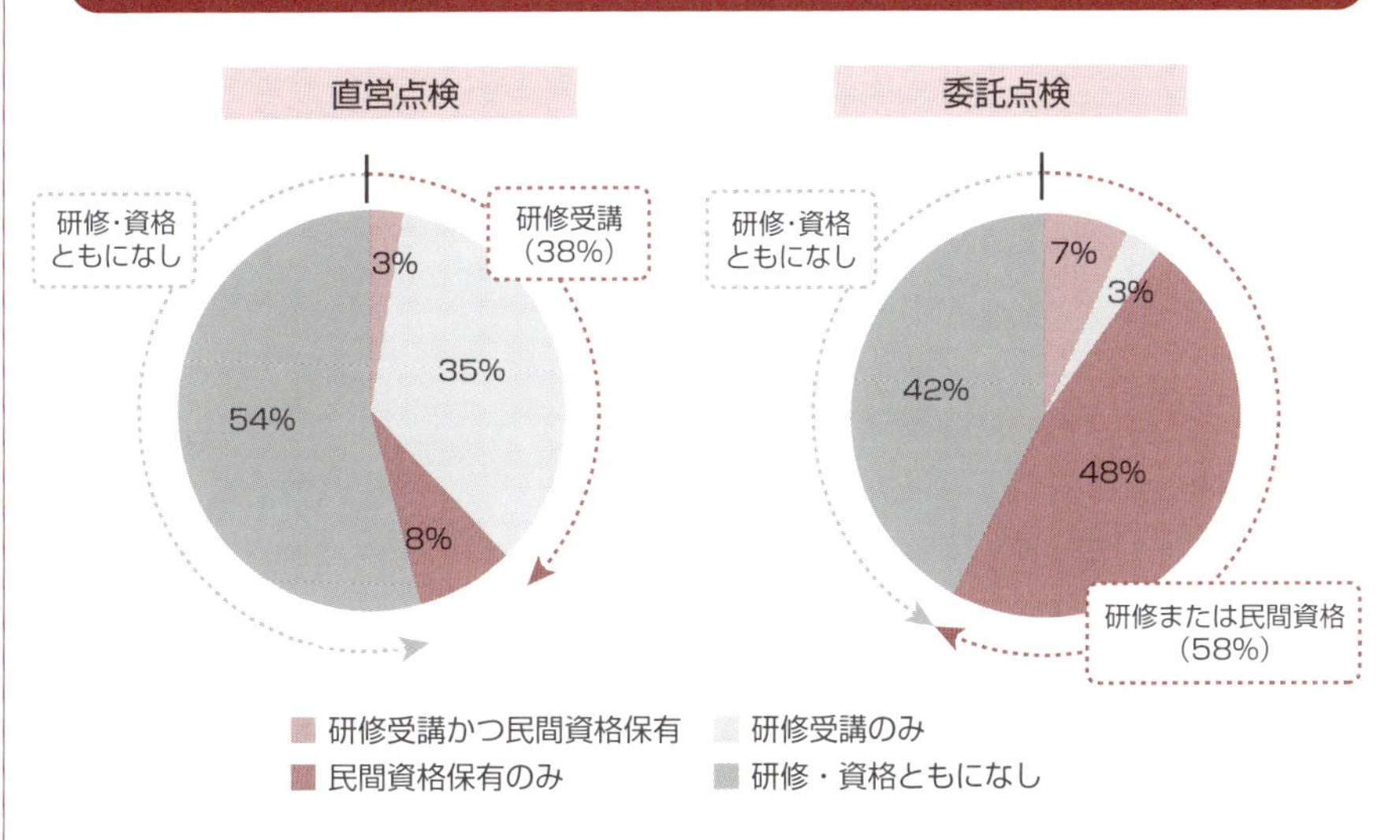

※研修：国土交通省が実施する道路管理実務者研修又は道路橋メンテナンス技術講習
※民間資格：国土交通省登録技術資格（公共工事に関する調査及び設計等の品質確保に資する技術者資格登録規定に基づく国土交通省登録資格）

「老朽化の現状・老朽化対策の課題」（国土交通省）

＊**打音検査**　コンクリートなどの表面をハンマーで叩いた時に反響する音の高さやその時の感覚で、腐食などの異常を点検する手法です。笹子トンネル天井板落下事故では、10年以上の間、この検査が行われておらず、目視のみの点検で済まされていました。

12 建設業界の負の遺産、石綿

二〇二〇年三月、建物の解体時に石綿を使ったすべての建材に飛散防止を義務付ける大気汚染防止法改正案閣議決定しました。これまで飛散しにくいとされてきた建材の一部からも石綿が飛散することがわかってきたためです。

静かな時限爆弾

石綿は耐火性や断熱性、耐摩耗性を持ち安価なことから「奇跡の鉱物」として自動車や電機製品まで幅広く使われました。

建設業界では、鉄骨造建築物などの**軽量耐火被覆材**としてだけでなく、断熱、防音の目的でも広範な建築物に大量に使用されました。建設時、解体時に多く飛散したため、建設労働者にとって身体の安全に関わる重大な問題となっています。

諸外国では、七〇年代から八〇年代にかけて使用禁止などの処置が取られてきましたが、日本では、二〇〇四年まで使用が認められていました。吸い込んでから四〇年前後で発症する例が多いため「静かな時限爆弾」とも呼ばれています。

現状でも、解体等工事の受注者または自主施工者は、アスベスト使用の有無についての事前調査を行い、発注者への説明や解体等工事場所に調査結果を掲示することが義務付けられています。

また、二〇一七年には石綿含有仕上塗材を除去、補修等する際にも届出が必要になりました。一方で、レベル3に該当する石綿含有建材は、飛散の可能性が少ないとして、工事についての届出は必要ありませんでした。

ところが、解体工事前の建築物などへの石綿含有建材の使用の有無の事前調査において石綿含有建材を見落とすことや、石綿含有建材を不適切に除去するこ

＊**石綿**　非常に細い繊維のため、飛散すると空気中に浮遊しやすく、吸入されてヒトの肺胞に沈着しやすい特徴があります。吸い込んだ石綿の一部は異物として痰に混ざり体外へ排出されますが、石綿繊維は丈夫で変化しにくい性質のため、肺の組織内に長く留まり、肺がん、中皮腫などの病気を引き起こす要因となります。

とで石綿が飛散する事例があることがわかりました。

　そこで、法律の改正により、規制対象が石綿含有建材などにまで拡大されることになりました。また、一定規模以上の建築物などの解体工事について、石綿含有建材の有無にかかわらず、調査結果の都道府県等への報告が義務付けられます。さらに、石綿飛散防止のための隔離等をせずに吹付け石綿等の除去作業を行った場合の罰則が創設されます。

　規制の強化により対策が必要な建物は年間四〇万件まで増えるといわれています。これは現在の二〇倍の規模です。作業者の安全性の確保も重要となります。過去には作業服を洗濯していた家族が石綿を吸い込んだ例もあります。

　一九七〇年から一九九〇年にかけて建てられた建築物の解体ピークが、二〇二〇年から二〇四〇年頃に来ると予想されており、石綿ばく露防止対策の徹底が大きな課題となっています。

石綿輸入量と中皮腫死亡者数

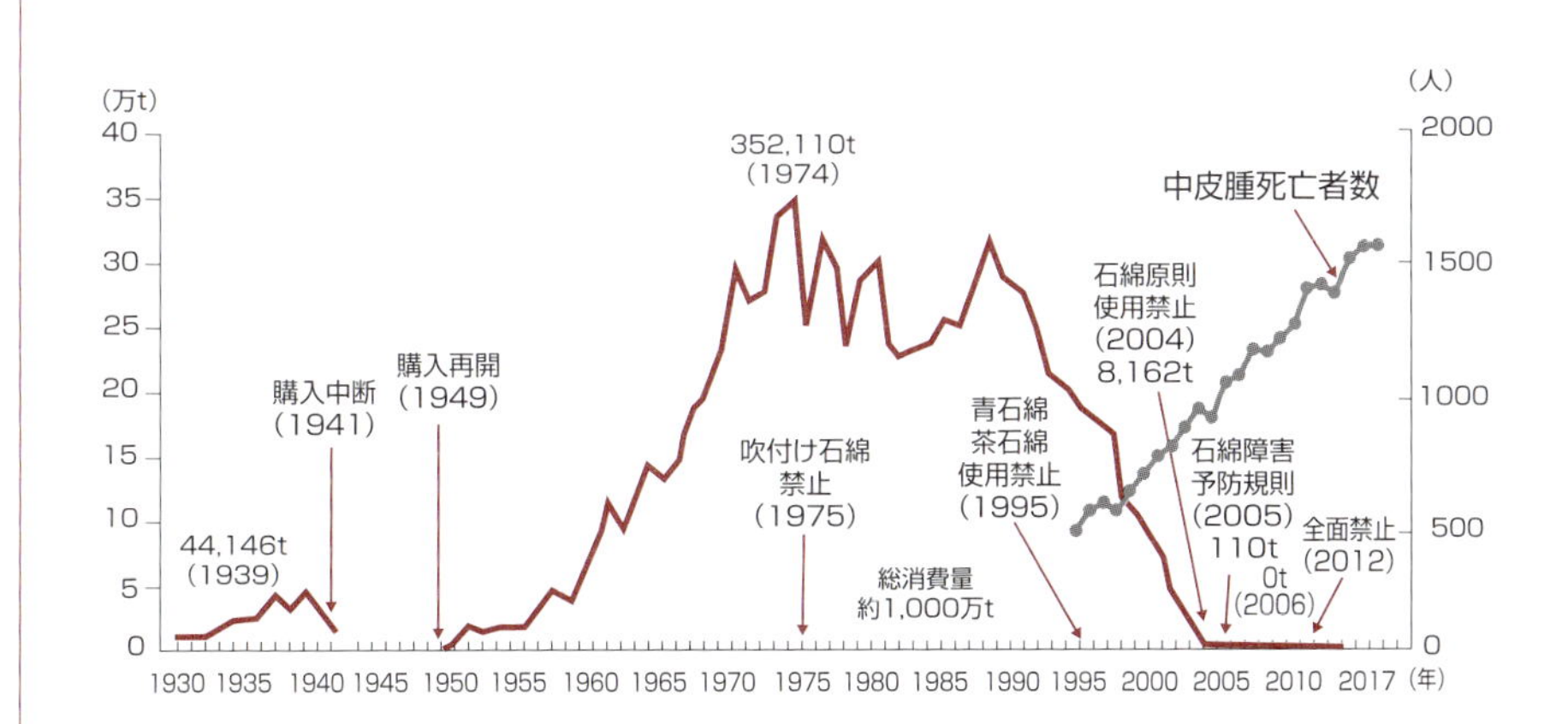

「アスベストとは」(独立行政法人環境再生保全機構)、「都道府県別にみた中皮腫による死亡数の年次推移(平成7年～29年)」(厚生労働省) より作成
https://www.erca.go.jp/asbestos/what/whats/ryou.html
https://www.mhlw.go.jp/toukei/saikin/hw/jinkou/tokusyu/chuuhisyu17/dl/chuuhisyu.pdf

＊**石綿障害予防規則**　2005年に施行され、建築物などの解体作業における対策が強化されました。主なポイントは、①建築物などが石綿を使用しているかどうかの事前調査、②解体などの作業計画の作成、③解体などの作業の届出と隔離・立入り禁止措置、④解体される建材などの湿潤化、⑤保護具などの管理、などです。

建築物に使われている有害物質

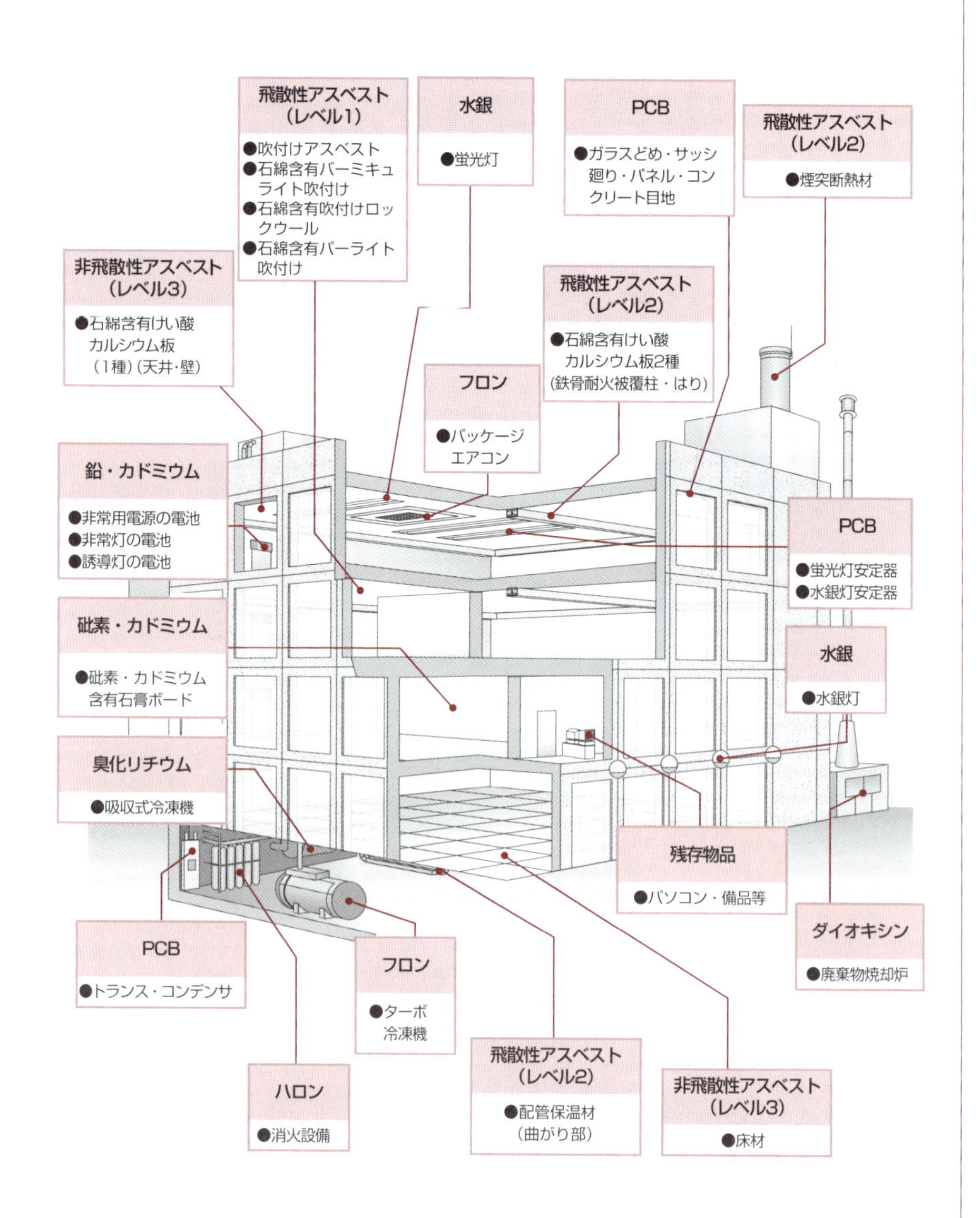

【目で見るアスベスト建材】　国土交通省では、アスベストの飛散やばく露を防ぐため、アスベスト建材の識別に役立つ資料として「目で見るアスベスト建材」を公開しています。
http://www.mlit.go.jp/kisha/kisha08/01/010425_3/01.pdf

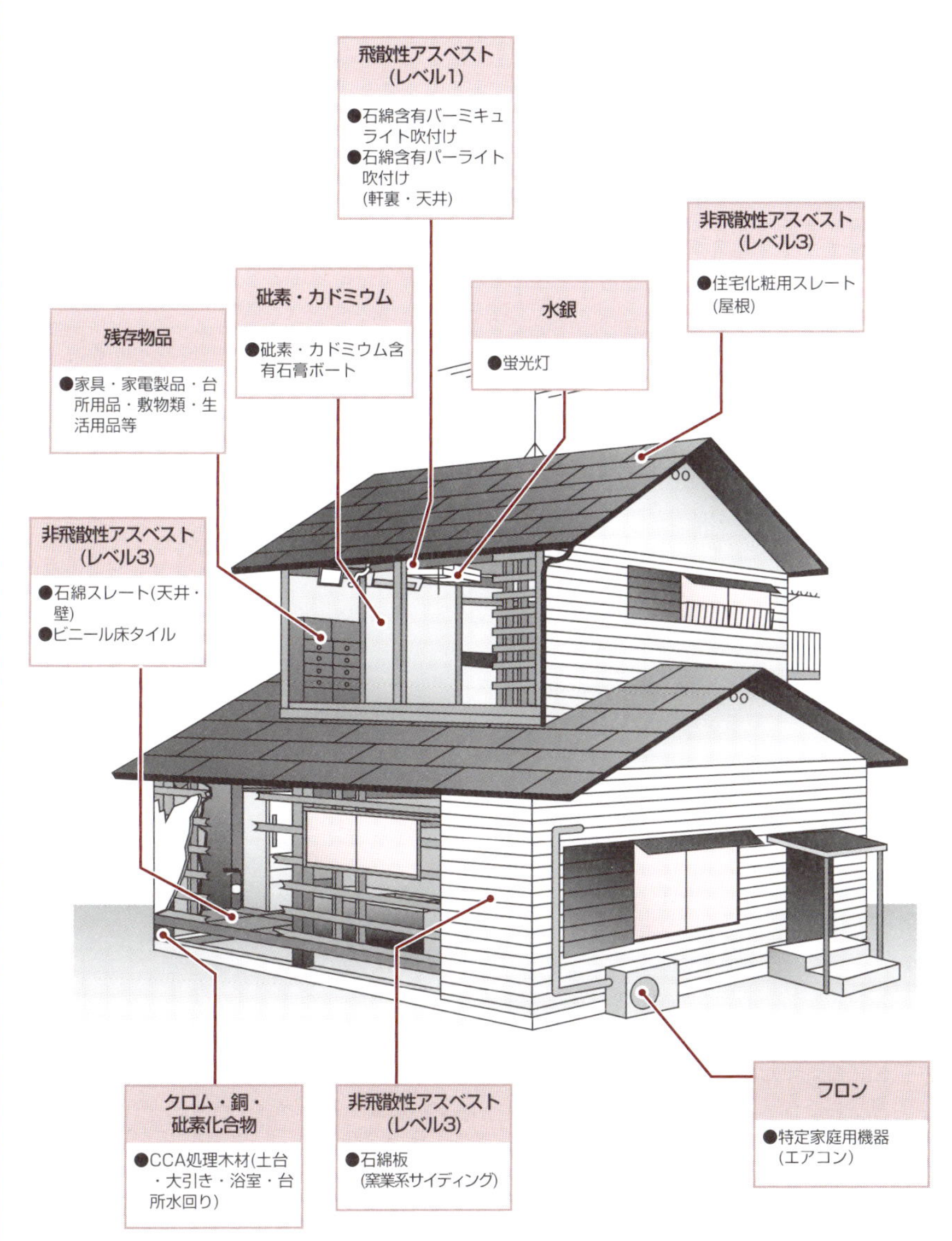

「建築物の解体に伴う有害物質の適切な取扱い」（建設副産物リサイクル広報推進会議）より
www.suishinkaigi.jp/publish/pdf/pumphlet2.pdf

【アスベストへの対応】　建築基準法では、建築物の増改築時に吹付けアスベストなどの除去などを義務付けています。既存建築物におけるアスベストの除去などを推進するための補助制度があります。アスベストの使用実態の把握が的確にできる人材を育成することを目的として、平成25年7月に建築物石綿含有建材調査者制度が創設されています。

13

高齢化する建設労働者

東日本大震災の復興事業、景気回復による建設投資の拡大、住宅着工戸数の回復などにより建設業の人手不足が顕著になっています。

建設業就業者数は一九九七年の六八五万人から、二〇一八年には五〇三万人に減少しました。

二〇一八年には、建設業就業者のうち六〇歳以上が二五%を占める一方で二九歳以下の若年者は一一%となっています。一〇年後には技能者の三分の一が引退すると見込まれ、技術の承継も大きな課題です。厚生労働省の調査では約四割の建設業者が作業員不足を訴えています。自治体の土木・建築職員も高齢化と人員減が進み、同様の問題を抱えています。

人手不足の原因は、バブル崩壊後の建設投資額減少時期に、建設会社の倒産が相次いだことや競争激化により、労働条件が悪化したことなどです。

談合問題など社会的信用の失墜により若者の建設業離れという問題もありました。

回復してきた入職者数

大学の建設系学科への入学者数は以前の二万人以上から二〇一九年には、一・三万人にまで減少しています。新卒者の入職も一九九五年の七・八万人から二〇〇九年には二・九万人にまで減少しました。以前は、3K仕事といわれながらも賃金の高さが魅力的で多くの入職者がありましたが、その後は不人気業種となりました。二〇一四年からは四万人程度で推移しています。

高卒三年目までの離職率も、製造業が二九%であるのに対して建設業は四五%と高くなっています。このような状況に対して、建設業界は一体となり、適切な賃金水準、計画的な休日取得などの処遇改善、建設業の誇りの回復、教育訓練の充実などに取り組んでいます。

【外国人技能実習制度】 建設業の人手不足解消策として、外国人労働者の受け入れを拡大しています。しかし、この実習制度は、日本で習得した技能を本国の発展に役立ててもらう国際貢献が本来の目的です。2019年に、人手不足に対応するための在留資格「特定技能」が新設されました。

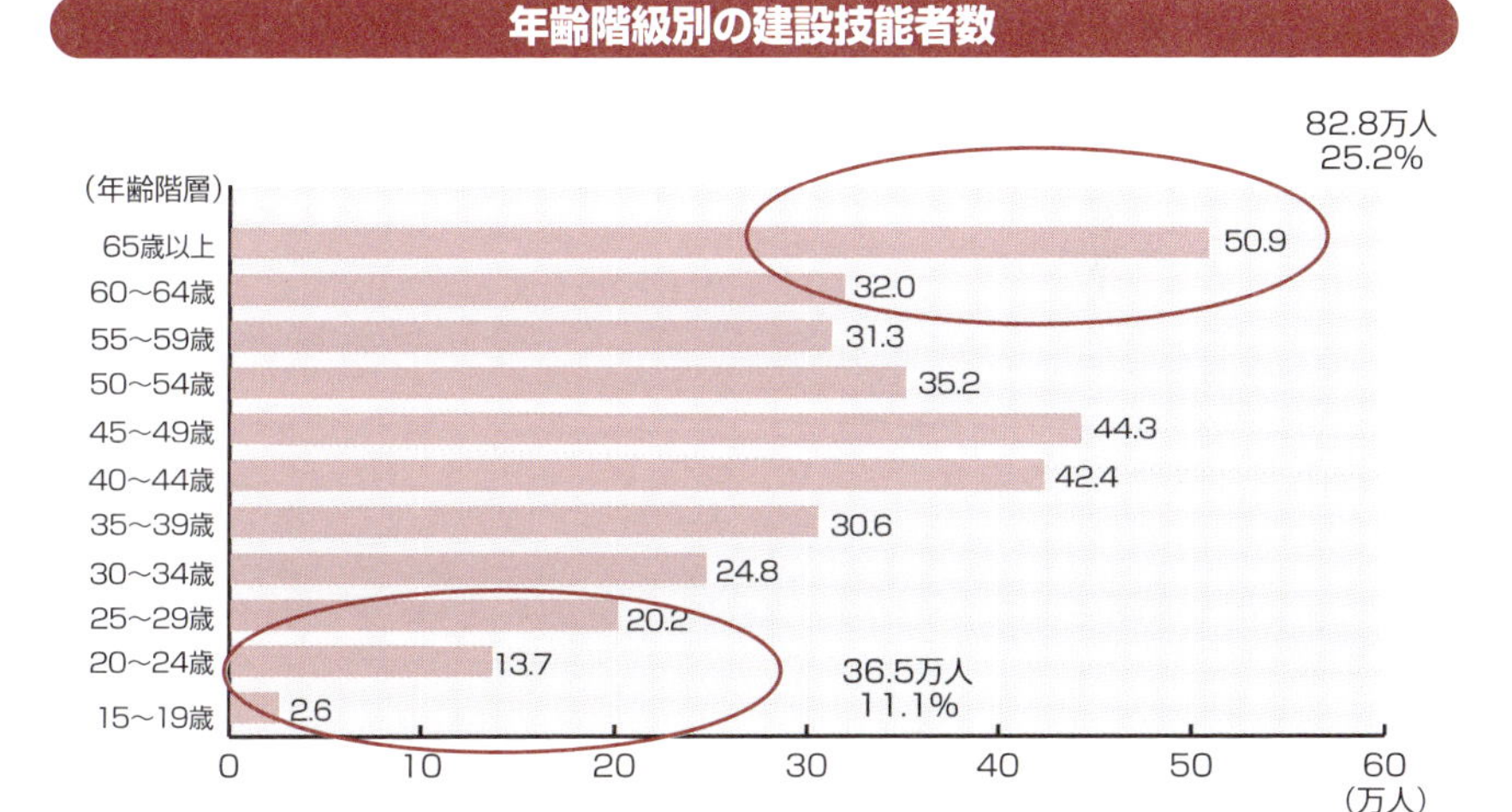

出所：総務省「労働力調査」（H30 年平均）をもとに国土交通省で集計

「最近の建設産業政策について」（国土交通省）

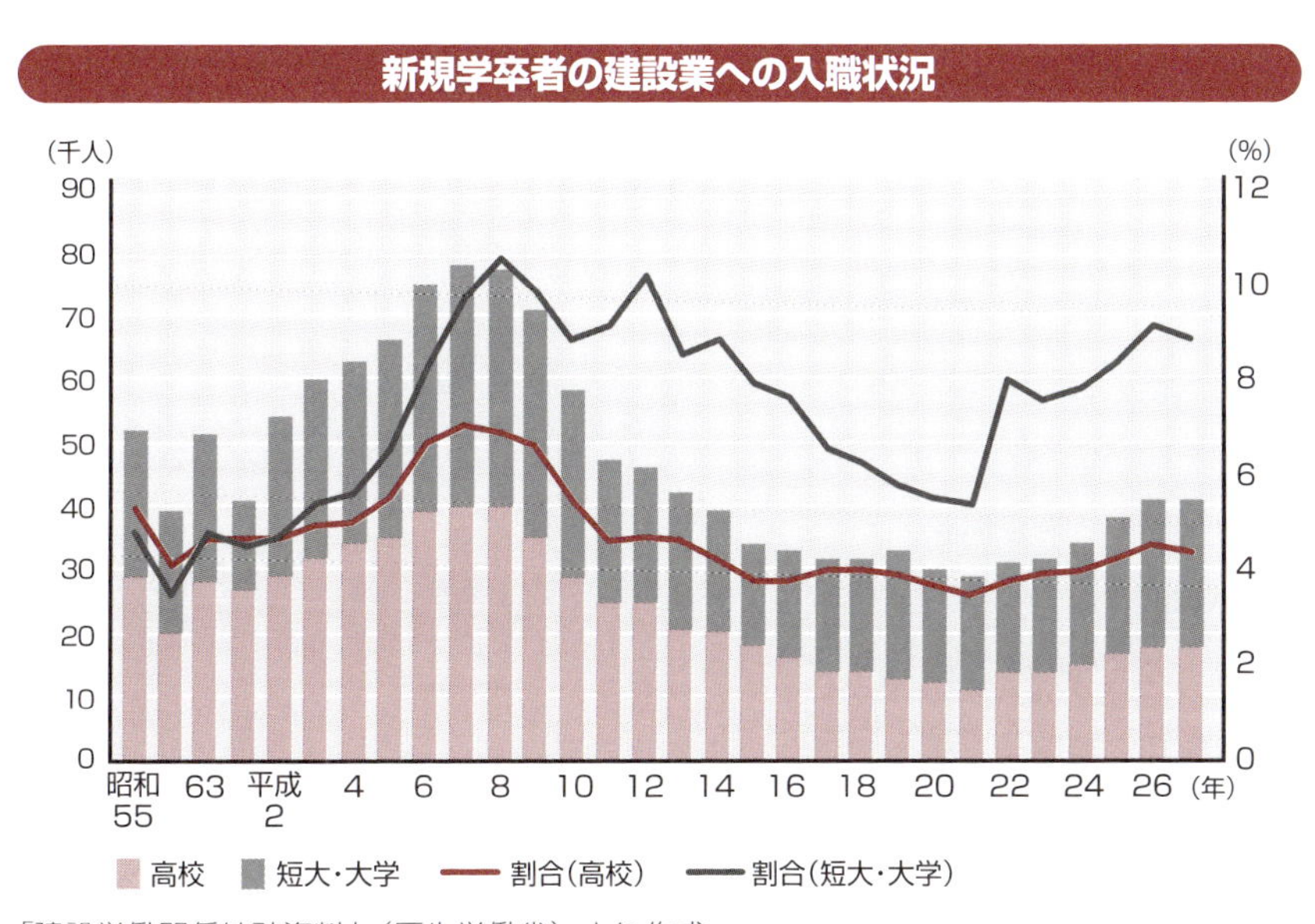

「建設労働関係統計資料」（厚生労働省）より作成

【富士教育訓練センター】　建設現場で直接ものづくりに携わる建設技術者・技能者の教育訓練施設です。専門工事業団体を母体に設立された全国建設産業訓練協会が運営を行っており、現場作業を体験できる大規模な訓練施設を有しています。若手技術者・技能者の育成に大きな役割を担うとして期待されています。

14

高騰する工事単価

二〇一一年以降、東日本大震災の復興需要に加え、東京五輪の開催に向けた開発プロジェクトが次々に立ち上がりました。人手不足もあり、建設工事単価が高騰しました。

建築物の平均工事単価は二〇一一年以降上昇を続けています。二〇一九年にはバブル期を超えて二一万円／㎡になりました。その結果、大手ゼネコンは営業利益を大幅に改善してバブル期並みの業績をあげています。工事単価高騰の原因は、労務費と資材価格の上昇です。需要の増加に伴って安い価格での無理な受注を減らしていることも要因です。

公共工事の設計労務単価は最悪期を脱し、二万円を越えました。単に技能労働者が不足しているだけでなく、労務単価を引き上げ、社会保険加入率も高め、建設業界への入職者を増やそうとしていることが背景となっています。建設資材価格の上昇は、需要拡大や、為替変動の要因があります。二〇一九年の主要建設材料は二〇一五年比で六％の上昇となっています。

建設技能労働者へも還元

建設業界は、重層下請け構造のため、元請け会社の経営状態が良くなっても、工事単価上昇の恩恵がなかなか末端まで回ってこないのが実情でした。これまで厳しい状況が長く続いたことや、今の状態がいつまで続くかわからないため、下請けの労務単価をあげることに慎重だったからです。

しかし、これから魅力ある建設業界を作っていくためには、現場で働く技能者の賃金を上げることが必要です。そのような認識が高まってきたことも労務単価上昇の要因と考えられます。生産労働者比較では製造業との賃金差がまだありますが、監督職を含めた男性労働者での比較では製造業との差がなくなってきています。

【公共工事設計労務単価】 発注者は、公共工事に従事する作業員の賃金を調査して公共工事設計労務単価を算出します。毎年10月の所定労働時間内の賃金と過去１年間に支払われた賞与が対象となります。この単価が、公共工事の予定価格に用いられます。材料費などは取引の実例価格を元に算出されます。

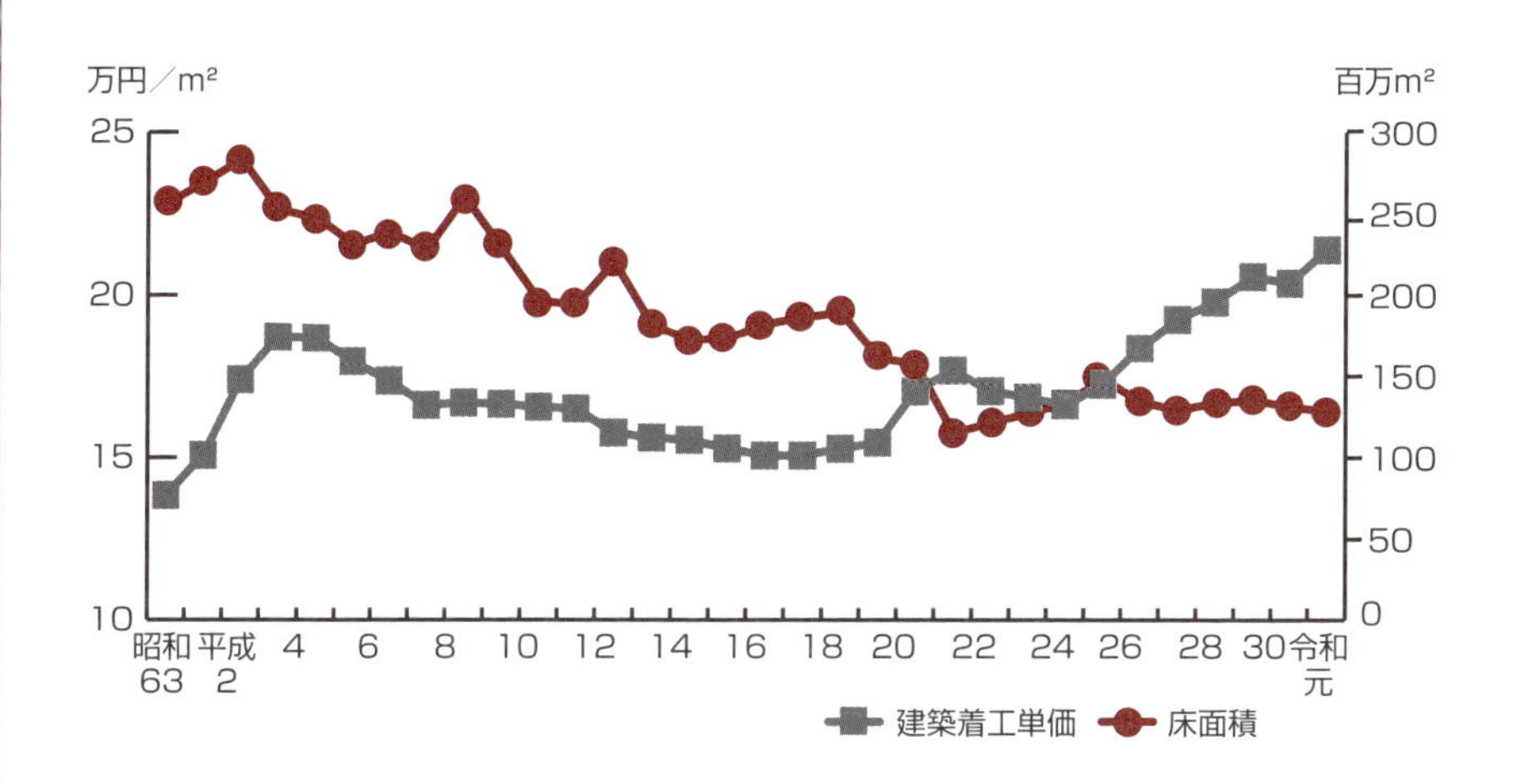

「建設着工統計調査」（国土交通省）より作成

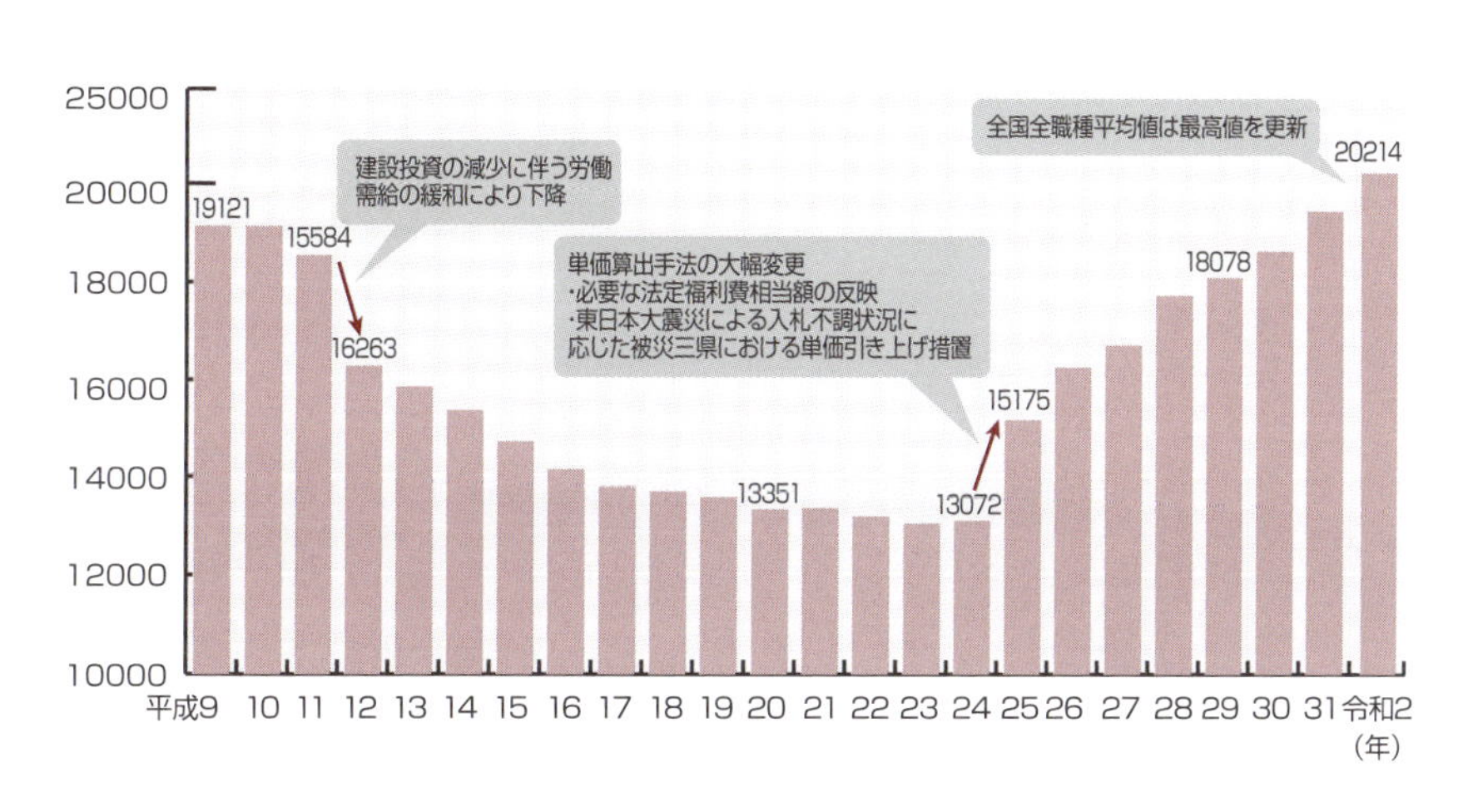

「令和２年３月から適用する公共工事設計労務単価について」（国土交通省）

【スライド条項】 「公共工事標準請負契約約款」第25条において、工期内に賃金水準又は物価水準の変動により請負代金額が不適当となった認められるときは、相手方に対して請負代金額の変更を請求することができる、と定められています。契約後の価格変動が通常の範囲を超える場合、受注者だけがリスクを負担するのは不合理なためです。

建設会社の事業承継をスムーズに

中小企業経営者の高齢化が進んでいます。最も多い経営者の年齢は1995年には47歳でしたが、2018年には69歳となり、23年間で22歳高齢化しています。中小建設会社も同様の状況であり、これから建設会社の事業承継が増えると予想されています。

現経営者が引退する場合、親族あるいは役員・社員への承継もしくは、経営者の外部からの招聘、M＆A、そして廃業という選択肢があります。

これまで、建設会社が事業の譲渡、会社の合併、分割を行った場合、建設業の許可は承継できず、新たに建設業許可を取り直すことが必要でした。そのため、条件が整っていても、新しい許可が下りるまで数か月間の空白期間が生じていました。相続の場合も同様で、相続人が建設業許可を申請することが必要でした。

そこで、2019年の建設業法改正により、事前の認可を受けることで建設業の許可を承継することが可能になりました。相続では事前に認可を申請することはできませんので、被相続人の死亡後30日以内に相続人が認可を申請します。認可を申請した段階で被相続人の死亡の日以降、被相続人に対する建設業許可が相続人に対する許可とみなされることになります。法律の施行は2020年10月の予定です。

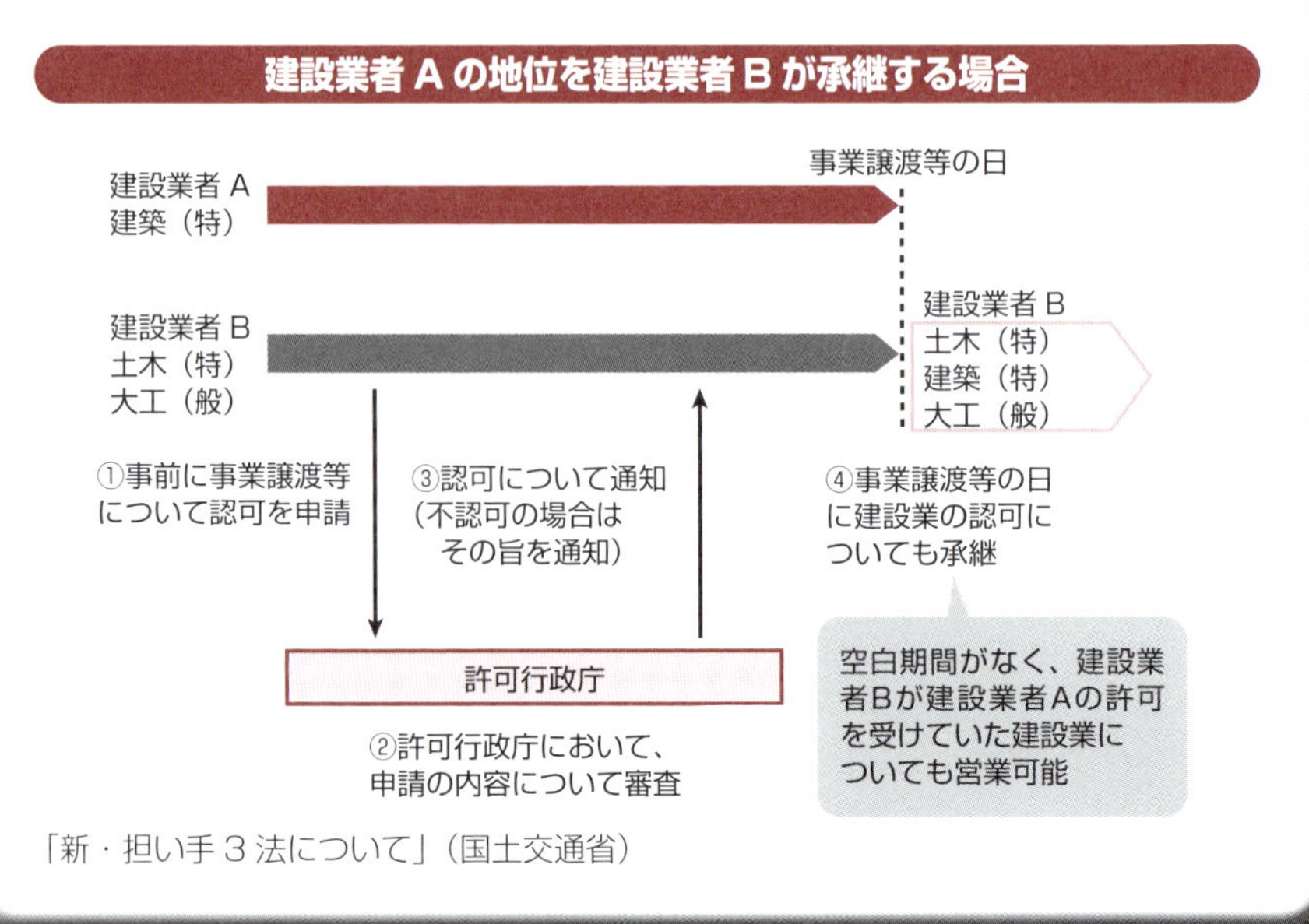

「新・担い手３法について」（国土交通省）

建設業界の技術革新

これまで建設業界は、新しい技術が画期的な商品を産み出し、急速に会社の業績に貢献するというようなことが起こりにくい業界でした。しかし、今、ITの発達により、建設現場が大きく変わろうとしています。

1 ビッグプロジェクトで培った建設技術

青函トンネルや明石海峡大橋、東京湾アクアライン、東京スカイツリーなどの巨大な建設構造物は、過去からの技術の積み重ねが実った集大成です。

日本の長大橋は、一九六二年に北九州工業地帯の真ん中にある洞海湾に架けた若戸大橋から始まりました。この橋は、すべて日本独自の技術で建設し、当時は東洋一の吊り橋でした。日本の吊り橋の先駆的な役割を果たし、その技術は関門橋、瀬戸大橋、そして明石海峡大橋へと発展していきました。

海峡トンネルの技術は、一九四二年に世界最初の鉄道海底トンネルとして開業した関門鉄道トンネルから始まりました。当時、最先端のシールド工法を駆使し、多量の湧き水に対抗する難工事でした。その技術が関門国道トンネルに生かされ、そして青函トンネルの建設につながりました。

一九五四年、台風接近下に函館港外で遭難した洞爺丸他四隻の事故など、航路の安定が脅かされる事態が相次いで発生したのを受けて、太平洋戦争前からの構想が一気に具体化し、本州と北海道を地続きに結ぶ代替輸送手段として青函トンネルが建設されました。完成当時、関東から北海道への旅客輸送は、すでに航空機が九割を占めていたため、トンネルの活用法が大きな問題となりました。中には「トンネルを放棄してセメントで封鎖すべきだ」という主張もありましたが、結局は多額な投資をしたものを放棄するのは問題だとして、在来線で使用することになりました。二〇一六年には北海道新幹線の新青森―新函館北斗間が開通しました。

東京湾アクアラインの建設工事は、膨大な実験データに裏打ちされていましたが、経験したことのない、前人未到の領域でした。この建設にも、これまでのビッグ

【BCP（Business Continuity Plan　事業継続計画）】 企業が、災害などの緊急事態に遭遇した場合に、損害を最小限にとどめながら事業の継続あるいは早期復旧が可能となるように、日頃から備えておく活動や緊急時における事業継続の方法を取り決めた計画です。新型コロナウィルス感染症の拡大でBCPの重要性が認識されています。

研究開発の分野別比率

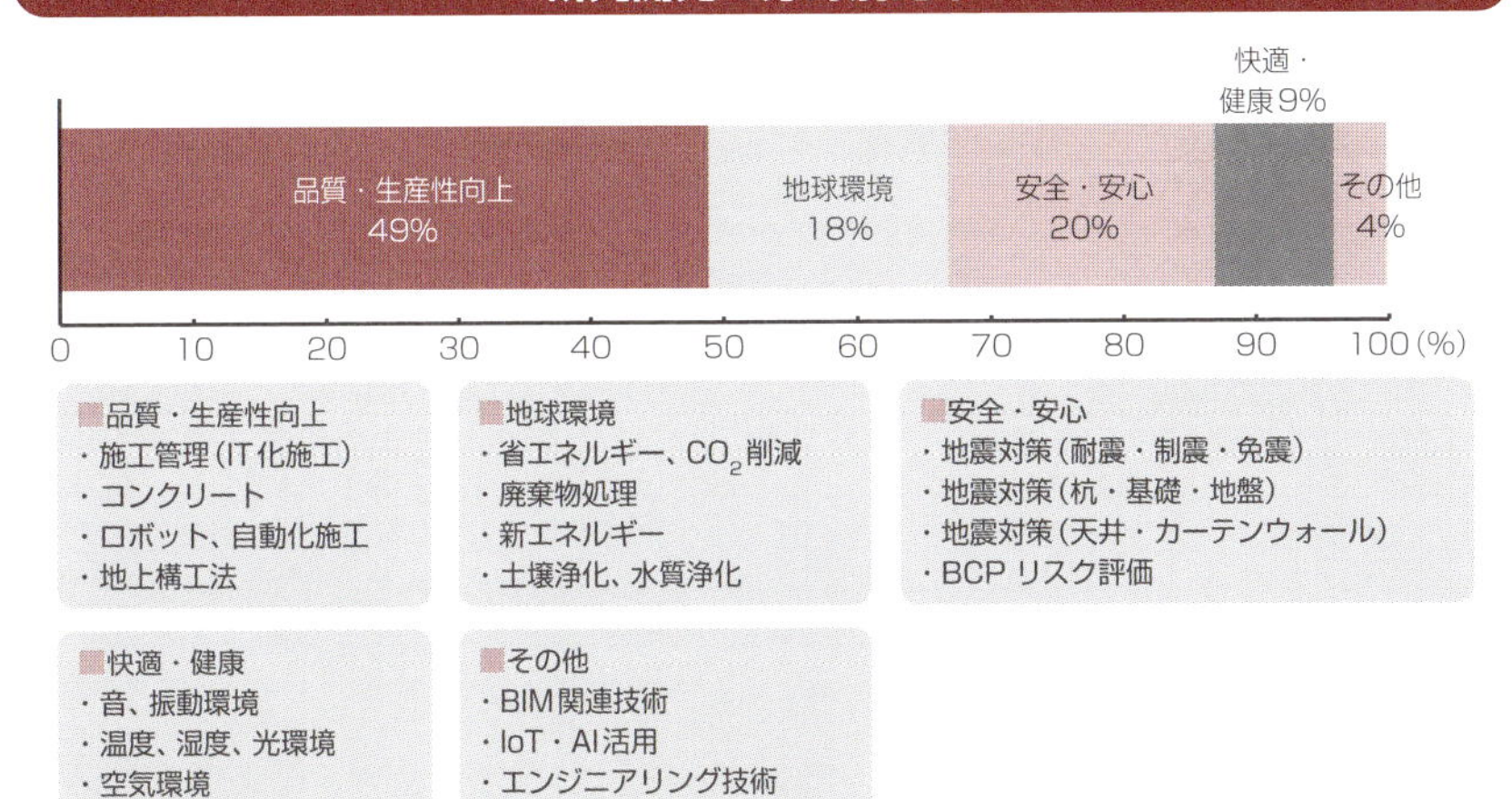

「平成30年度　建設業における研究開発に関するアンケート調査結果報告書」（一般社団法人　日本建設業連合会）より作成

プロジェクトの技術と経験が大きく生かされました。

こんなに金をかけてとか、通行料金が高いといった批判は多いのですが、新技術・新工法の開発という面では、あれだけのものを造ったということを正しく評価する必要があります。

日本の建設技術はどこへ行く？

国内での次の大きなプロジェクトとしてはリニア新幹線があります。

しかし、大きなプロジェクトだけではなく、緩やかで持続的な成長を目指す時期を迎えた日本では、限られた投資で効率良くインフラ整備を進めることが必要です。高い技術を特種な建設構造物にのみ使うのではなく、広く汎用的な技術にしていくことが求められています。省エネルギーや防災、長期の維持管理などの切り口で、社会資本の整備を行っていくことが大切です。

また、世界に目を向ければ、日本の建設技術を必要としているところは多くあります。大手建設会社は、海外の建設市場を信頼の高い技術力で勝ち取っていこうと考えています。

＊**カーテンウォール**　建築構造上取り外し可能で、建物の荷重を直接負担しない壁のことです。建物の高層化が進み、外壁自体の重量が設計上の問題として浮上しました。そこで、建築物の荷重は、柱や梁、床で支え、外壁はそれらの構造体にカーテンのように貼り付ける工法が開発されました。

2 地震大国日本の耐震建築技術

地球上の陸地の〇・三%しかない日本の周辺で、マグニチュード六以上の地震の約二割が発生しています。阪神淡路大震災を契機に、「免震構造」「制震構造」の技術が急速に進みました。

日本は、列島の下でいくつかの**プレート**が複雑に絡み合っている世界有数の地震国です。そのため、過去の数多くの地震を教訓として、高度な**耐震技術**を作り上げてきました。実際は、地震発生のたびに予想を超える被害を受け建築基準法を改正して、耐震性能を少しずつ強化するということの繰り返しでした。また、建物を強くして地震に耐える**耐震構造**が一般的であったため、強化の方法にもコスト的な限界がありました。

これに対して、阪神淡路大震災後に急速に広がってきたのが**免震構造**と**制震構造**です。これらの構造は地震に耐えるのではなく、ダンパーなどの装置によって建物に作用する地震の力を抑制するものです。建物の被害を少なくするだけでなく、建物内部の機能維持にも効果を発揮します。

免震構造と制震構造

免震構造は、地盤と建物の間に「**積層ゴム**」などの揺れを吸収する装置を挟み込み、地震エネルギーを建物に伝えにくくする構造です。建物に大きな変形が生じないため、高層マンションやオフィスビルでの採用も多くなっています。この免震構造には、風が吹くと微妙に揺れるという欠点があり、放送局や半導体工場、液晶工場などで採用すると、揺れのために機材や製品の品質に問題が発生する可能性がありました。そこで、「わずかな震動では建物を固定し、大きな横揺れは抑制する」という新しい免震構造も開発されています。

一方、制震構造は、建物の特定の部分に設置した**制震ダンパー**によって、地震エネルギーを吸収し、揺れを

【長周期地震動(1)】 地震が起きると様々な周期を持つ揺れが発生します。周期とは、揺れが1往復するのにかかる時間のことです。建物にはそれぞれ、揺れやすい固有周期があるため、地震の周期と建物の固有周期が一致すると共振して、建物が大きく揺れます。

免震構造のしくみ

低減させる構造です。制震構造には**パッシブ型**と**アクティブ型**があり、パッシブ型は構造物内部にダンパーを設置してエネルギーを吸収する方法です。超高層ビルでは、地震時に建物が大きくゆっくり揺れるため、建物の各所にダンパーが設置されます。

アクティブ型は、建物の震動に合わせて外部から地震と反対の力を加えることで制震効果を得ようとする方法です。これを制振ともいいます。日本一の高さのあべのハルカスは、複数の制震ダンパーを組み合わせたハイブリッド制震構造が採用されています。既存の超高層ビルの長周期地震動対策技術としても制震ダンパーが採用される例が増えています。

東京スカイツリーは、日本の伝統的な五重塔の技術を生かしています。中央部に設けた鉄筋コンクリート造の心柱と外周部の鉄骨造の塔体を構造的に分離し、中央部の心柱上部を「重り」として機能させた新しい制振システムを用います。

東日本大震災でも、都心の高層ビルが激震に耐え、日本の耐震技術の高さを証明しました。

【長周期地震動(2)】　高層ビルの固有周期は高さの低い建物の周期に比べると長いため、震度が小さくても高層階で大きな揺れになることがあります。東日本大震災では、震源から遠い大阪市住之江区の大阪府咲洲庁舎も最大2.7メートル揺れました。

3

ＩＴの進化で変わる設計業務

建築設計事務所や建設会社でＢＩＭ（Building Information Modeling）の普及が進んでいます。

ＢＩＭは、コンピューター上に作成した三次元の建物モデルで、意匠表現や構造設計、設備設計の他、コストや仕上げなどの情報も加えて一つのデータで管理します。実際の建築物を施工する前に、データを活用して、意匠、構造、設備などの様々な仕様やコストを管理したり、環境性能の確認や効率の良い施工計画を立てることが可能です。

これまで、二次元の図面では実際にどんな建物が建つのか、人によって理解度に違いがあり、「実際に建ってみないとわからない」というケースは少なくありませんでした。ＢＩＭの活用により、イメージを共有するだけでなく、性能、構造などの解析も簡単に行うことができます。作業の手戻りも少なくなります。

「設計図書間で整合性が取りやすい」、「図面など設計図書のミスが減少する」「設計変更に伴う手間やコストが減少する」という業務上の効率化だけでなく、「空間利用計画の検討」、「部材の干渉チェック」「環境解析」などへの活用も進んでおり、設計レベルの向上につながっています。

工程管理への活用

ＢＩＭの設計情報に時間、人、資材コストなどの情報を付加してシミュレーションすることで、施工手順やスケジュールを事前に検討する「４Ｄシミュレーション」が可能になります。ＢＩＭモデルと工程データをリンクさせることで、建物ができあがる様子を確認することができます。

ＢＩＭの活用が広がっていますが、業務ワークフローをＢＩＭの活用に合わせて変更しないと大きな成果にはつながらないことがわかってきました。

【部材の干渉チェック】 意匠、構造、設備の担当者がそれぞれ設計した結果、施工段階になってから構造部材や配管、内装材などがぶつかることが判明し、設計変更や作業のやり直しなどの無駄が発生することがありました。BIMでは、事前に干渉のチェックを行うことができます。

BIMの活用

企画	**企画・設計** 敷地計画 事業計画 シミュレーション	**検証・モデルチェック** 日影・天空率計算 デザインレビュー	**環境シミュレーション** エネルギー シミュレーション 照明シミュレーション
基本設計	**意匠設計** 意匠BIMモデリング		**プレゼンテーション** CG アニメーション
実施設計	**構造解析** 一貫構造解析 応力解析 部材断面解 FEM	建築 3次元 モデル	**設備設計** 設備BIMモデリング **構造設計** 構造モデリング 鉄骨モデリング
施工	**施工** 4次元シミュレーション 3次元プリンタによる出力 仮設計画		**積算** 自動数量拾い コスト見積り 在庫管理・調達システム
維持・監理		**維持・監理** 維持・監理 ファシリティ・マネジメント	

「Autodesk」のHPを参考に作成
http://bim-design.com/about/process/index.html

【3Dプリンタ】　3次元のオブジェクトを造形する立体プリンタのことです。BIMの設計データを3Dプリンタに伝えることで、簡単に建築模型を作製することができるようになりました。製造業を中心に建築、医療、教育など、幅広い分野で普及しています。

4 生産性を上げるフロントローディング

現在の建設業界における最大のテーマは「生産性向上」と「働き方改革」です。生産性向上の具体策として初期段階に負荷をかけて作業を前倒しで進めるフロントローディングが注目されています。

建設業のフロントローディングでは、プロジェクトの早い段階で建築主のニーズを取り込み、設計段階から建築主・設計者・施工者が三位一体で合意形成を進め、後工程の手待ち・手戻りや手直しを減らします。

従来は設計段階で施工者の意見が反映されることは少なく、実施設計の後半から関わることが一般的でした。また設計の遅れにより施工準備段階でも設計が続いていることがありました。これが施工途中での変更や手直しとなりコストアップにもつながっていました。これまで施工段階で行っていた検討を設計段階に前倒しすることと、設計と施工の協業により生産性を上げようとしています。早い段階から協業することで、問題点を早く見つけて解決し、全体の業務量を削減することができます。

現場へのしわ寄せを解消

特に技術的難易度の高い建物においては、設計段階で工法や施工技術の要素を設計図書に取り込むことが大切になります。元請けの施工技術者だけでなく主要専門工事業者の参画が重要です。そのため、早めに専門工事業者を決めることが大切になります。

これまでは、設計作業が遅れても、途中で変更が生じても、工期も工事予算もほぼ予定通りに納まるという現場が多くありました。それは、最後は現場が何とかするという現場頼みの業務の流れが普通だったからです。フロントローディングの普及により生産性が向上するだけでなく、現場へのしわ寄せが解消されることも期待されています。

＊**マクレミー（MacLeamy）曲線**　初期段階での変更は容易でコストもあまりかかりませんが、遅い段階での変更は、容易ではなく、コストも多くかかるという考え方を表したものです。建設業で実施設計に最も多くの作業時間をかけていたものを、前倒しにしようとするフロントローディングの取り組みにつながっています。

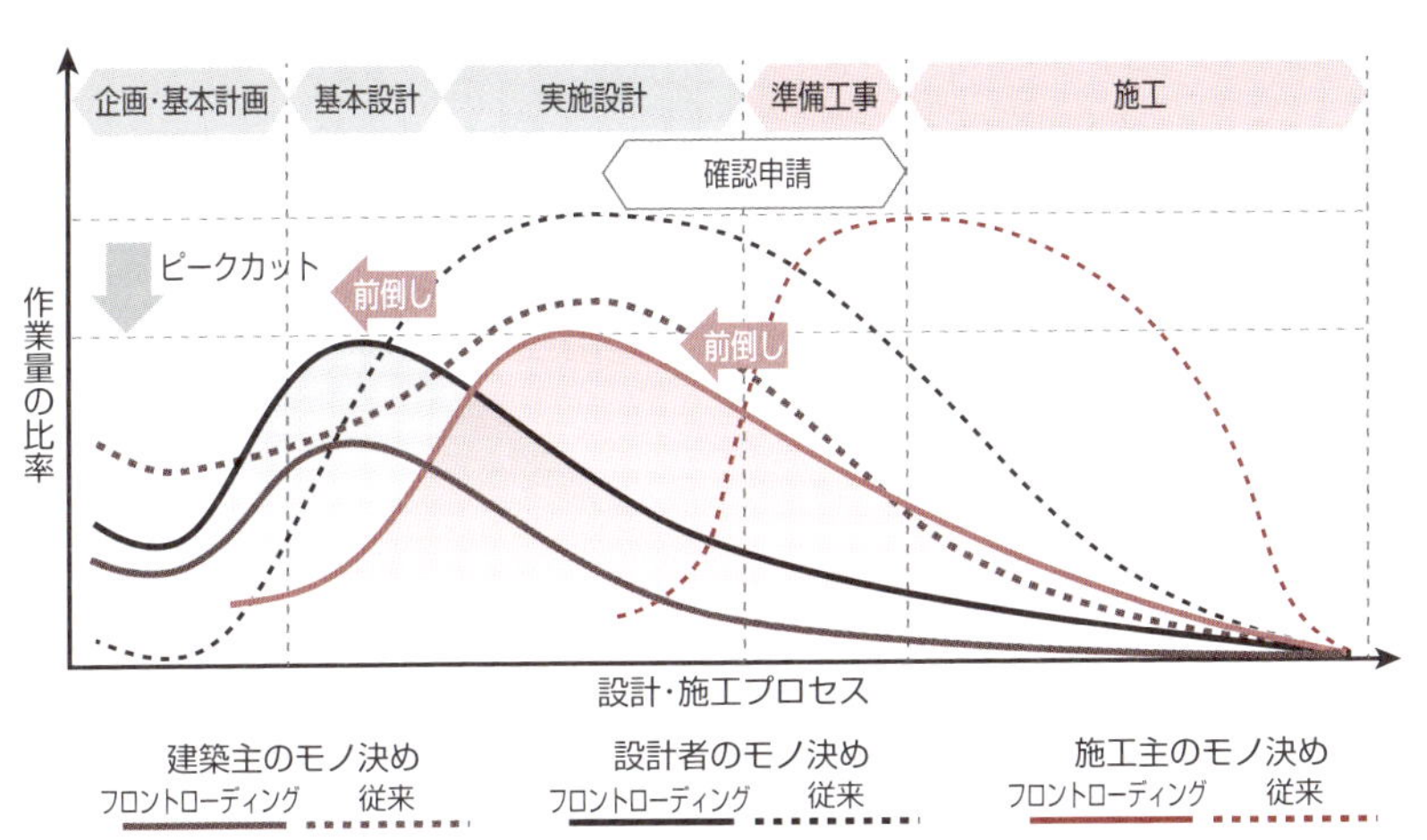

「フロントローディングの手引き 2019」（日本建設業連合会）に加工

フロントローディングの業務の流れ

企画 ／ 基本計画 ／ 基本設計 ／ 実施設計（詳細設計・調整） ／ 請負契約 ／ 施工（調整・施工）

フロントローディングの取組み

- 人材・組織
  - 施工系人材（作業所長など）の早期かつ適時の人材配置
  - 主要専門工事業者の早期決定
- 計画
  - 生産情報設計図面への反映
  - モノ決めスケジュールの早期決定
- 図面
  - 基準納まりの早期検討・整合確認
  - 施工図の早期かつ随時着手
  - 未決事項伝達
- コスト
  - 概算金額の合意
  - 精算金額の合意

従来の生産活動

フロントローディング

「フロントローディングの手引き 2019」（日本建設業連合会）に加工

【3Dカタログ.com】　約200社・約5500シリーズの建材や住設機器などの3Dデータを収録している国内最大級のカタログサイトです。製品を忠実に再現した高品質な3Dモデルを表示し、色やオプションなどを変えながら、仕様検討ができる立体カタログとなっています。福井コンピュータアーキテクトの3D建築CADシステム「ARCHITREND ZERO」と連携し、外皮性能や1次エネルギー消費量の計算を行うこともできます。

5

省エネ効果を上げるEMS

オフィスビルや小売店舗、病院、学校などのエネルギー消費が増加しており、省エネ対策の強化が求められています。

建築物における年間のエネルギー消費量をゼロにする**ネット・ゼロエネルギー・ビル**（**ZEB**）の実現に向けて研究が進められています。ZEBとは、「建築物における年間での一次エネルギー消費量が正味でゼロとなる建築物」です。建物や設備の「省エネ性能の向上」を可能な限り進め、不足する部分を「太陽光等の再生可能エネルギーで補う」という考え方です。

省エネを支援するEMS

EMS（Energy Management System：**エネルギー管理システム**）は、電気やガスなどのエネルギー使用状況を適切に把握・管理し、削減につなげるシステムです。ITを用いて、家庭やビル、工場などのエネルギー使用を管理し、自動的に使用量を調整します。

EMSでは、エネルギー消費量、CO_2発生量、コストなどの全体像を見える化し、問題箇所を特定します。さらに、問題箇所のエネルギー効率改善を繰り返すことで、継続的な省エネを実現します。各種のセンサーの能力向上により精緻なコントロールが可能になりました。

EMSを導入したマンションも発売されており、高い人気を集めています。夏の電力使用増加時には自動で共用部分の照明を調整したり、エアコンを省エネ運転します。屋上には太陽光発電を採用し、各戸には、電力使用量がわかる端末が設置されています。

製造業などでも、環境経営の目標として温暖化ガス削減を掲げており、その実現に向けて省エネルギー推進が緊急の課題となっています。

＊**HEMSとBEMS**　EMSには、大きく分けて家庭内で使われる「**HEMS**（H＝ホーム）」と、オフィスビルなどを対象とする「**BEMS**（B＝ビルディング）」の2つがあります。基本的な仕組みは同じです。

ZEBのイメージ

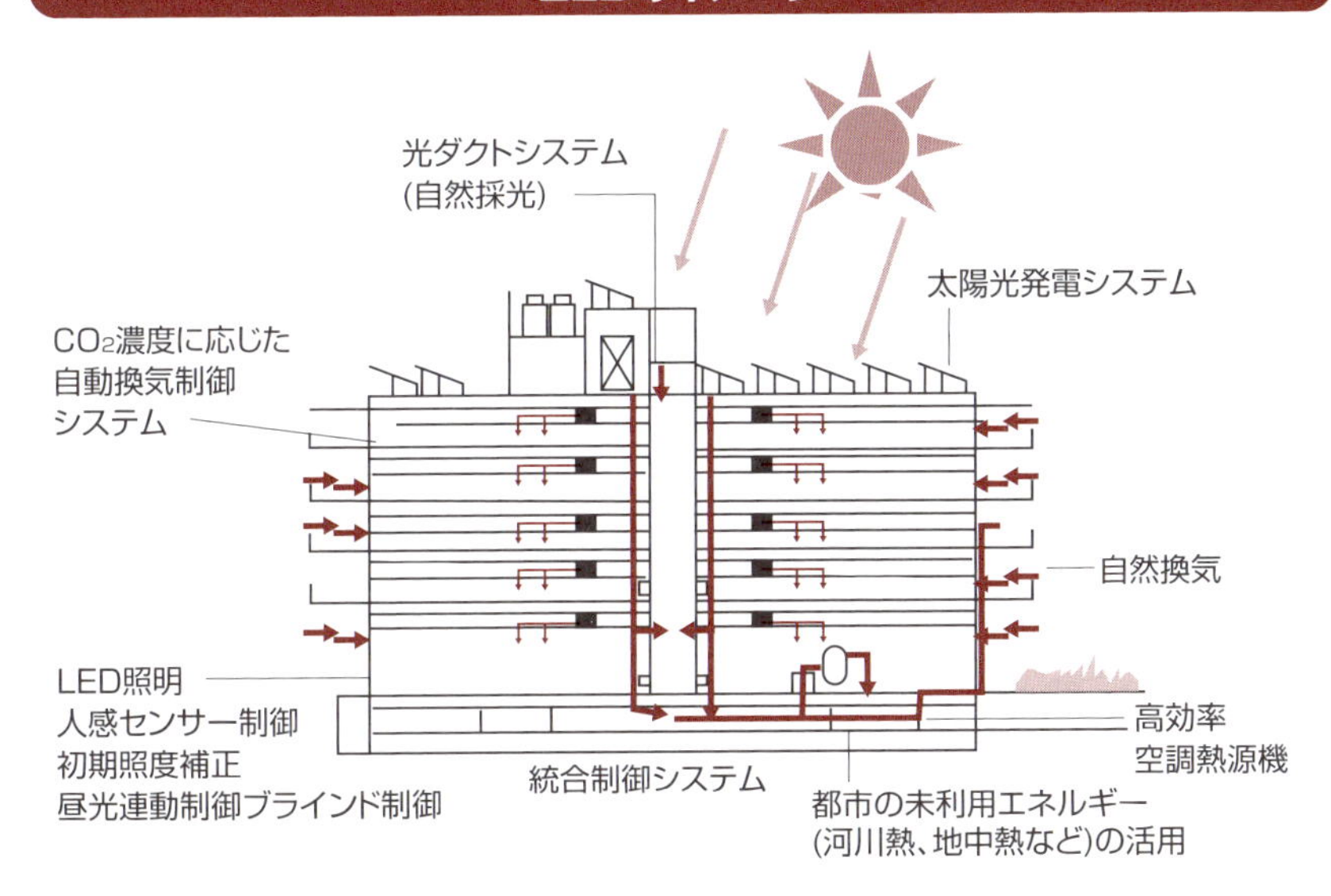

「ZEB の実現と展開について」(経済産業省) より

ZEB を実現するための統合制御

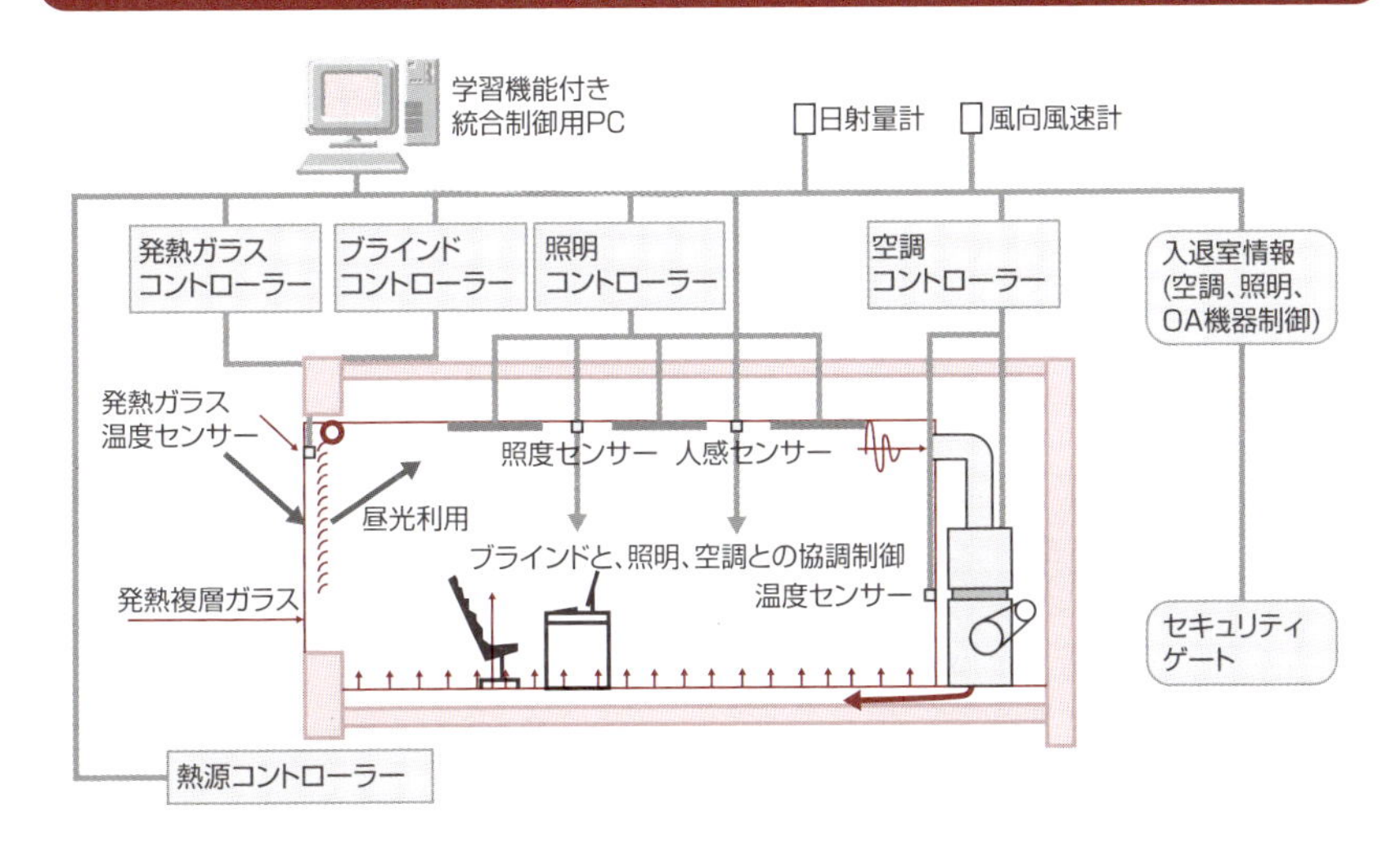

「ZEB の実現と展開について」(経済産業省) より

＊ **ZEBの目標**　2020年までに新築公共建築物等で、2030年までに新築建築物の平均でZEBを実現することが、エネルギー基本計画(2014年4月)で設定されました。災害時でもエネルギー的に自立する建物としてZEBが注目されています。2020年1月までで303件の建物があります。

土壌汚染の浄化技術

近年、工場を閉鎖した跡地にビルやマンションを建設する際、土壌汚染が明らかになるケースが増えています。東京都中央卸売市場が移転予定の豊洲新市場でも土壌汚染が問題になりました。

豊洲新市場の予定地では、一九五六年から一九八八年まで、都市ガスの製造が行われていました。土壌汚染は、かつて、石炭から都市ガスを製造する過程において生成された副産物などによるもので、ベンゼン、シアン化合物、ヒ素、鉛、水銀、六価クロム、カドミウムによる、土壌と地下水(六価クロムを除く)の汚染が確認されています。土壌汚染問題が顕在化した背景には、有害物質が人体や生態系に及ぼす影響が明らかになり、人々の環境への関心が高まったためです。

浄化と封じ込め

土壌汚染の環境リスクの大きさは、土壌が有害な物質で汚染されている程度と、汚染された土壌に接した量によって決まります。ですから、土壌汚染の対策は、汚染除去を行って有害物質を基準以下にする**浄化**と、有害物質に触れることがないように汚染された土をコンクリート壁で囲い込んだり、固化して地下水への汚染物質の溶出を防ぐ**封じ込め**になります。いずれの方法も、汚染土壌をいったん掘削してから処理する方法と、土壌を移動せず、その場で処理する方法に分類できます。揮発性有機化合物で汚染された土壌の浄化には、土壌中の空隙に存在するガスを強制的に地上に吸引して汚染物質を除去する方法や、汚染地下水を汲み上げて浄化装置で汚染物質を除去し、地中に戻す方法などがあります。

土壌浄化分野は、年一〇〇〇億円の売場規模があるといわれ、ゼネコン、エンジニアリング会社、地質調査会社などが様々な浄化技術を開発して、参入しています。

6

【重金属による土壌汚染】 かつては、工場敷地内の一角に廃棄物が埋められたり、重金属類を含む溶液が地下に漏出したりすることは珍しいことではありませんでした。重金属による土壌汚染は、汚染物質が比較的移動しにくいために、表層付近に汚染が濃集している場合が多く見られます。

土壌汚染調査事例件数の推移

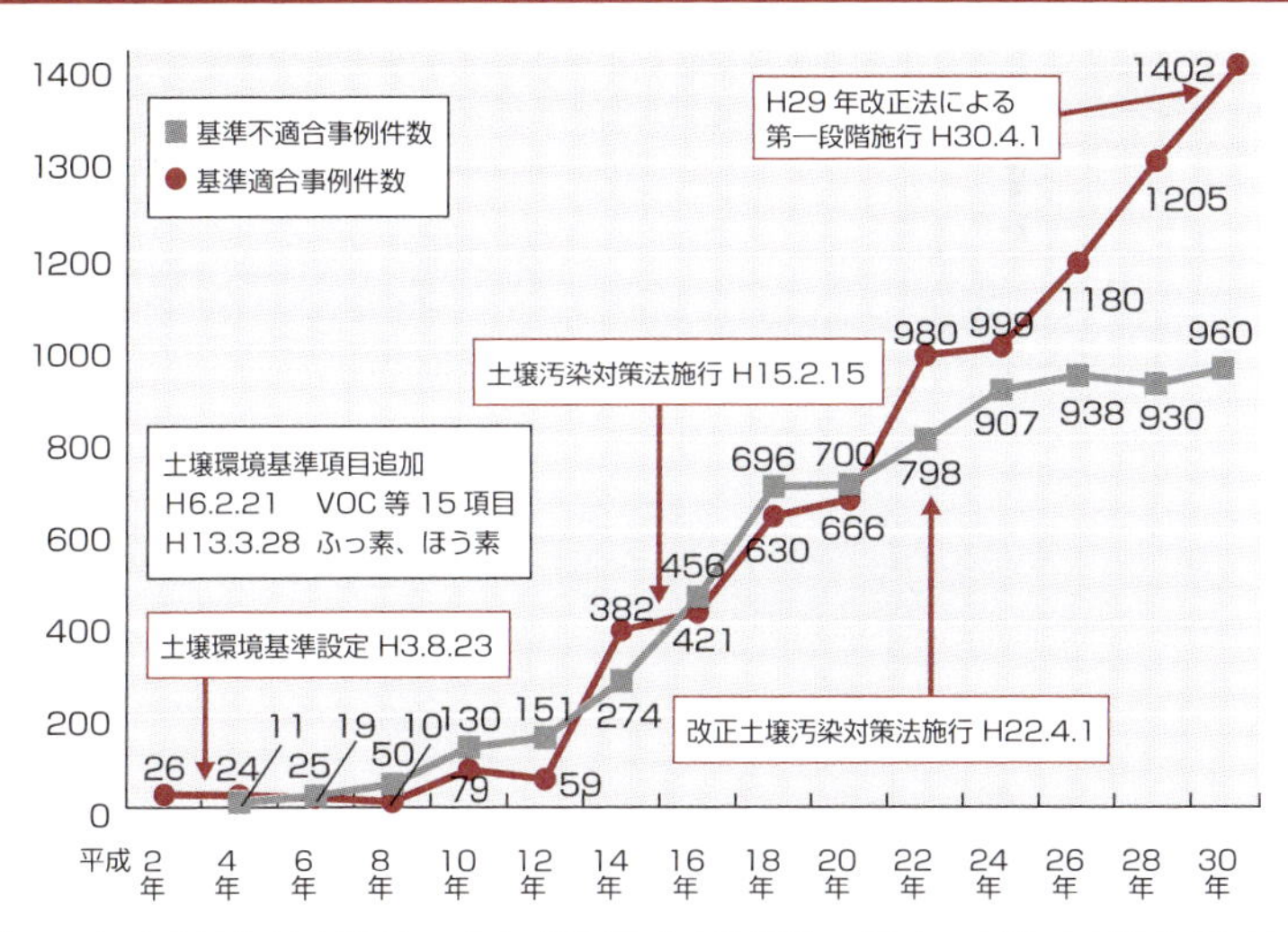

「平成 30 年度土壌汚染対策法の施行状況及び土壌汚染の調査・対策事例等に関する調査結果」(環境省)

汚染土壌処理方法の例

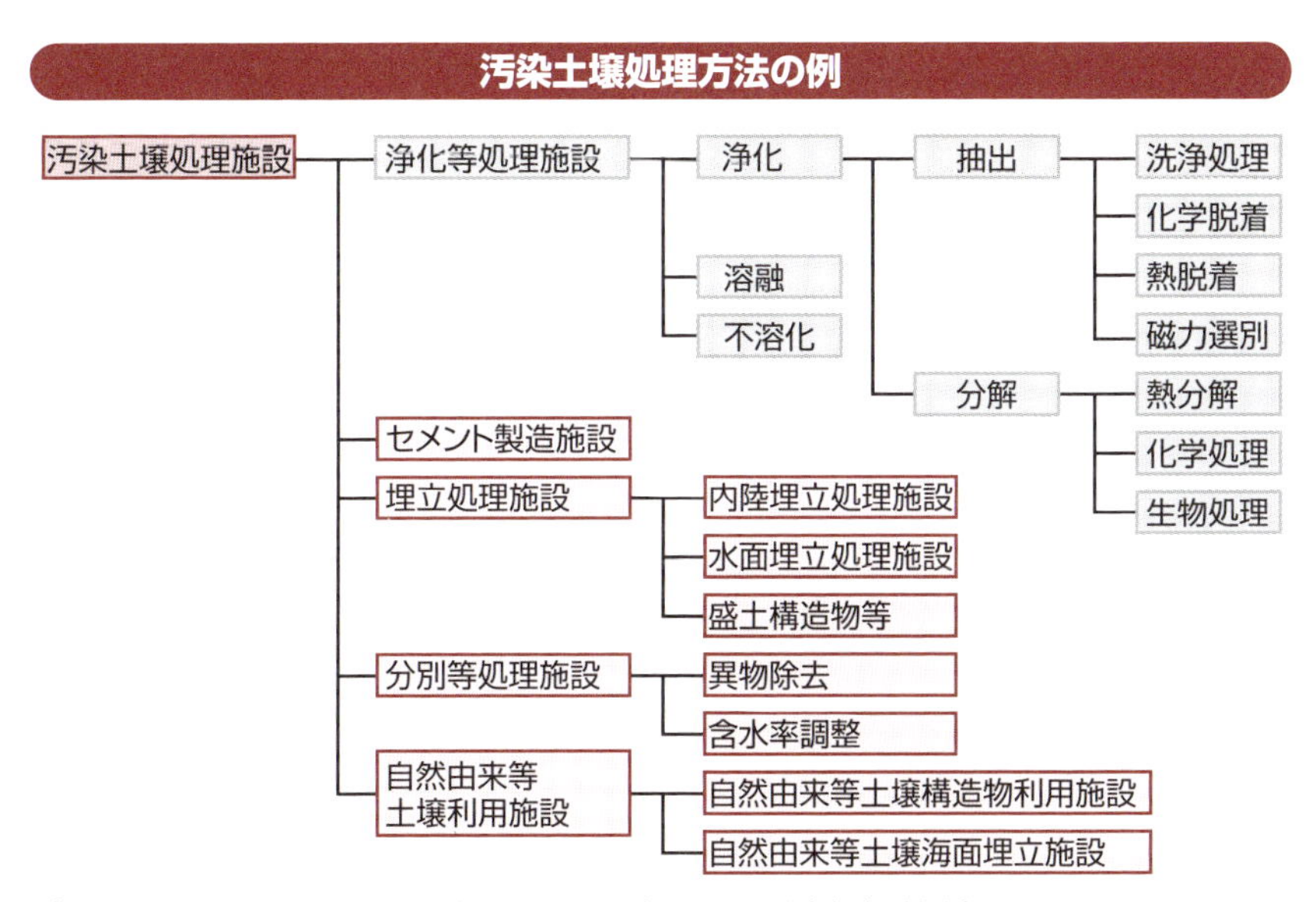

「汚染土壌の処理業に関するガイドライン(改訂第４版)」(環境省)

【土壌汚染調査技術管理者】 土壌汚染対策法に基づく土壌汚染の調査は、環境大臣の指定を受けた指定調査機関が行います。指定調査機関の技術管理者は、土壌汚染調査技術管理者試験に合格していなければなりません。

7 建設副産物のリサイクル技術

全国の建設工事現場からの建設廃棄物の排出量は、平成二四年度で年間約七二七〇万t(トン)となっています。

基本は建設資材としての再利用

建設廃棄物全体での再資源化率は九六%に達し、再資源化、再利用の成果が上がっています。しかし、建設混合廃棄物は五八%、建設汚泥は八五%と再資源化率が低くとどまっています。二〇一七年度の不法投棄量の七割、不適正処理量の九割を建設系廃棄物が占めています。社会資本の老朽化に伴う更新工事による建設廃棄物の発生増が課題となっています。

(1)コンクリート塊

コンクリート塊は、破砕、選別、混合物除去、粒度調整などを行って路盤材やコンクリートの骨材などへの再資源化を行います。ほぼ全量がリサイクルされています。

(2)アスファルト・コンクリート塊

コンクリートと同様に破砕、選別、混合物除去、粒度調整などを行って、再生加熱アスファルト混合物、アスファルトの骨材などへ再資源化を行います。

(3)建設発生木材

木材は、破砕施設でチップ化され、木材ボードやたい肥などの原材料として再資源化します。原料利用できないものは燃料として利用するか最終処分されます。

(4)建設汚泥

乾燥や焼成などの処理を行って、骨材やブロック、盛土材などに再資源化します。しかし、泥土は一定の性質のものを回収することが難しいため、リサイクルを

【再資源化の義務】 建設リサイクル法では、コンクリート塊、アスファルト・コンクリート塊、建設発生木材の三品目について、一定規模以上の工事における再資源化を建設業者に義務付けています。

建設副産物のリサイクル事例

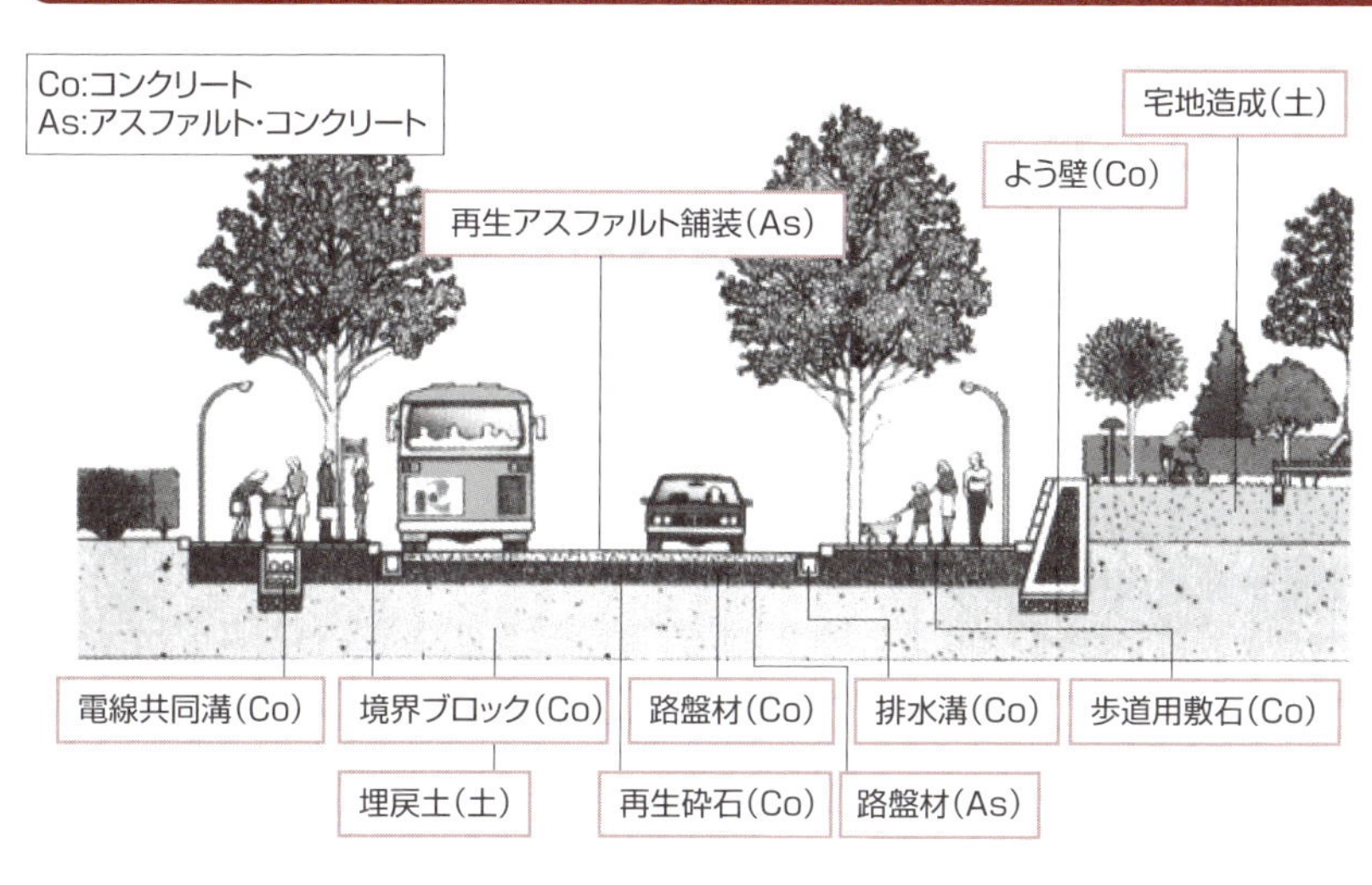

「建設リサイクル技術」(国立環境研究所)

促進する上での課題となっています。

①焼成処理

建設汚泥を一〇〇〇℃程度の高温で焼成します。泥が粒状となり、骨材やブロック、園芸用土として利用されます。

②溶融処理

焼成処理よりも高温で処理することにより、固形分を溶融します。粒状や塊状となり、砕石代替品、砂代替品、石材代替品として利用されます。

③脱水処理・乾燥処理

水を含んだ土から水を絞り出し、盛土材や埋戻し材に利用します。機械式処理と自然式処理があります。

④安定処理

土にセメントや石灰等の固化材を混ぜて改良土を作り、盛土材や埋戻し材に利用します。

ワンポイントコラム

【透水性ブロック】 雨水を地中に浸透させる性質を有した舗装用建材です。原材料として、建設廃棄物や溶融スラグなどが利用されています。

8 再生エネルギーの活用

不安定な石油価格や原子力依存に対する問題などから、電源の分散化が進められています。環境保護、省エネルギーのためにクリーンな再生エネルギーが注目を浴びています。

わが国では、再生可能エネルギー比率は十六%ですが、欧米では二〇～三〇%を占めます。特に風力発電が大きな比率を占めています。

風力発電の原理

風力発電は、「風」の力で風車を回し、その回転運動を発電機に伝えて電気を起こすものです。ただし、無風状態では電気を発生しないためエネルギー源としては不安定であり、立地の制約を受ける面があります。

風は、太陽によって温められた空気と冷たい空気の循環により発生します。風のエネルギーは、風を受ける面積に比例し、風速の三乗に比例して増大する性質があります。つまり、風速が二倍になると風力エネルギーは八倍になるため、風力発電を設置する場所は少しでも風が強いことと、大きい翼で効率良く風を受けることが重要なポイントとなります。

風力発電は風のエネルギーの三〇～四〇%程度を電気エネルギーに変換でき、効率の高いことが特徴です。風のエネルギーを風車に変換する効率は風車の形式によって異なります。

発電目的の風車としては、出力の大きいプロペラ型水平軸風車が主力となっています。その他には、風向きを選ばずに発電を行うことができる垂直軸タイプの風車もあります。より風況のよい場所への設置、建設コストの削減や高効率な大型風車の開発、ウィンドファームとして集中して建設することによる発電コストの低減が行われています。日本で風力発電が普及しない理由は、陸上で発電所を設置できる場所が限られ

＊**風速**　地上約10メートルの高さにおける10分間の平均風速を「風速」として表します。0.25秒ごとに更新される3秒平均値を瞬間風速といいます。また、平均風速の最大値を最大風速、瞬間風速の最大値を最大瞬間風速といいます。風力発電には、風速6m／秒が必要といわれています。

ているためです。洋上風力発電が検討されましたが、海域を先行的に利用している人々との利害調整が課題となっていました。そこで、二〇一九年に「海洋再生可能エネルギー発電設備の整備に係る海域の利用の促進に関する法律」が施行されました。洋上を利用した大規模な風力発電に大きな期待が寄せられています。

再生エネルギーの活用ビジネス

大手建設会社は、顧客に太陽光発電、風力発電、太陽熱、地熱などの最適な利用法を提案し、地域の建設会社も再生エネルギーを活用した新しいビジネスに取り組んでいます。屋根工事会社による屋根一体型太陽光発電設備の開発、土木工事会社による建設廃棄物利用のバイオマスボイラ事業、ボーリング会社による地熱発電調査事業など多くの事例があります。

各国の再生可能エネルギー比率

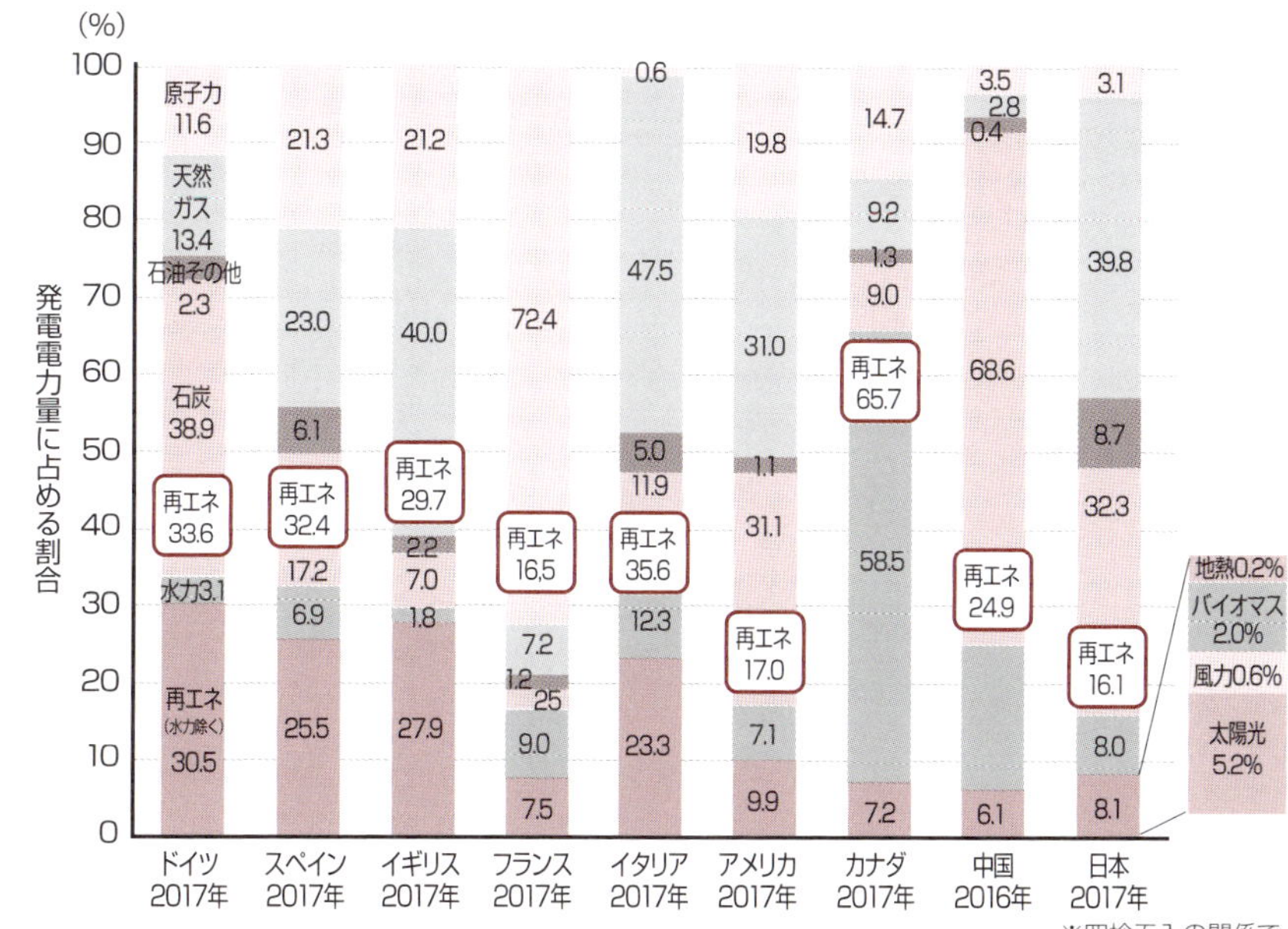

「再生可能エネルギーの現状と課題」(資源エネルギー庁)より作成

※四捨五入の関係で合計が一致しない

＊**バイオマス** バイオマスとは、生物資源(バイオ/bio)の量(マス/mass)の意味で、動植物から生まれた有機性の資源エネルギーのことです。「生きた燃料」ともいわれています。

＊1MW＝1,000kw

9 東京スカイツリーの建設技術

東京スカイツリーは、世界一の高さの自立式電波塔です。高さ六三四mは、「武蔵」にちなんでいます。

東京スカイツリーはその名のとおり、「空に向かって伸びる大きな木」をイメージしてデザインされています。足元の部分は、三本の足で支えられ、底辺は三角形になっています。一辺の長さが四角形より長くなり安定性が高くなります。

建設地の地盤は、柔らかい沖積層が地表を三〇m近くも覆っているため、約五〇mの杭を打ち込むことで、固い支持地盤にしっかりと固定しています。そして杭は、暴風や地震によって引き抜かれたり、押し込められたりしないように"節(ふし)"を付けてあります。今後、予想されている南関東地震、東海地震、東南海地震、南海地震などマグニチュード八クラスの地震に耐えるよう設計されています。

タワーの断面形状は、地上から上部に向かうにつれ、徐々に正三角形から円形へと変化しています。

五重塔の制振システム「心柱制振」

タワーの中央には、直径八m、最大厚さ六〇cm、高さ三七五mの鉄筋コンクリートの心柱が貫いています。地上一二五mまでは、外側のトラス構造の鉄骨部分と連結して固定されていますが、そこから上はトラス構造の鉄骨部分とオイルダンパーで接続されています。オイルダンパーで地震エネルギーを吸収し、タワー全体の揺れを低減すると同時に、心柱がいくら揺れても、鉄骨部分に衝突しないようにするためです。心柱とトラス構造の鉄骨部分の揺れの周期が違うことを利用した制振システムです。お互いの揺れを相殺し、タワー全体の揺れを低減します。

この心柱は、日本の伝統的木造建築「五重塔」にも使われている構造です。五重塔は地震による倒壊の心配

【スカイツリーの高さ】 工事現場では、「高さ:470.970m(最高高さ634.00m)」と表示されていました。建築基準法で「建築物」は「土地に定着する工作物のうち、屋根及び柱若しくは壁を有するもの」と定義されています。そのため、第2展望台上部の約470mが建築物の高さとなり、634mは、「工作物」の高さとなります。

スカイツリーの構造

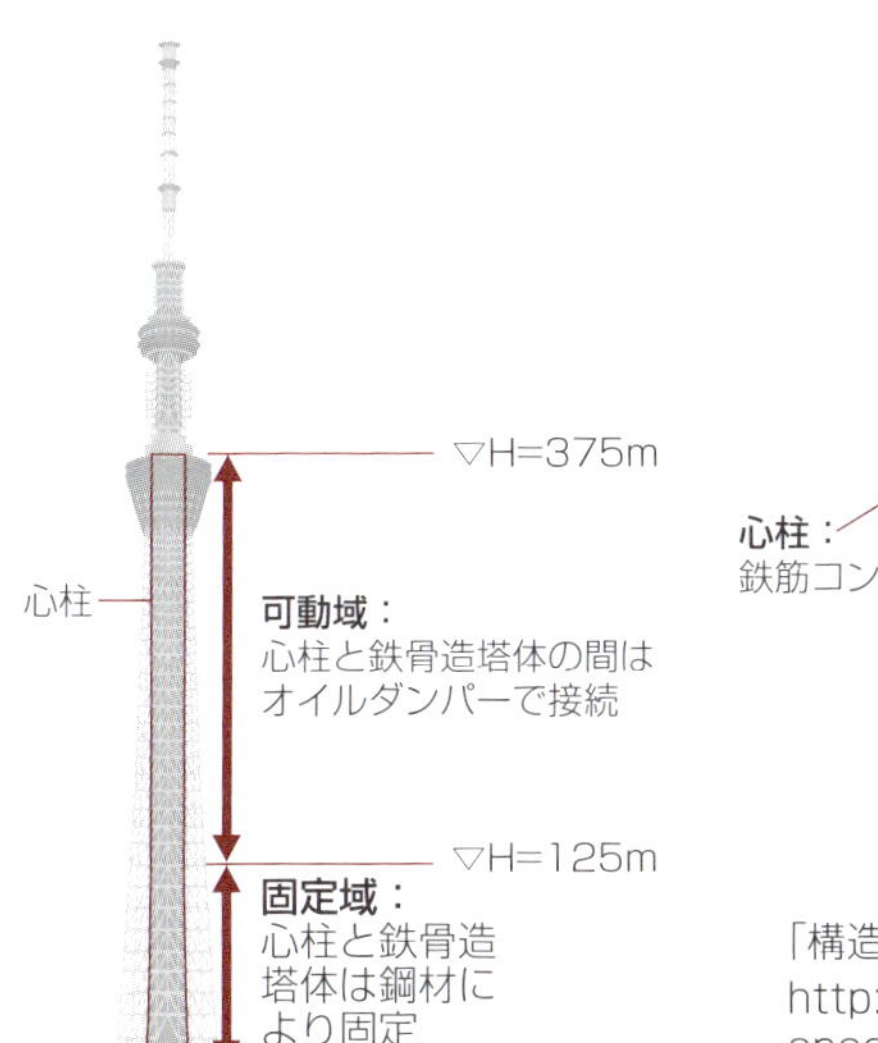

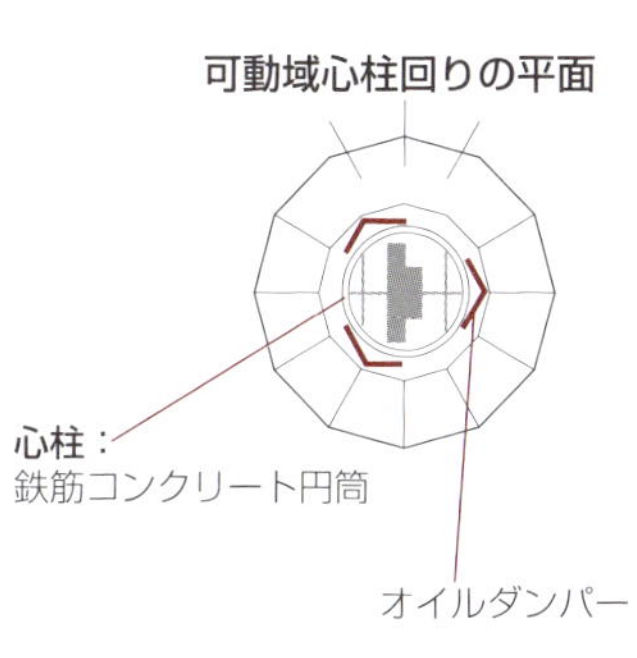

「構造設計」（東京スカイツリー）
http://www.tokyo-skytree.jp/archive/spec/structure.html

がほとんどありません。東京スカイツリーでは五重塔の心柱制振を最新技術で再現しています。

地震だけでなく、二〇〇〇年に一度の暴風時でも倒壊や崩壊しない耐風レベルになっています。

施工が早いスリップフォーム工法

スリップフォーム工法は、シャーペンの芯を出していくように連続してコンクリートを施工する方法です。コンクリートを打設したあと、型枠を解体せずにコンクリート表面を上方に滑らせて、コンクリートを連続して打設していきます。型枠や鉄筋組み立てなどの作業床、荷揚げ設備、安全設備などが一体となった設備全体をジャッキで連続的に上昇させながら効率良く施工します。品質や安全面でも高い効果を発揮します。

建物ばかりが関心を集めている東京スカイツリーですが、本来の役割は電波塔です。送信する高さが高いため、年々増加している超高層ビルの影響が低減できます。高層部には、雷観測装置、雲内観測装置、周囲を広範囲に見渡せる防災用カメラも設置されています。災害時には防災機能の役割も期待されています。

【世界一高い建物】　現在、世界で一番高い建築物は、ドバイの「ブルジュ・ハリファ」で、高さ828mです。その他にも、サウジアラビアでは高さ1008m超のジッダ・タワーが建設中です。計画の中には、高さ2400mの「ドバイ・シティ・タワー」もあります。上がったら下りるのが面倒にはならないのかと心配してしまいます。

10 建設業界でも活躍する3Dプリンタ

3Dプリンタが身近な道具になってきました。巨大な3Dプリンタを使って構造物を造る実験も行われています。

3Dプリンタの可能性

通常のプリンタが紙に平面的に印刷するのに対して、3Dプリンタは、3Dデータを元に立体を造形します。

3Dプリンタで部材を作ったり、建物を建てることができれば、これまで工場や建設現場で行われていた「切る」「削る」といった作業が無くなります。つまり、廃棄する材料が発生せず、工場から施工現場に運び込む材料の種類も大幅に減らすことができます。

低コストで短納期、安全で環境への負荷も少なく、そして運搬と施工管理の問題も解決する可能性があります。災害時の仮設住宅建設や開発途上国の居住問題を解決する方法としても有望です。

建築模型分野での活用

建設業界では、プレゼンや施工シミュレーションを目的とした建築模型や施工を検討する際のモデル作成として利用が始まりました。これまで、建築模型は、紙やプラスチックのシートを切り貼りして組み立てていましたが、3Dプリンタでは、設計者のつくる三次元データを元に短時間で建築模型を造ることができます。

CADで設計したデータどおりに作製しますから、内部の間取りや家具も、複雑な曲面であっても正確に再現することができます。設計変更による模型の作り直しもデータを変更するだけで行うことができます。

紙やプラスチックでは表現できない重厚感のある仕上がりになります。

＊T-3DP®　大成建設がアクティオ、有明工業高等専門学校、太平洋セメントと共同開発した建設用3Dプリンタです。材料の押し出し量を常に一定に保つ特殊なノズルと、圧送しやすく固化しやすい特殊なセメント系材料の組み合わせにより、実大構造物の製作を実現しました。この3Dプリンタでは、型枠を使わずにセメントを積層しながら曲線や空洞を配置した形状の建設部材を迅速かつ高精度に造ることができます。

完成模型だけではなく、施工途中の状態を製作して施工手順を確認したり、施工の複雑な個所のモデルを製作して施工担当者の理解を深める、という活用も行われています。

建設用3Dプリンタの実用化

世界では、3Dプリンタで住宅などの実物の構造物を造る取り組みが行われています。日本でも大手建設会社を中心に研究開発が進んでいます。

大成建設は建設用3Dプリンタ「T-3DP®(Taisei-3D Printing)」で製作した部材四個をPC鋼材で接合して〝橋〟を製作しています。

3Dプリンタを使うことにより、装置や使用材料の価格削減、作業者の削減により生産性向上につながる可能性があります。また、従来はコンピューター上で理想の構造形状を検討しても既存の建築材料や工法では実現不可能な場合がありました。3Dプリンタではデータさえあれば製作することができます。気にいった建物のデータを取り込んで簡単に印刷して建築するという時代が近づいています。

建設用3Dプリンタで製作した橋

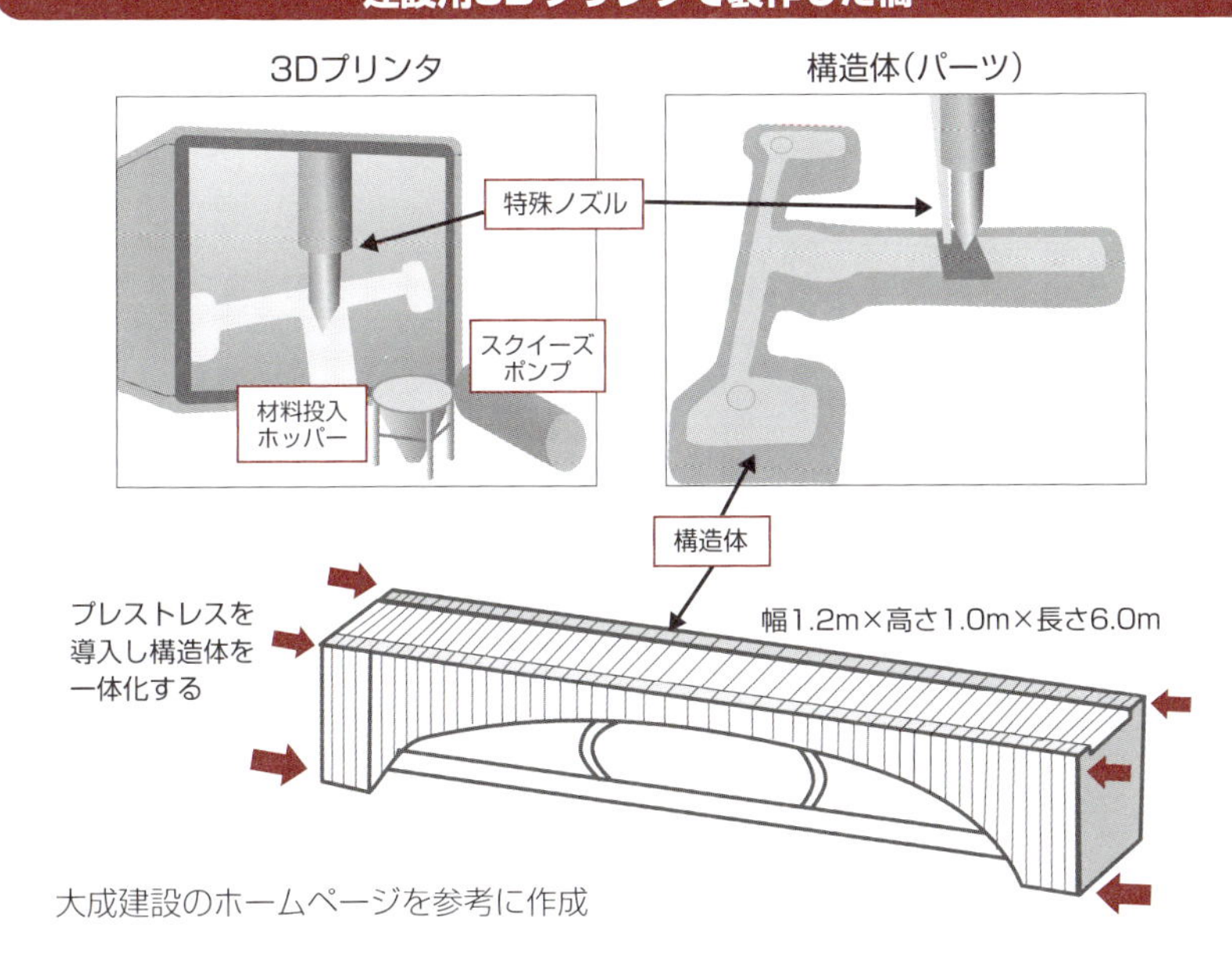

大成建設のホームページを参考に作成

＊PC(プレストレストコンクリート)　コンクリートには圧縮力に強く引張力に弱いという特徴があります。そこで、PC鋼材を使って、コンクリート部材に圧縮力がかかった状態(プレストレス)とし、荷重を受けても引張力が発生しないようにします。このようにして引張力によるひび割れを防ぎます。

11 いまどこで何が、がわかるGIS

カーナビのルート検索や交通機関の運行情報、店舗検索など「位置情報」を活用することで得られるサービスは私たちの生活を便利にしています。街の中でも電車の中でも多くの人がスマホで様々な情報を集めています。

GIS（地理情報システムGeographical Information Systems）とは、地理情報とその位置に存在するいろいろな情報を関連付けて管理する仕組みです。地図上に情報が表示されるため、分析対象の分布、密度、配置などを視覚的に把握することができます。

建設業界での活用

GISは、道路などの公共施設の管理などの国や地方公共団体の業務から店舗展開の市場調査やトラックの運行管理、カーナビやインターネットでの施設や飲食店検索まで、幅広く利用されています。

企業が新規出店する場所や品揃えを決定する際に、GISを使って周辺住民の年齢分布や世帯数、駅からの距離、周辺の交通量、競合する店舗との位置関係などを分析して計画を立てることができます。小売業や飲食サービス業が、出店計画に利用しています。

GISは、マーケティング支援などに使われるだけでなく、都市計画、砂防調査、環境・防災アセスメント、道路計画、橋梁設計、上下水道・河川計画、浸水解析、土地区画整理事業、地質調査など、建設業の対象となる多くの分野で使われています。ライフラインの管理では、設備の情報をデータベース化し、配管管理や配線の計画から故障時の処理方法の決定などにも利用されています。例えば、火災などで電線が切断されて停電が起こった場合、電力を供給する別のルートをGISで迅速に計算することもできます。

【G空間社会】　地図や空からの映像、測位衛星などから得られる情報を組み合わせることで、いつでも、どこからでも、どこで何が起きているのか、どこに何があるのかといった情報を自由に使える社会のことです。より便利で楽しいサービス、安全・安心なサービスを誰でも受けることができる社会を目指しています。

災害対策における地理情報の重ね合わせ例

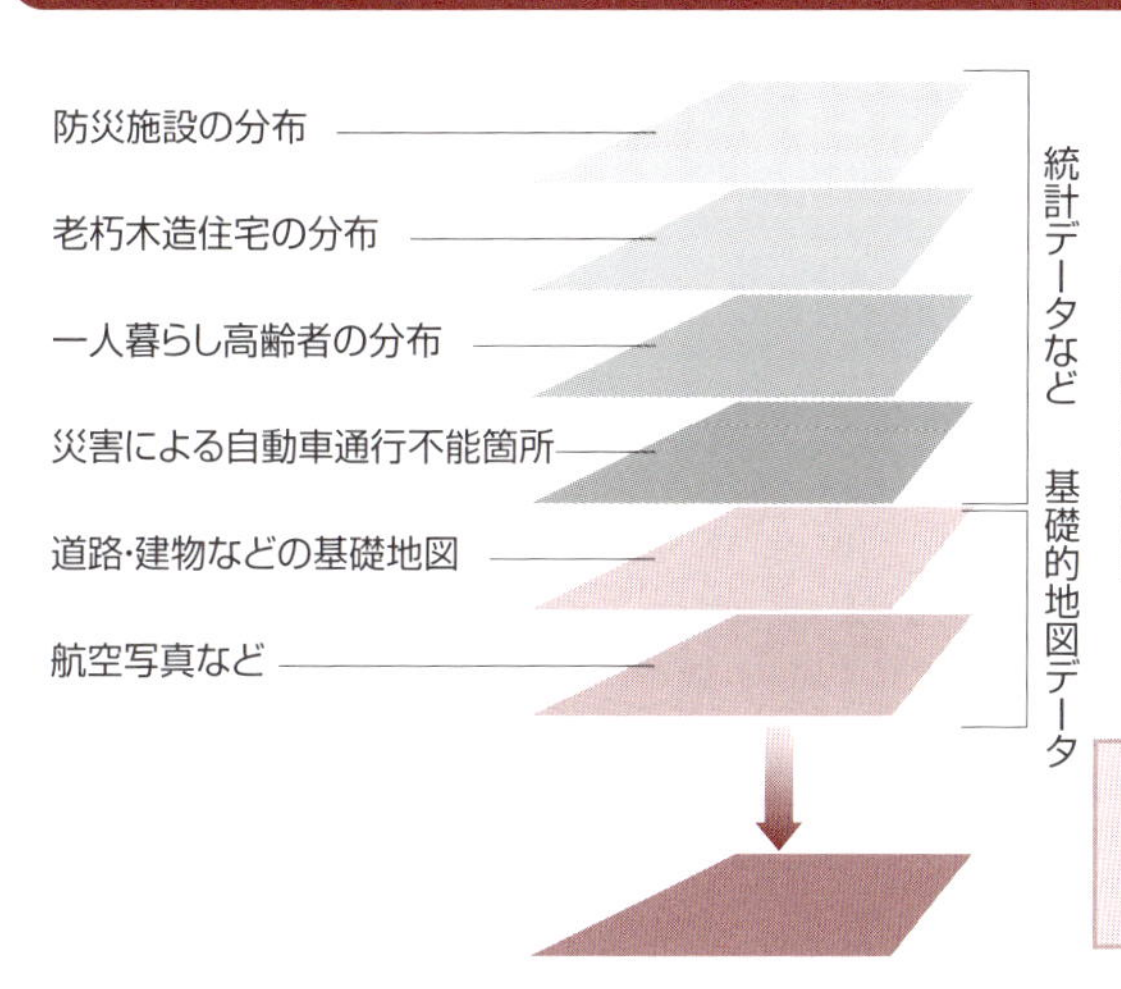

「GISとは」GISポータルサイト（国土交通省）

一九九五年の阪神淡路大震災時に関係機関の情報を効率的に利用できなかったことへの反省をきっかけに、政府はGISの活用に取り組みました。

家やビルを建てるなどの「街づくり」の際には、建築、土木、都市計画などの幅広い分野に関する法律問題や土地の利用制限などをチェックしたり、申請したりしなくてはなりません。しかし、地方自治体では、道路、公園、学校、公民館といった施設や山林などを管理したり、固定資産税などの税務処理を行うため、多くの地図を「台帳図」というかたちでバラバラに保管していました。GISデータでは各部署が保管する専門情報が統合され、他の部署からも参照できるようになっています。現在では、衛星測位システムや各地のセンサー、カメラ画像情報を組み合わせて、いまこの瞬間に何がどこにあるのか、どう動いているのかを正確に知ることもできるようになりました。情報のリアルタイム化が進んでいます。

建設業の仕事は地図とは切り離せないものです。GISの高度化、検索の仕組みの整備・拡大と共に、ますます業務の効率化が進んでいきます。

ワンポイントコラム

【国土空間データ基盤】　行政機関や民間企業などが整備している地図などの空間データのうち、基礎的なものを社会インフラとして整備するものです。従来は、各主体がバラバラに整備していたために重複投資となっていた基盤空間データを、重要な社会インフラと見なして、相互に利用しやすいように整備しています。

12 5G時代のICT施工

ITやGPS技術の進化により、これまでの情報化施工が工程全体の生産性向上を図るICT施工として進化し、急速に広がっています。

一九八〇年代に製造業のロボット導入に触発され、情報化施工の研究が進められましたが、建設現場に必要な位置特定技術や移動体の制御技術などが実用化のレベルにありませんでした。現在ではドローンやGPSなど、測量技術や計測技術の進歩によって制御レベルが向上し、大規模現場を中心にICT施工の導入が広がっています。

ICT施工の目的は、工期短縮と品質向上にあります。三次元設計データや位置情報システムによって、設計どおりの出来形になるようにブルドーザーの排土板をコントロールすることができるため、オペレーターは、ブルドーザーを前進・後進させるだけで工事を行うことが可能です。しかも、通常は、敷均しと検測を何度も繰り返しながら作業を行いますが、自動測定で制御されるため、大幅な合理化が実現します。熟練オペレーターの不足を補う技術としても有効です。夜間作業も可能になり、丁張りも不要です。GPSで転圧機械の位置や軌跡を計測することで、転圧回数を管理して締め固め作業をコントロールし、過不足のない高精度の施工が可能になります。

ICT施工では、施工しながら計測ができるので、工事途中での手直しが減り、記録された施工データが品質の証明にもなります。施工データをもとに品質が管理されることで、発注者の検査も合理化されます。高い精度での施工が実現することで、建設コストの低減につながります。

どんな作業条件でも自ら判断して稼働する知能を持った建設ロボットの開発に期待が高まっています

【i-Construction】 ICT施工の活用などによって、建設業界の生産性向上を図り、魅力ある建設現場を目指す取組です。ICT施工以外に、プレキャスト製品の活用など材料調達やサプライチェーンの効率化、施工時期の平準化などの施策も一体となっての取り組みが行われています。

ICT 施工

従来施工

- 測量の実施
- 設計図から施工土量を算出

- 設計図に合わせて丁張り設置

- 丁張りに合わせて施工

- 検測と施工を繰り返して整形

- 書類による検査

測量 → 設計・施工計画 → 施工 → 検査

ICT施工

・重機の日当たり施工量約 1.5 倍
・作業員約 1/3

❶3次元データの契約図書化 → ❷3次元計測 3次元データ修正 → ❸3次元出来形管理 → ❹数量算出の3次元化 → ❺3次元データの納品 → ❻3次元モデルによる検査

3次元データの契約図書化

ドローンなどによる3次元計測基準の整備測

3次元出来形管理基準の整備

平均値

±5cm

多点観測を前提とした面的な施工管理基準の設定

3次元モデルによる検査基準の整備

「ICT の全面的な活用（ICT 土工）について」（国土交通省）より作成

＊**丁張り**　工事を着手する前に、構造物の正確な位置を出す作業のことです。位置を決めたあとに杭とぬき（木製の板）を使って位置と高さ、勾配を示す目印を立てます。丁張りの精度が、実際に完成する構造物の精度に大きく影響するため、丁寧な測量によって丁張りが行われます。

13

熟練技術者に代わるAIの判断

トンネルや橋などのコンクリート構造物で、作業員に頼らずに点検する技術開発が進んでいます。

トンネルや橋は、車の走行による振動や、温度・湿度の変化によってひび割れが生じます。そのため、メンテナンスのためには点検が欠かせません。

しかし、目視や打音検査では多大な労力がかかりますし、高所での作業や交通車両と近接する危険もあります。作業環境が悪い場合は見落としの可能性も高くなります。そこで、カメラやセンサーを用いた点検システムの開発が進んでいます。

見えないひび割れも発見

トンネルの点検では、専用カメラを載せた車を時速二〇～三〇kmで走らせながら天井などを撮影します。AI（人工知能）を用いて画像処理を行い、ひび割れの特徴を調べます。二〇メートル離れた場所から〇・二ミリの傷を検知する能力があります。

橋の下面に細かい間隔でセンサーを取付け振動を解析することで、内部の亀裂を見つける技術も研究が進んでいます。光ファイバーケーブルをコンクリートに埋め込んで、ケーブル内の光の変化でひび割れを見つける技術もあります。

ドローンの活用

ドローンを活用することで、業務の安全性を高め、作業を合理化するとともに、これまで確認できなかった問題まで発見することもできます。煙突の老朽化状況の確認を安全かつ簡単に行うこともできます。「広範囲・高所・難所」がドローン活用のポイントです。

ドローンは人が作業しているエリアを飛行しないこ

＊**ドローン**　飛行機、回転翼航空機、滑空機、飛行船などの機器で、人が乗らずに遠隔操作または自動操縦によって飛行するものがドローンです。官邸に落ちたり、お祭りで落下したりするなど、良くない話題が先行していますが、建設工事の合理化に大きな期待が寄せられています。

と、工事現場の上空をはみ出さないこと、そして絶対に墜落させないことが大切です。

ＡＩによる意思決定サポート

点検・診断においては熟練技術者の技術を学習したＡＩの開発が進んでいます。技術者が過去に行った診断事例データをもとにＡＩが判断を行うシステムです。ドローンや作業者が撮影した画像をＡＩが読み取って損傷の兆候を見つけ出し、今後の状態の変化を予測して、補修の必要性や緊急性、対処方法を判断します。

ＡＩの活用は多方面に及びます。気象予報から降水量を予測してダムの事前放水を行うことで、豪雨時の洪水調整量を二倍に増やす仕組みも運用が進められています。

竹中工務店は構造設計にＡＩを活用しています。ベテランの経験をＡＩで補って過去の設計データベースから、進行中の案件と似た事例を簡単に引き出します。さらに、構造計算なしで意匠設計に必要な柱・梁の仮定断面を推定します。ＡＩが構造設計者の意思決定をサポートしています。

承認が必要となるドローンの飛行方法

夜間飛行

目視外飛行

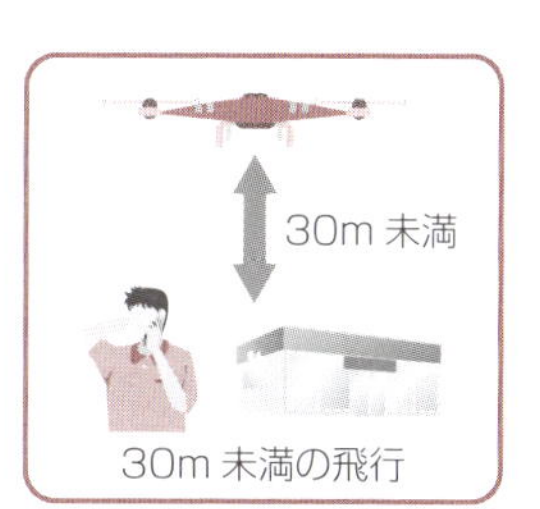

30m 未満の飛行

イベント上空飛行

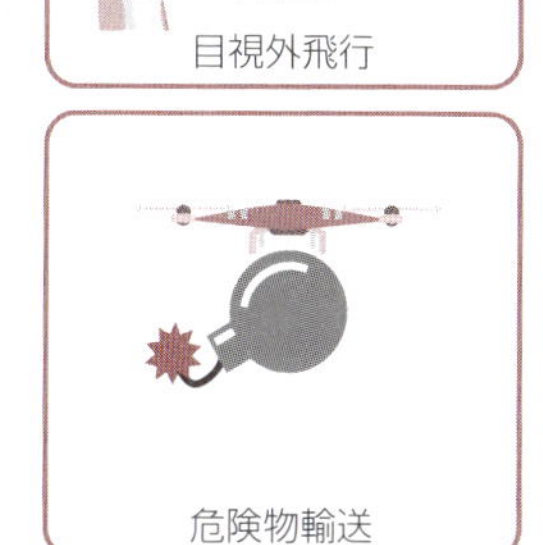

危険物輸送

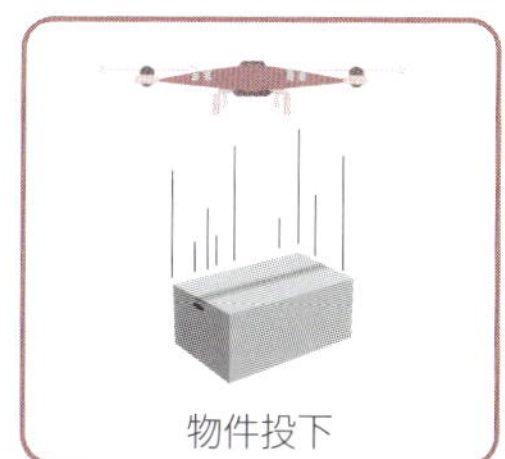

物件投下

「無人航空機（ドローン・ラジコン機等）の飛行ルール」（国土交通省）

【ドローンの飛行ルール】　ドローン活用の広がりを受けて、平成27年12月に航空法の一部が改正され、無人航空機の飛行ルールが新たに導入されました。ドローンの熟練パイロットは、飛行ルート、GPS信号、風速、バッテリー残量など、細心の注意を払って操作を行っています。

14 最先端をいく建設現場のVR／AR活用

VR／ARは、現実世界を拡張する技術です。日常ではありえない世界を体験したり、実際に行動する前のシミュレーションを可能にします。建設業界でもVR／ARの活用が始まっています。

戸田建設はARを使って建設機械の配置をシミュレーションするシステムを開発しています。タブレット端末上に建機の3Dモデルと実際の建設現場の映像を重ね合わせて表示することで、現場への設置可否や稼働時の危険箇所を確認することができます。これまでは、仮設計画の図面と建設現場を見合わせて建機の配置計画を作成していました。しかし、工事の進捗に伴い建設現場の状況が変化するため、建機の搬入経路や設置位置、危険箇所をその都度検討する必要がありました。関係者との情報共有にも時間がかかっていましたが、AR技術を使うことで、検討が楽になり情報共有も早くなります。

東急建設では、安全訓練にVRを活用しています。訓練者は、VR映像内で高所における実際の現場作業を行います。そして、危険なポイントに気づかなかったり、焦って確認作業を省略すると転落などの死亡事故につながることを体験します。災害事故を仮想体感することで、事故発生防止のために、どう行動すればよいかを学習します。

大成建設はVRを使って遠隔地からトンネル内のコンクリート吹付作業ができる技術を開発しています。作業者はトンネルの切羽から離れた場所で安全に作業を行うことができます。

ハウスメーカーでは、建物の内部をVRで体験できるバーチャル展示場を実用化しています。

＊**VR・AR・MR**　VR（Virtual Reality 仮想現実）は人工的に作られた仮想空間を現実のように体感させる技術です。AR（Augmented Reality 拡張現実）は、実際の画像や映像とCGの映像を合成することで、現実感のある仮想空間を作り出す技術です。MR（Mixed Reality 複合現実）は、現実空間と仮想空間を混合させ両者がリアルタイムで影響する新たな空間を構築する技術です。

Holostructionの機能

●タイムスライダー機能
各建設生産プロセス（調査・測量から設計、施工、検査、維持管理・更新）のすべてのデータを3Dホログラフィックとして可視化することができます。

●コミュニケーション機能
複数の人々や遠隔地の人々と視界と音声を共有しながら計画や打ち合わせなどの共同作業を行うことができます。

●ドキュメント機能
3次元モデルや工程表に基づいたデータを広い空間に展開させることにより確認や協議を行うことができます。

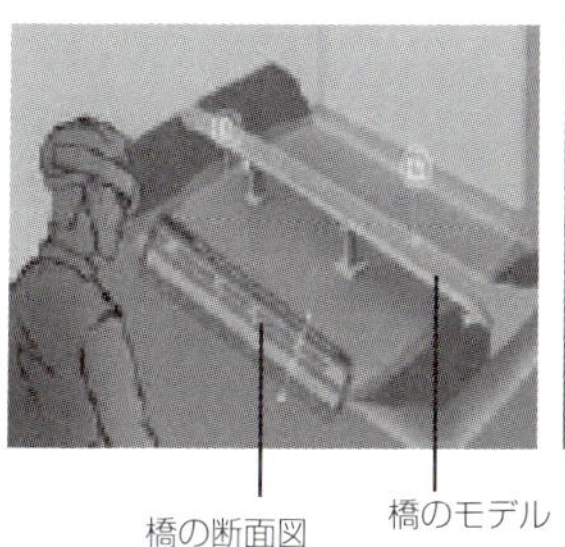

「Holostruction」（国土交通省）より

立体映像を使った打ち合わせ

小柳建設は、Holostructionを使った打ち合わせを、国土交通省の工事で実践しています。Holostructionは、MR技術を使うことで、現実の空間に3次元の構造物のモデルや工程表・図面などを映すことができます。遠隔地にいる人とも空中に浮かぶ3次元モデルを指さしながら打ち合わせを行うことができます。移動を減らすことで、働き方を大きく変える可能性があります。

3次元モデルは工程と連携していて、工程表の上の工程を進めると、その時点の工事途中のモデルが表示される仕組みです。3次元モデルの周りを歩いて好きな角度からモデルを見ることも、構造物の中に入ってコンクリートの中の鉄筋の配筋状態を見ることもできます。

3次元で見ることで理解が早まるだけでなく、建設的な議論にもつながっています。空間で指先を動かして3次元モデルやさまざまな資料を操作する、最先端でカッコイイ建設業界の実現が近づいています。

【ホロストラクションHolostruction】 新潟県の小柳建設が日本マイクロソフトと連携して開発したVRを使ったシステムです。建設業における計画・工事・検査の効率化、そしてアフターメンテナンスを可視化することができます。MRデバイスであるMicrosoft HoloLens（マイクロソフト ホロレンズ）を使用します。あらゆる場所・空間で「あたかもそこに存在するように」ホログラムを見ることができます。

15 地盤のリスクと対策

東日本大震災では、震源から四〇〇㎞も離れた東京湾岸でも地盤の液状化が発生しました。千葉県浦安市では、道路から一ｍも浮き上がるマンホールに多くの人が驚きました。

液状化現象は、水分を多く含んだ砂質地盤が、地震の揺れによって砂同士の結び付きが崩れ、砂が水に漂った状態になることです。その結果、建物が傾いたり、浮力によって地中埋設物が浮き上がります。内陸部の住宅地でも、水田やため池の埋立に砂を使った場所があり、同様の液状化現象が発生しました。

高層のビルについては、深くまで杭が打たれているため、液状化の被害は一戸建ての住宅に多く発生しています。

浦安市では、液状化被害を受けた住民が、分譲住宅地の開発販売会社に対して損害賠償を求めました。同じ会社が開発した隣接地域では地盤改良工事が行われていたため被害が軽く、危険を認識していたはずだということで、開発販売会社の責任が問われました。

液状化の対策としては、地盤改良工事を行うのが良いのですが、既存の建物がある状態では工事が困難です。被害を受けて傾いた建物の基礎下に、ウレタン樹脂を圧入する**硬質ウレタン注入工法**、地盤に杭を打ち込んで建物の基礎からジャッキアップする**アンダーピニング工法**などがあります。

長周期地震動の危険

東日本大震災では、震源から遠く離れた東京、大阪の高層ビルが大きく揺れ、エレベーターが止まるなどの被害が生じました。これは、長周期地震動が発生したためです。新宿の超高層ビルでは一三分間にわたって最大で一ｍを超える揺れが続いたことが確認されています。

＊**長周期地震動**　超高層ビルは、建物の固有周期が長いため、長周期地震動に対しては、ゆっくりとした揺れがだんだん大きくなり長く続きます。揺れが大きい場合には、室内の家具や機器が移動し、人も立っていられない状況となる可能性があります。

液状化被害の修復工法

耐圧版工法

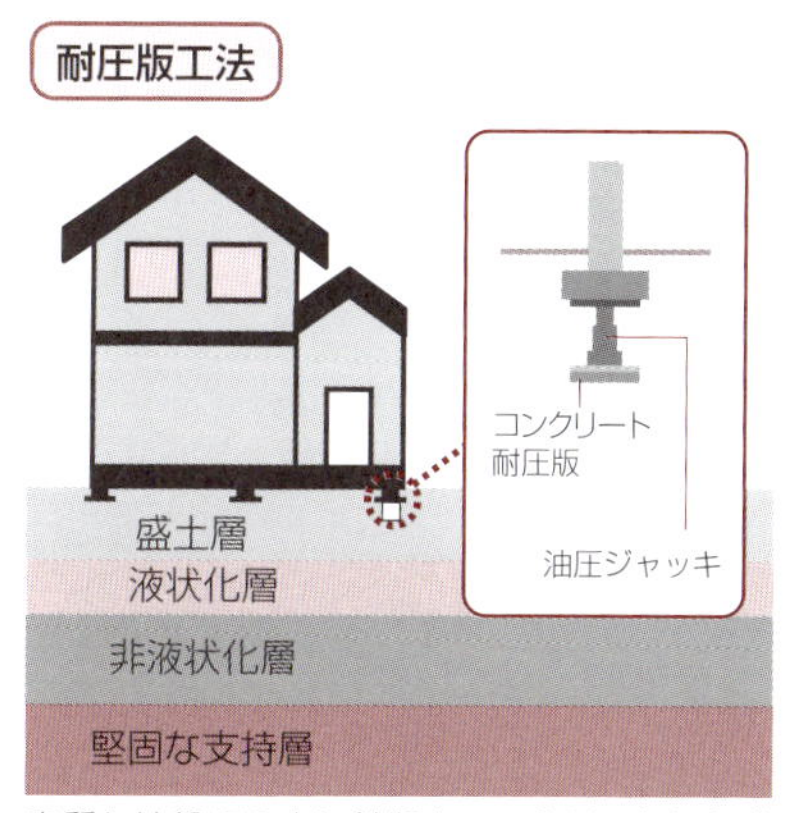

良質な地盤面の上に鉄版とコンクリートから成る耐圧版を施工し、油圧ジャッキでジャキアップして建物の沈下を修正する工法です。

注入工法

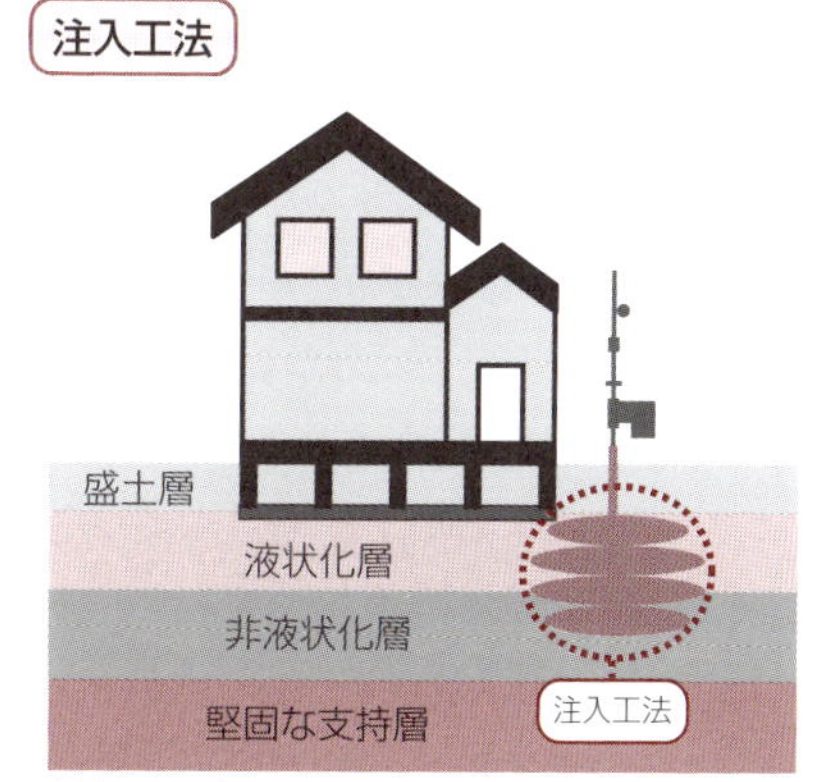

基礎下へグラウトや薬液（セメントミルク、モルタル、水ガラス系）等をボーリングマシンなどで注入する工法です。

「建物を液状化被害から守ろう」（東京都都市整備局）より

　地震が起きると様々な周期を持つ揺れが発生します。一秒以下の短い周期を持つ揺れはエネルギーが大きいのですが、揺れは持続せずに、比較的早く減衰していきます。長周期地震動は、減衰せずに遠方まで伝わる特性を持っています。また、都市の広がる平野部は堆積層が厚く、長周期地震動の影響を受けやすい地盤です。

　この長い周期での震動は、超高層建築物の固有振動数と一致しやすいため、超高層ビルに対して大きなダメージをもたらすことが懸念されています。例え建物に被害がなくても、大きな揺れによる天井や内装の破損、家具の移動などが心配されています。

　発生が予想される東海地震、東南海地震、南海地震では、さらに大きな揺れが予測されています。いままでこのような震動に対して、設計段階での対策が取られていなかったため、国土交通省では、二〇一六年六月に対策を通知しました。制振ダンパーの設置が対策として有効です。

　区分所有マンションでは、対策工事の合意形成を円滑にするため、国の支援制度が準備されています。

＊**固有周期**　建物が揺れる周期（片側に振れて再び戻ってくるまでの時間のこと）を「固有周期」といいます。固有周期はそれぞれの建物によって異なり、重さが大きくなるほど長くなり、固くなるほど短くなります。超高層ビルは、高いため質量が大きく、柔構造のため固有周期が長くなります。

建設業の技術開発を促進するNETIS（新技術情報提供システム）

NETIS（New Technology Information System）とは、民間企業などにより開発された新技術情報を、共有および提供するため、国土交通省によって運営されているデータベースです。

施工者がNETISに登録されている新技術の活用を提案して、実際に工事で活用した場合は、活用の効果に応じて総合評価落札方式や工事成績評定で加点されます。

公共工事などでの新技術が積極的に活用されることで、品質の確保、良質な社会資本の整備につながることを目的としています。民間企業などによる技術開発の促進、優れた技術の創出につながることも期待されています。

2020年1月時点で登録されている新技術は約2,900件です。登録した翌年度の4月1日から5年間掲載され、事後評価で評価された技術は翌年度から5年間掲載が延長されます。テーマ設定型（技術公募）を拡大し、現場での導入を図っています。

公共工事等における新技術活用システム（NETIS）

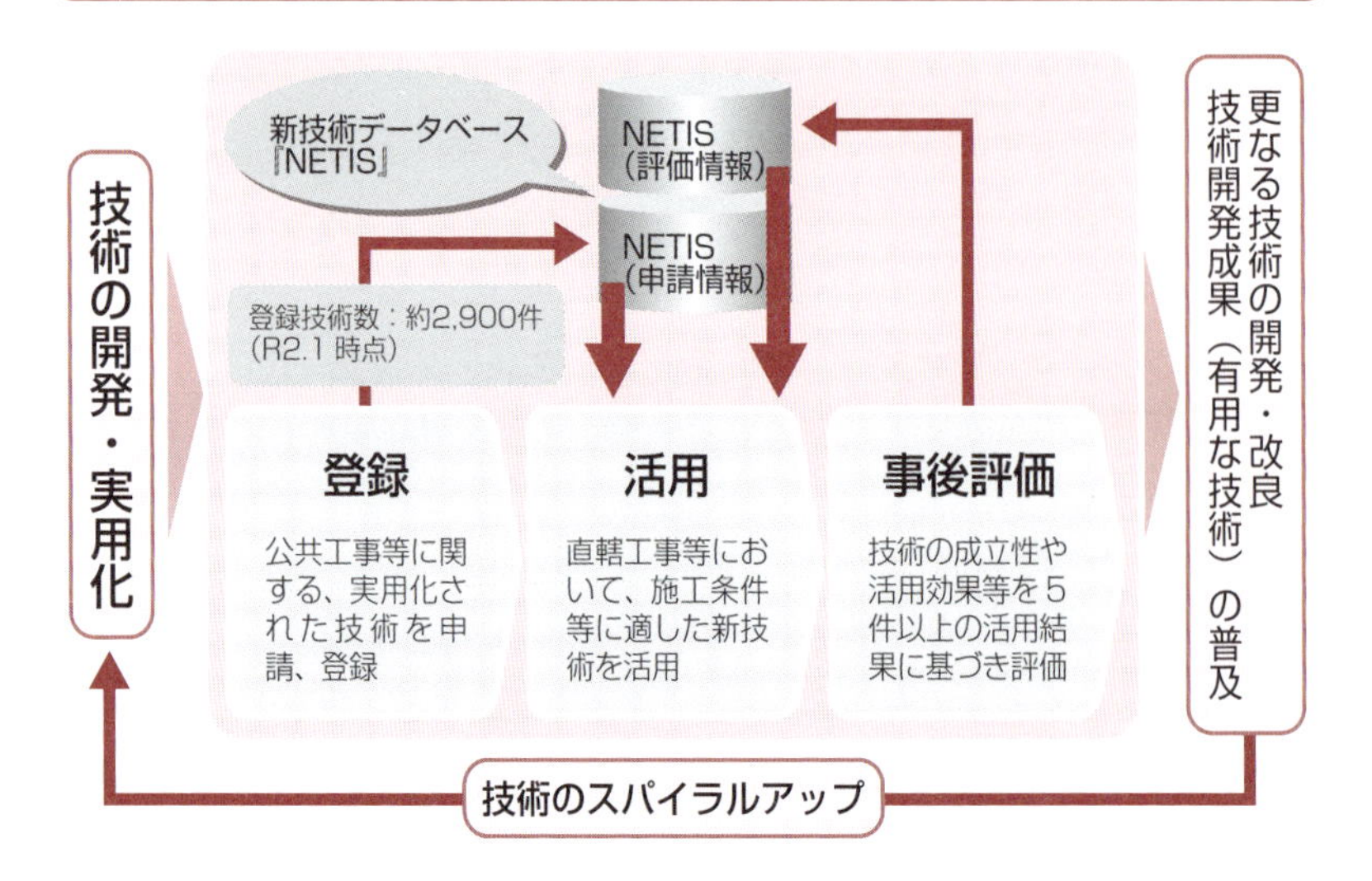

「公共工事等における新技術活用システム（NETIS）」（国土交通省）

建設業界の将来展望

インフラ整備、メンテナンスや長寿命化など建設業界の役割は、これからますます重要になります。その中で建設会社は、維持管理、安全・環境など、地域社会に貢献していくことが求められています。海外からも日本の技術と経験に期待が寄せられています。

外国人が支える日本の建設業界

1

コンビニは外国人留学生に、そして農業や漁業は外国人技能実習生に支えられています。建設現場でも日本人と外国人がOne Teamとなって協力する、そんな時代が始まっています。

わが国で就労する外国人はこの五年で倍増し、二〇一九年には一六六万人となりました。就労分野は製造業二九・七%、卸・小売業一二・七%、宿泊・飲食業一二・七%、建設業四・七%です。

これまで日本で働くことができる外国人は、永住者（配偶者など含む）、技能実習生、留学生のアルバイト、専門的・技術的分野の就労者などだけでした。技能実習は技能移転を通じた開発途上国への国際協力が目的であり、三〜五年間の実習終了後は帰国しなければなりませんでした。

新しく創設された「特定技能」資格

二〇一九年四月、深刻化する人手不足に対応するため、建設、造船、農業、漁業、介護など14分野で一定の専門性、技能を有し即戦力となる外国人を労働者として受け入れる特定技能の制度が施行されました。

相当程度の知識または経験を必要とする技能を有する特定技能一号の資格は、通算で五年間の在留が可能となります。建設業では技能検定三級レベルになります。熟練した技能を有する特定技能二号は技能検定一級レベルが該当します。在留期間の上限がなく家族の帯同も可能です。

建設分野では型枠施工、左官、コンクリート圧送、トンネル推進工、建設機械施工、土工、屋根ふき、電気通信、鉄筋施工、鉄筋継手、内装仕上げ・表装に加えて建築大工、とび、建築板金、配管、保温保冷、ウレタン断熱、海洋土木工の一九業務区分が対象です。五年間で最大四万人を受け入れる見込みです。

【留学生のアルバイト】 本来の在留目的を阻害しない範囲内として、1週28時間以内で、報酬を受ける活動が許可されています。2019年に約37.3万人が働いており、特にコンビニや飲食店で貴重な労働力となっています。

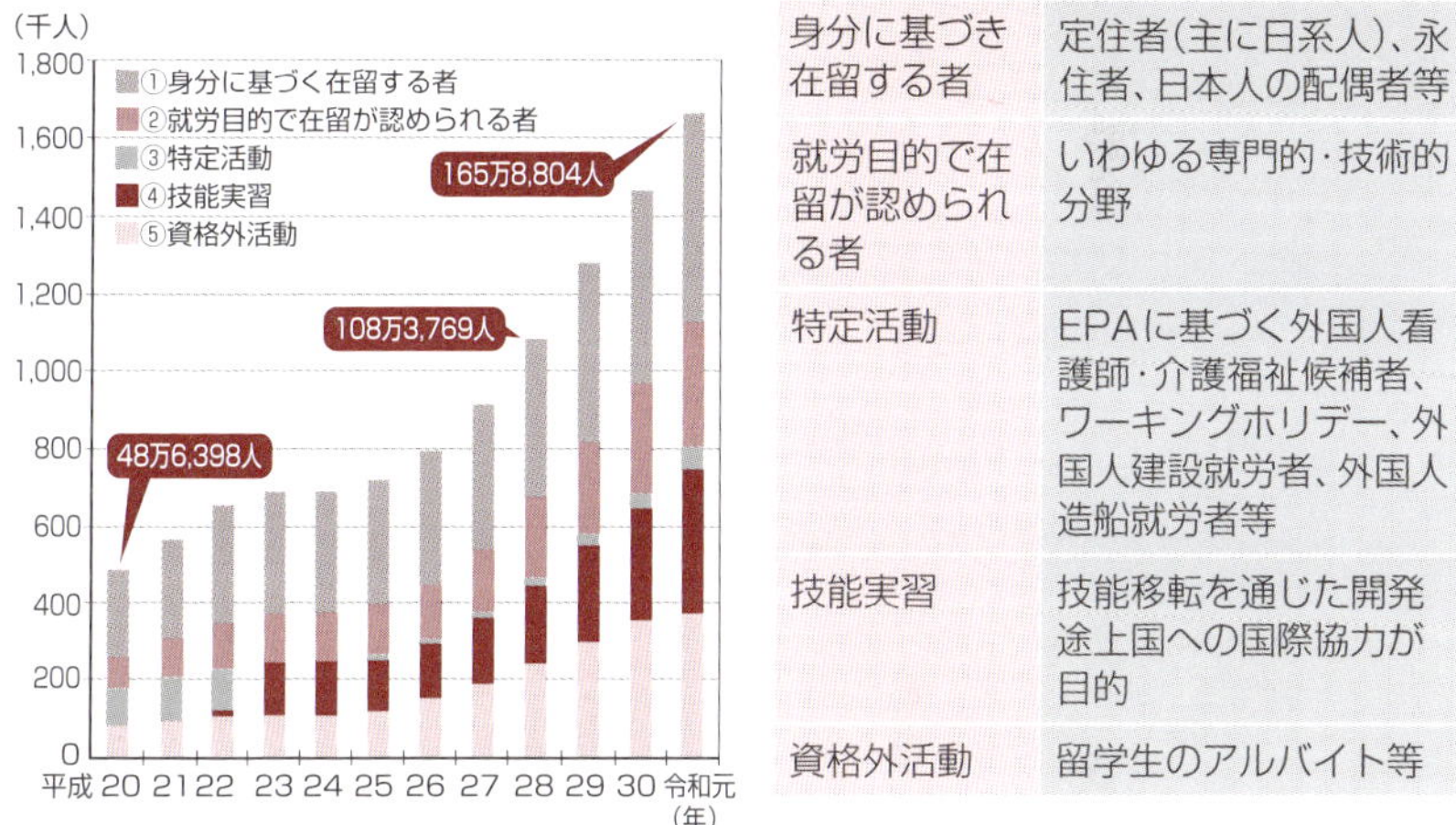

身分に基づき在留する者	定住者（主に日系人）、永住者、日本人の配偶者等
就労目的で在留が認められる者	いわゆる専門的・技術的分野
特定活動	EPAに基づく外国人看護師・介護福祉候補者、ワーキングホリデー、外国人建設就労者、外国人造船就労者等
技能実習	技能移転を通じた開発途上国への国際協力が目的
資格外活動	留学生のアルバイト等

「新たな外国人材の受入れ及び共生社会実現に向けた取組」（出入国在留管理庁）

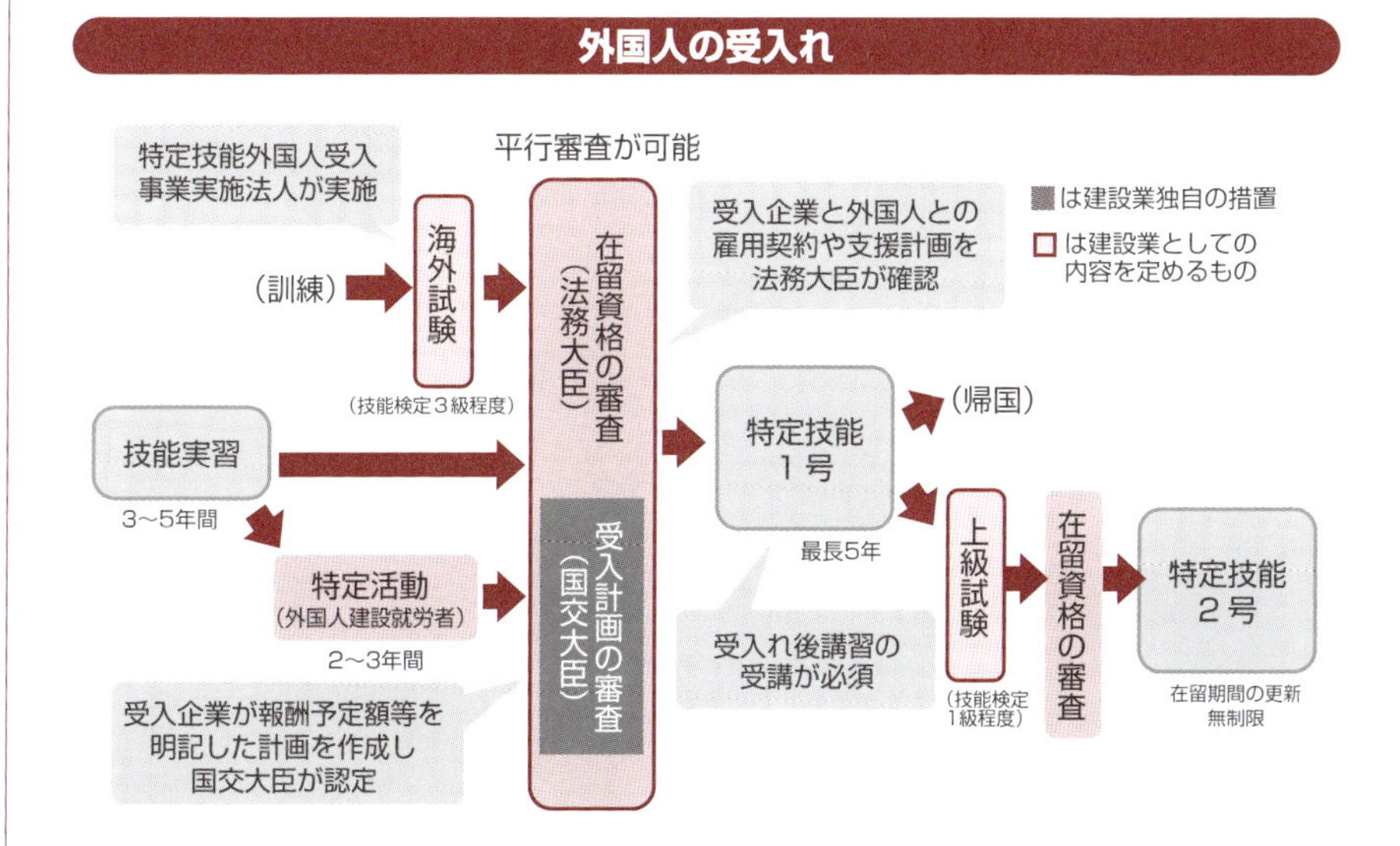

「外国人材の受入れについて」（国土交通省）

【処遇に関する基準】　技能実習や特定技能の外国人に対しては、日本人と同等以上の報酬を安定的に支払うこと（月給制）、そして特定技能では技能習熟に応じて昇給を行うことが基準として定められています。

リニア新幹線で生まれる巨大な都市圏

2

リニア中央新幹線は、リニアモーターカーで東京と大阪を一時間で結ぶ画期的なプロジェクトです。東京・名古屋・大阪が一体化した人工七千万人の巨大な都市圏が生まれます。

二〇一五年一二月リニア中央新幹線の起工式が行われました。開通すると、時速五〇〇kmで品川—名古屋間を四〇分、品川—大阪間を六七分で結びます。

東海道新幹線は開業から五〇年を過ぎており、耐震化などの追加工事が欠かせません。リニア中央新幹線は、速いというだけでなく、大規模修繕期を迎えた東海道新幹線のバイパスとしての位置付けも重要視されています。

今世紀最大のプロジェクト

JR東海は、二〇二七年に品川—名古屋間を開業し、名古屋—大阪間は、二〇三七年の開業を目指しています。

名古屋までの総工費は五兆五一二三五億円の予定で、全額をJR東海が負担します。大阪まででは、総額約九兆円に上ると試算されています。二〇一七年に財政投融資を活用した三兆円の借入を行っています。

名古屋までの約二八六kmのうち約八六%にあたる二四六kmはトンネルです。最長の南アルプストンネルは全長約二五kmでトンネルの最大土被り（トンネル掘削面上部から地上までの高さ）は一〇〇〇m以上にもなります。地下水も多いことから、過去に類を見ない難工事になると予想されています。

五〇年前に東海道新幹線ができて、東京—大阪間の移動時間はそれまでの半分となり、人々の行動は大きく変わりました。新しい大動脈の完成は、これまでの東京—名古屋—大阪間の移動の概念を変え、企業活動や個人の消費を大きく刺激すると考えられます。

＊**超電導** 物質の温度を一定温度以下としたとき、電気抵抗がゼロになる現象を超電導といいます。超電導状態となったコイルは、一度電流を流すと電気抵抗がないため電流はコイルの中を半永久的に流れ続け、強力な磁界を発生します。リニア中央新幹線は、この超電導磁石の磁気によって、地上のコイルから浮上して走行します。

東京ー大阪間の移動時間の変遷

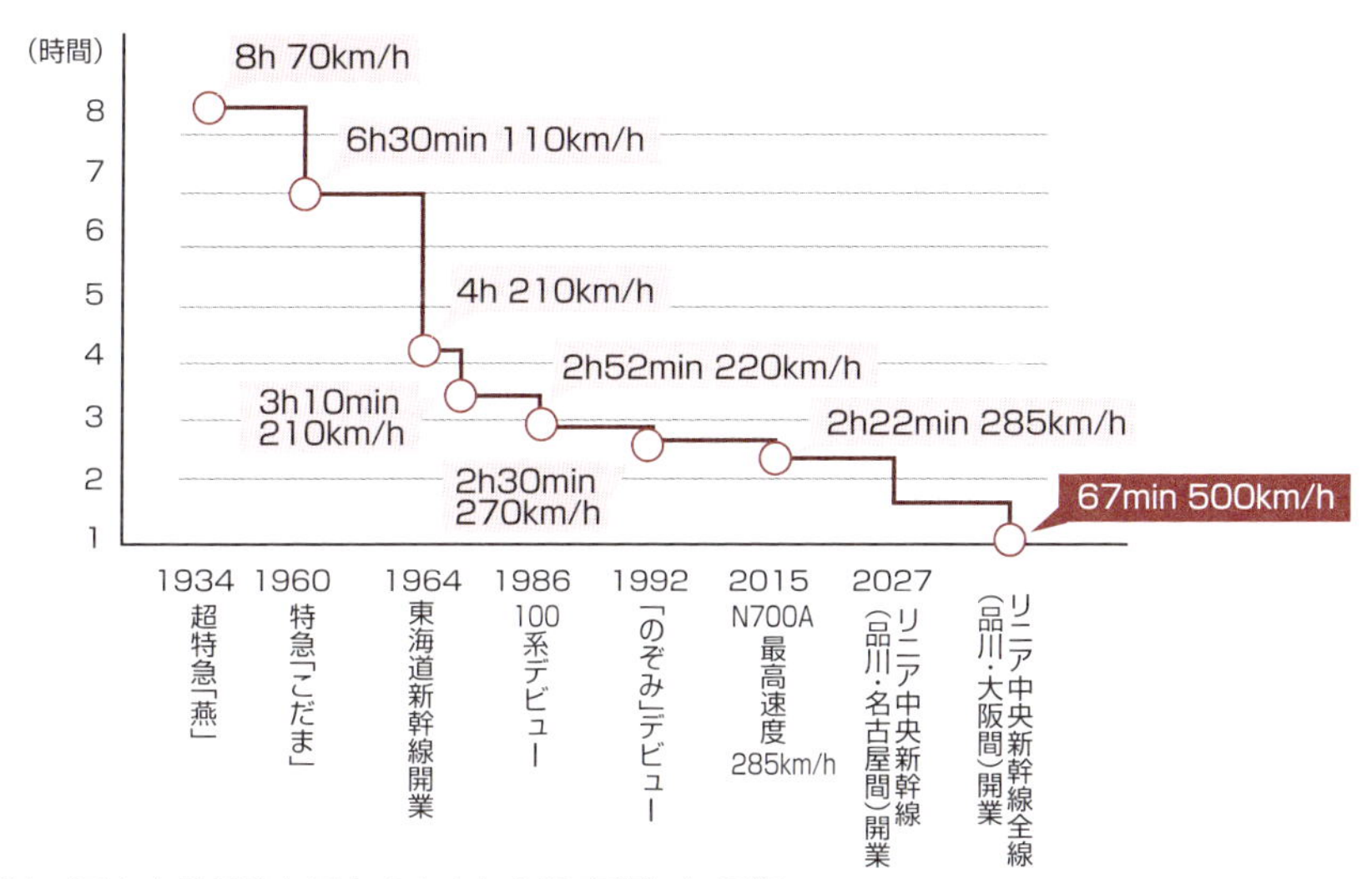

「リニア中央新幹線と日本の未来」（JR 東海）に加筆
https://linear-chuo-shinkansen.jr-central.co.jp/future/

リニア中央新幹線のルート

「リニア中央新幹線の概要」（リニア中央新幹線建設促進期成同盟会）に加筆
http://www.linear-chuo-shinkansen-cpf.gr.jp/gaiyo1.html

＊**大深度地下**　①地下40m以深、②構造物の基礎の支持地盤上面から10m以深のうち深い方と定義されています。公共の利益のための事業として認可されれば、事業者が地下空間に使用権を設定できます。リニア中央新幹線では、東京·名古屋の都心部が大深度地下トンネルとなります。土地の買収が不要で施工距離を短くすることができます。

3 建設業界が取り組むインフラ輸出

新興国では、急速な経済成長を背景に、インフラ整備の需要が急拡大しています。特に、鉄道・道路の交通システム、港湾・空港、発電所、上下水道などの需要増大が見込まれています。

日本のインフラ技術をパッケージ化して海外に売り込む超大型プロジェクトが進められています。

わが国の建設会社の技術はトップレベルにありますが、インフラシステムの国際競争は激しさを増しており、価格面の要求に加えて事業運営への参画を求められるなど、ニーズが多様化しています。

インフラシステムは公共事業として実施されるため、現地政府への対応の必要性から、我が国も官民一体となった取り組みが求められています。

例えば、インドネシアの高速道路では、中国との受注競争に敗れましたが、何度も工期が延期されているため、二〇二〇年に日本への参加協力が求められています。

インフラ輸出のリスク

海外のインフラプロジェクトはリスクも伴います。政治リスク、商業リスク、自然災害リスクです。日本の建設会社は、個々の建設技術や安全管理、品質管理、工程管理などで優れていますが、契約やトラブル発生時の交渉力などの力不足が指摘されており、大手建設会社でも、海外の工事で多額の赤字を抱えてしまう例があります。

これまでのインフラ輸出では、設計・調達・建設を請負うプロジェクトが中心でした。しかし、インフラビジネスにおいては、これ以外のオペレーションやメンテナンスに同規模の市場があるといわれています。これからは、これらを含めたパッケージ型のインフラシス

＊…などの需要　世界の水需要は、人口増加や都市化・工業化の進展と共に増加しています。2025年には、2000 年比で約3割増加し、水ビジネスの規模は、2025年には年85兆円規模になると予想され、大きな関心が集まっています。特に人口増加の著しいアジアが、世界の全取水量の約6割を占めると見込まれています。

世界の鉄道・空港、港湾整備需要の伸び

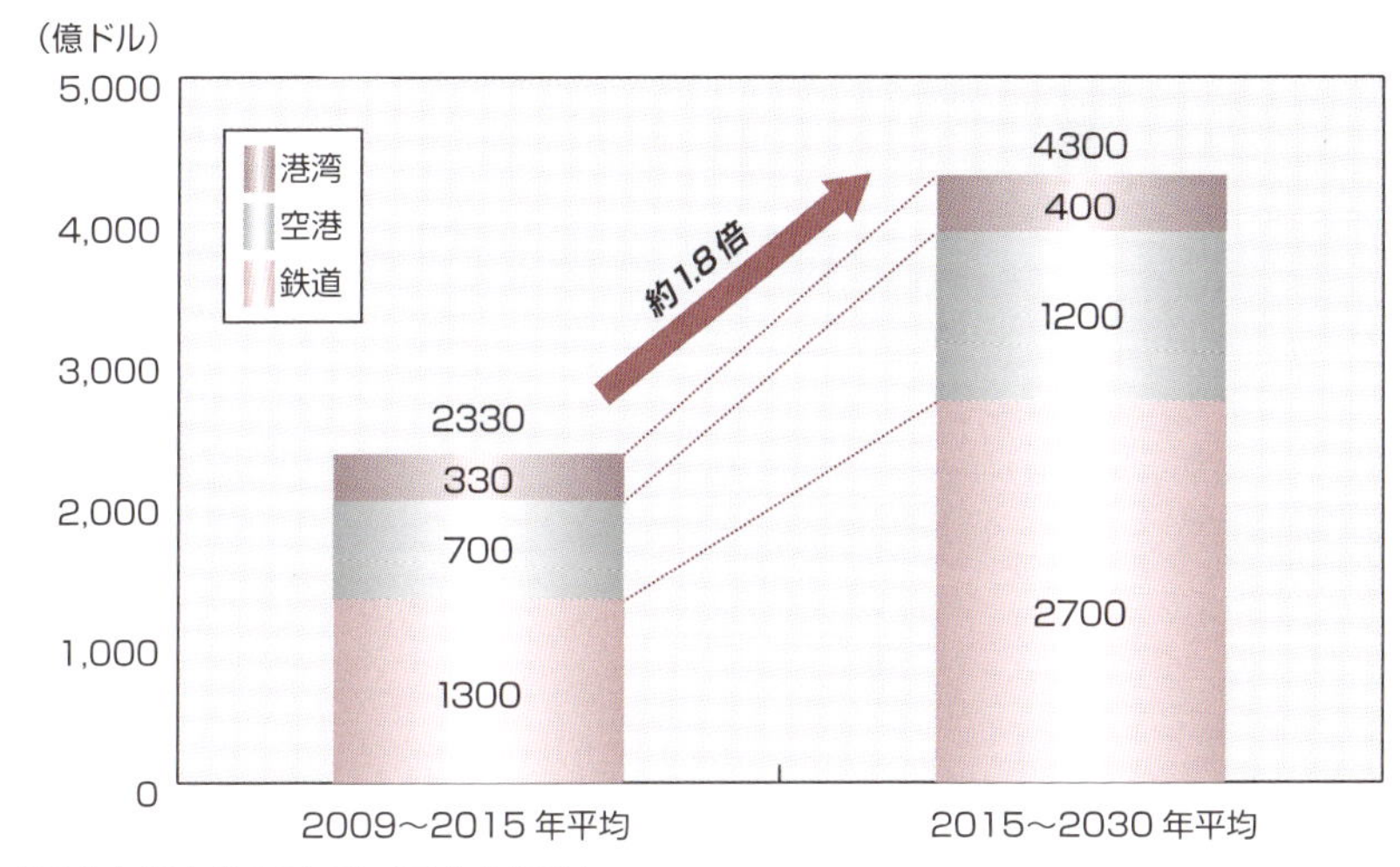

『国土交通白書2016』（国土交通省）

インフラ輸出の主力分野

（1）　水
（2）　石炭火力発電・石炭ガス化プラント
（3）　送配電
（4）　原子力
（5）　鉄道
（6）　リサイクル
（7）　宇宙産業
（8）　スマートグリッド・スマートコミュニティ
（9）　再生可能エネルギー
（10）　情報通信
（11）　都市開発・工業団地

「インフラシステム輸出の現状」（経済産業省）

【インフラシステム】　生産や生活の基盤を形成するもので、発電所や電力網、鉄道・道路・港湾、情報通信、水道など幅広い分野があります。インフラシステムの輸出は、製品単体を輸出することと、その事業内容は大きく異なります。技術や建設工事、オペレーション、使用中のメンテナンスなどの総合的なノウハウを提供するものだからです。

テム輸出が拡大する見込みです。リスク管理体制の整備や人材育成が急務となっています。

建設会社の海外進出

日本の大手ゼネコンのうち大林組や鹿島建設は海外売上高比率が20％強となっていますが、他の大手ゼネコンは5％以下です。設計事務所や建設コンサルタントも海外の企業に比べると大きな存在感を示すには至っていません。

日本ではインフラ事業の発注者である官庁が主体的に関わって計画や設計が行われますが、海外では設計者が発注者の代理人となってプロジェクトの立案から設計・監理まで事業を進める方式です。海外で仕事を受注して進めていくためには、現地での仕事のやり方、法体系、契約制度、商習慣などにも精通していなければなりません。異なった環境にチャレンジする優秀な人材が求められています。

海外のインフラ整備のニーズには中規模や小規模の案件もあります。廃棄物処理やリサイクル分野の展開も進んでいます。

海外インフラプロジェクトの主なリスク

政治リスク	政治暴力リスク	・暴動、内乱、革命、テロ、ストライキなど
	収用リスク	・資産が正当な補償なく国有化される
	相手国政府の義務違反リスク	・契約相手であるホスト国政府・政府機関が契約に違反する
	制度（変更）リスク	・法制度が未整備か十分に機能しない ・事業の途中で法制度が変更される
商業リスク	資金調達リスク	・予定した金額・条件で必要なときに資金の調達ができない
	完工リスク	・施設が予定した期間、予算、性能で完成しない
	操業リスク	・事業会社の経営能力・技術が不十分
	需要リスク	・予定した価格で十分な需要が確保できない
自然災害リスク	地震、台風、火災等	・自然災害の影響をうける

「国土交通白書2016」（国土交通省）

【インフラ輸出】インフラ輸出においては、わが国と相手国の成長という「win-win」の関係構築に加えて、都市問題、環境、防災等の視点から地球規模の課題解決に貢献することが大切です。

我が国建設企業の海外受注実績

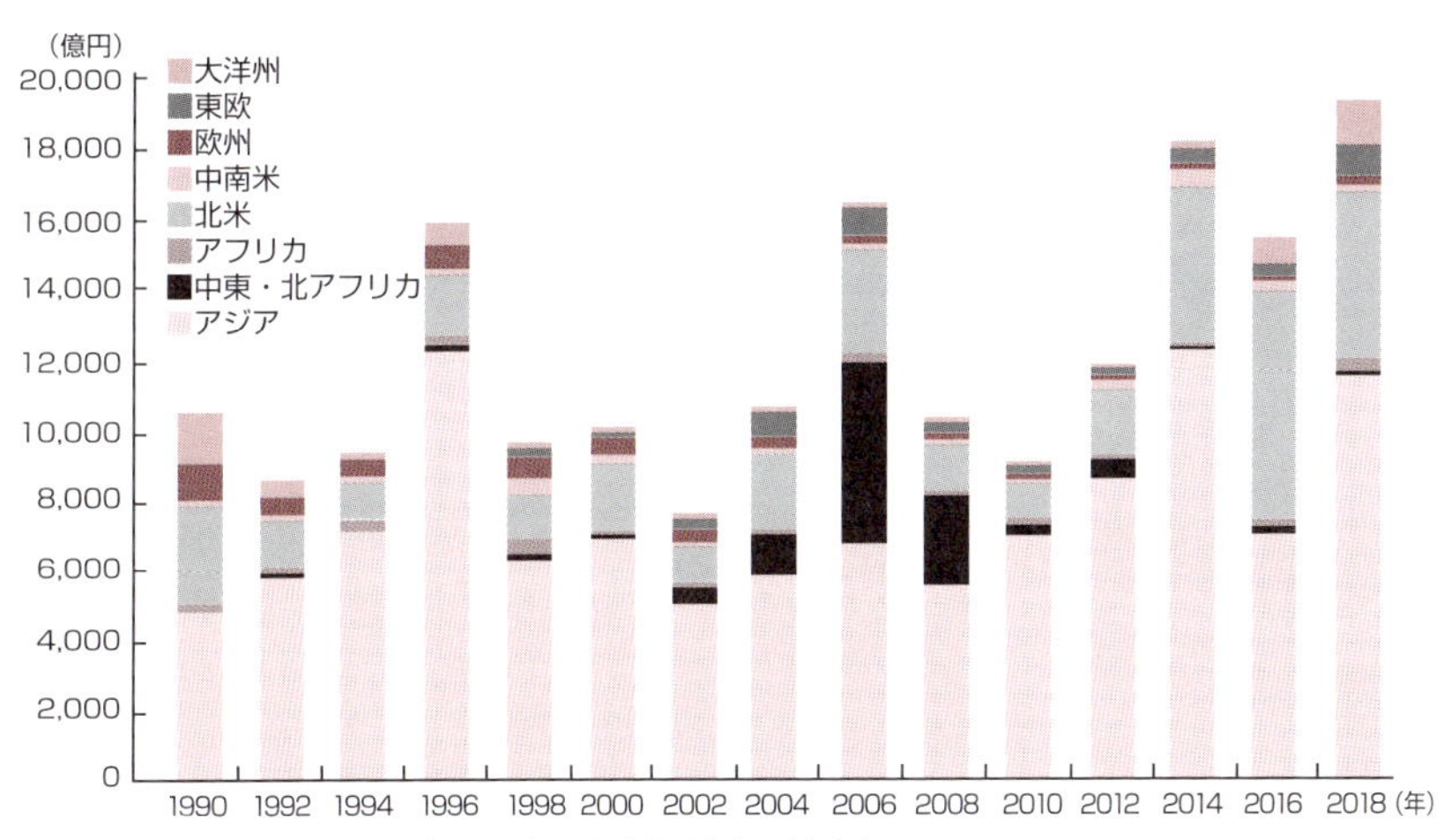

「海外受注実績の動向」(一般社団法人海外建設協会)
http://www.ocaji.or.jp/overseas_contract/

世界の大手建設企業売上高ランキング

(百万ドル)

2017年	2014年	企業名	2017年総売上高	うち海外売上高
1	17	CHINA STATE CONST ENG'G CORP.LTD.(中)	145,046	13,971
2	11	CHINA RAILWAY GROUP LTD.(中)	131,556	6,098
3	15	CHINA RAILWAY CONST.CORP.LTD(中)	102,237	7,003
4	―	CHINA COMMUNICATIONS CONST.GRP.LTD(中)	75,383	23,102
5	1	VINCI(仏)	46,174	18,884
15	10	大林組(日)	17,140	4,334
18	8	鹿島建設(日)	15,499	3,989
23	7	大成建設(日)	13,758	365
26	9	清水建設(日)	12,722	1,147

「建設業ハンドブック2019」社団法人日本建設業連合会
http://www.nikkenren.com/publication/handbook.html

＊**緊急地震速報**　地震の発生直後に、震源に近い地震計で計測したデータから震源や地震の規模を直ちに推定し、これに基づいて各地での主要動の到達時刻や震度を予測して素早く知らせる地震動の予報・警報です。列車やエレベーターをすばやく制御させたり、工場、オフィス、家庭などで避難行動をとることが期待されています。

4 Society5.0時代の建設業界

Society5.0の時代には、IoTですべての人とモノがつながり、様々な知識や情報が共有される社会が実現します。建設業界の大変革が近づいています。

これまでの情報社会（Society4.0）では知識や情報が十分には共有されず、分野横断的な連携が不十分であるという問題がありました。あふれる情報から必要な情報を見つけて分析する作業負担がありました。

Society5.0時代には、IoTですべての人とモノがつながり、様々な知識や情報が共有されます。現実空間のセンサーからの膨大な情報が仮想空間に集積され、そのビッグデータをAIが解析して現実空間に様々な形でフィードバックされます。膨大なビッグデータを人間の能力を超えたAIが解析し、その結果がロボットの動きなどを通して直接フィードバックされることで、新たな価値が社会にもたらされます。これにより新たな価値が生み出され、今までの課題を克服することが期待されています。

建設業界の大変革

現在、i-Constructionによって進められている建設業界の生産性向上がさらに深化します。設計・施工・維持管理などの建設プロセス全体が三次元データでつながれ、生産性をさらに向上させます。VRやAIによる施工計画の効率化、自動化やロボットによる施工の合理化、ドローンやセンサーによる測量や点検の効率化なども進みます。

例えば、河川管理業務においては、ドローンでの測量や低価格の水位計の活用などによって、新しい河川管理の形が作られています。

これまで人手による労働が多くあり、3Kの代表であった建設業界がスマートな業界に変わろうとしています。

＊Society 5.0　仮想空間と現実空間を高度に融合させたシステムにより、経済発展と社会的課題の解決を両立する、人間中心の社会をいいます。狩猟社会（Society 1.0）、農耕社会（Society 2.0）、工業社会（Society 3.0）、情報社会（Society 4.0）に続く新たな社会を指すものです。第5期科学技術基本計画において我が国が目指すべき未来社会の姿として提唱されました。

Society5.0で実現する社会

これまでの社会

必要な知識や情報が共有されず、新たな価値の創出が困難

IoT ですべての人とモノがつながり、様々な知識や情報が共有され、新たな価値がうまれる社会

これまでの社会

少子高齢化や地方の過疎化などの課題に十分に対応することが困難

少子高齢化、地方の過疎化などの課題をイノベーションにより克服する社会

Society5.0

これまでの社会

情報があふれ、必要な情報を見つけ、分析する作業に困難や負担が生じる

AI により、多くの情報を分析するなどの面倒な作業から解放される社会

これまでの社会

人が行う作業が多く、その能力に限界があり、高齢者や障害者には行動に制約がある

ロボットや自動運転車などの支援により、人の可能性が広がる社会

経済発展	社会的課題の解決
・エネルギーの需要増加	・温室効果ガス(GHG)排出削減
・食料の需要増加	・食料の増産やロスの削減
・寿命延伸、高齢化	・社会コストの抑制
・国際的な競争の激化	・持続可能な産業化
・富の集中や地域間の不平など	・富の再配分や地域間の格差是正

IoT、ロボット、AI 等の先端技術をあらゆる産業や社会生活に取り入れ、格差なく、多様なニーズにきめ細かに対応したモノやサービスを提供

「Society5.0」へ

経済発展と社会的課題の解決を両立

「Society5.0」(内閣府)
https://www8.cao.go.jp/cstp/society5_0/

【危機管理型水位計】これまでは河川に設置されている各水位計は、長い区間を受け持ち観測所地点の推移から各地点の水位を推定していたため、集落や氾濫ブロック単位で「氾濫の危険度がどの程度切迫しているのか」を直接的には把握できていませんでした。IoT技術を活用して低コストな水位計を開発することで、きめ細かな水位把握を促進しようとしています。

5 PFIが自治体を救う

PFI(Private Finance Initiative)は、公共施設などの建設、維持管理、運営などを民間の技術や資金、経営能力を活用して行う事業手法です。

従来の公共事業は、公共団体が設計・建設・運営の方法を決めてバラバラに発注する仕組みでした。PFIでは、どのような設計・建設・運営を行なえば最も効率的かについて民間事業者からの提案を受け、最も優れた提案を選定して設計から運営、そして資金調達まで行ってもらう制度です。民間の創意工夫を発揮してもらうことにより、公共施設等の建替え・改修・修繕や運営にかかわるコストの効率化を図ることができます。

施設運営権を企業に

二〇一一年のPFI法改正で、コンセッション事業が新設されました。これは、民間企業が施設の運営権を取得し、サービス内容や料金の設定・徴収を可能とする独立採算型です。公共が有する施設の所有権から切り出した運営権を選定した事業者に設定します。運営権には抵当権の設定も可能であるため、事業者の経営の自由度が高まりました。資金調達の幅も広がり、大規模な案件にも取り組みやすくなりました。二〇一三～二〇二二年度の一〇年間でPPP／PFIの事業規模を二一兆円に拡大する方針が示され、建設会社にとっても大きなビジネスチャンスとなっています。

大幅な効率化が見込めるPFI事業ですが、活用の拡大においては、法律の整備だけでなく、雇用問題や地元の権利調整などの問題解決も必要です。

PFI発祥の地である英国では、民間事業者が過剰な利益を得ているとの批判により、新規のPFI事業数が大きく減少しています。民間で行うのですから利益も必要ですが、公共性とのバランスが大切です。

＊PFI　平成11年に「民間資金等の活用による公共施設等の整備等の促進に関する法律（PFI法）」が制定されました。①国民に対して、安くて質の良い公共サービスが提供されること、②公共サービスの提供における行政の関わり方が改善されること、③民間の事業機会を新たにつくり、経済の活性化に貢献すること、が目的です。

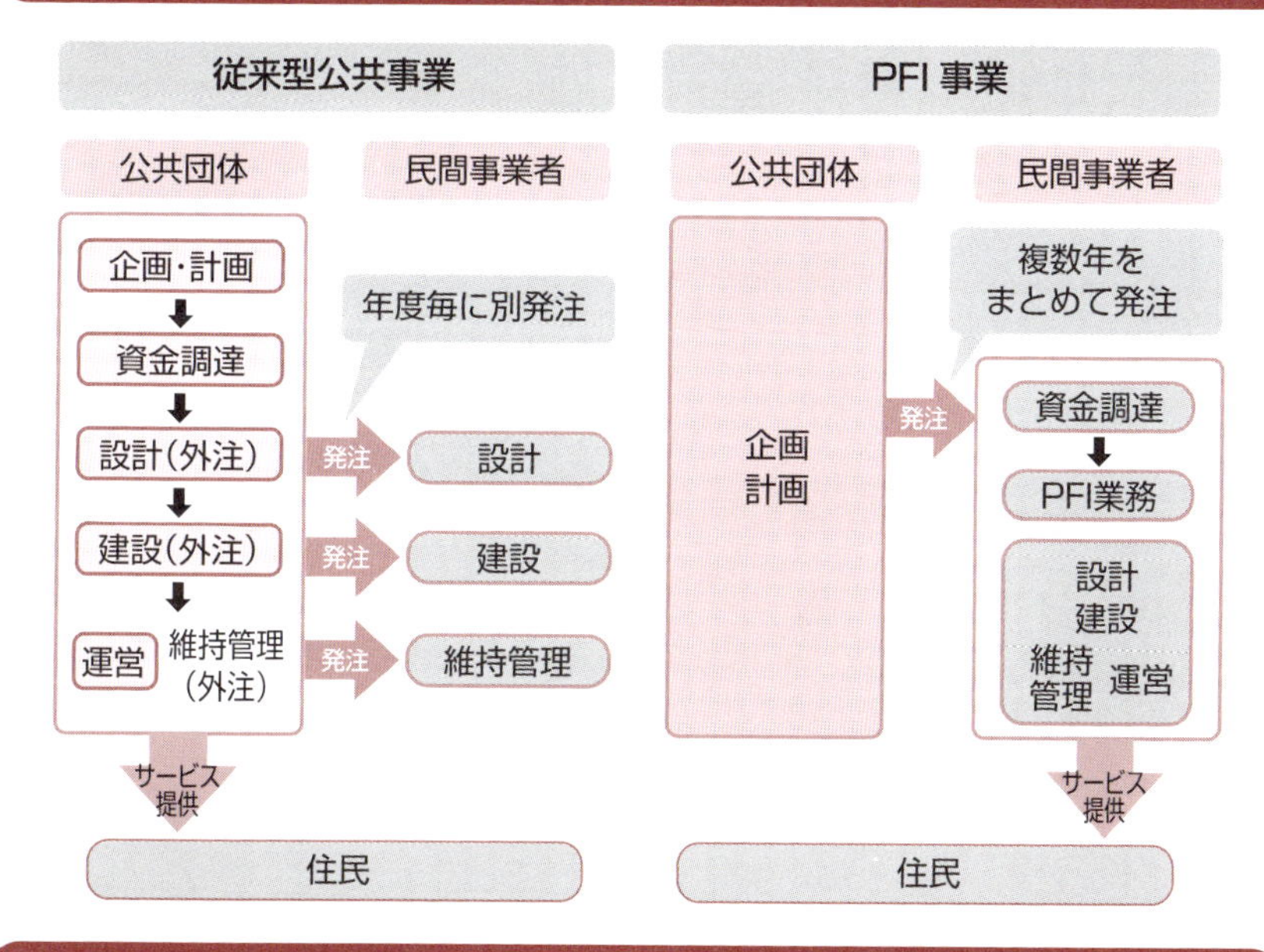

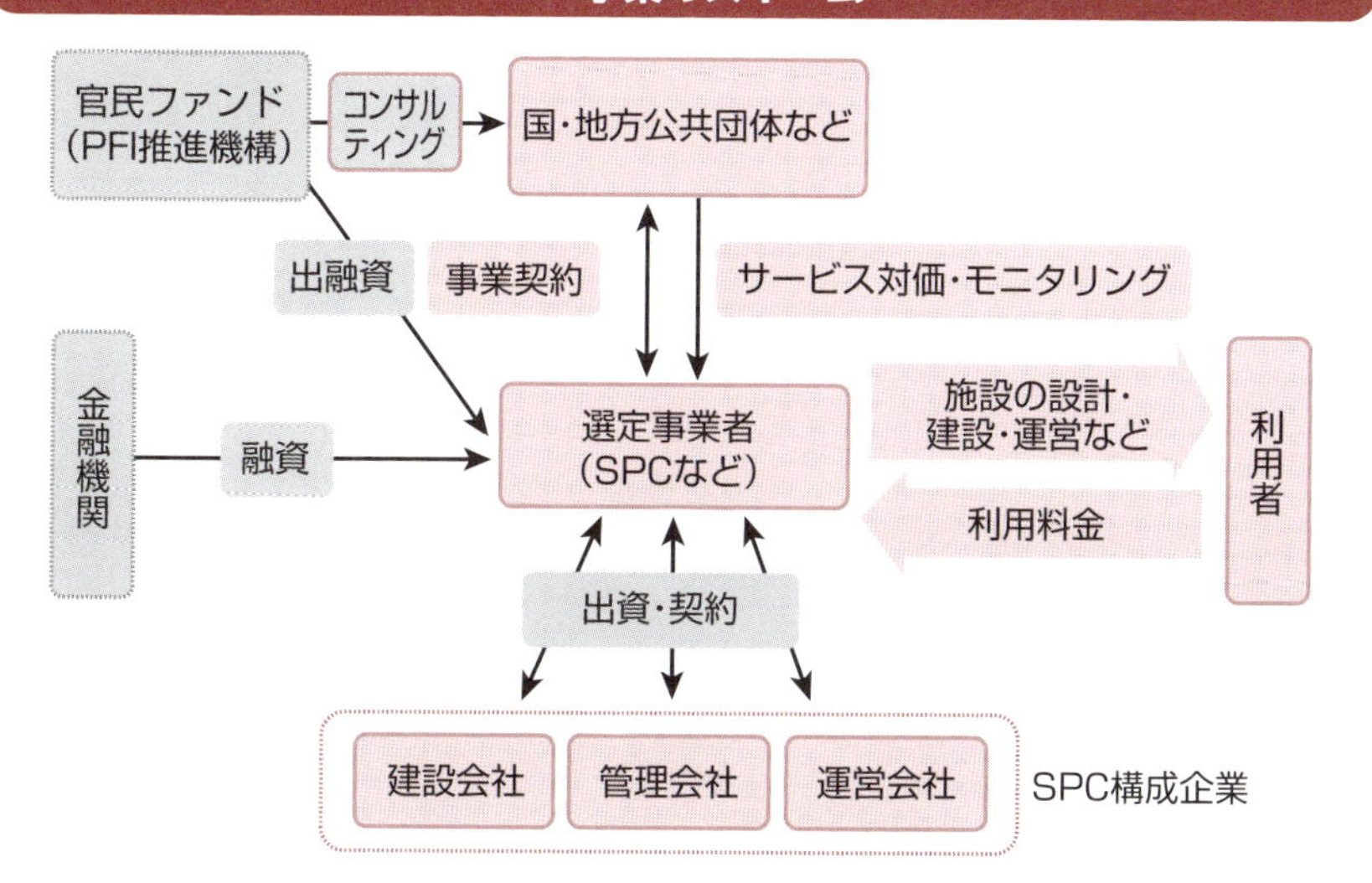

「PPP ／ PFI の概要」（内閣府民間資金等活用事業推進室）

＊ **PPP（Public Private Partnership）**　官民連携事業の総称です。PFI以外にも指定管理者制度の導入、包括的民間委託、民間事業者への公有地の貸し出しなどの手段があります。

6 災害時に力を発揮する建設業界

二〇一九年一〇月一二日に伊豆半島に上陸した台風一九号は関東・東北に甚大な被害をもたらしました。七県の七一河川一四〇カ所で堤防が決壊し、浸水面積は西日本豪雨を上回る二・五万haが確認されています。

わが国では、集中豪雨や地震などに伴う土石流、地すべり、崖崩れなどの土砂災害が、過去一〇(二〇〇九～二〇一八)年で平均約一〇〇〇件以上発生し、多くの被害を与えています。宅地開発により山麓まで住宅地が広がり、土石流や崖崩れの被害を受けやすくなっていることや、地球温暖化の影響による集中豪雨や局地的な大雨の影響が指摘されています。一時間当たりの降水量が五〇㎜以上の短時間強雨の発生回数も増加傾向にあります。二〇一五年七月末には全国で四五万カ所の土砂災害警戒区域、一九万カ所の土砂災害特別警戒区域指定されていましたが、二〇二〇年二月末にはそれぞれ、六一万カ所、四七万カ所に増加しています。

ゲリラ豪雨では身近な都市河川が氾濫したり、低地やくぼ地が水没したりするだけでなく、地下街や地下鉄など、地下空間の利用が増加しているため、浸水危険度地域が拡大しています。

このような、突発的な災害は、住居や社会インフラに甚大な被害を与えるだけでなく、企業活動にも深刻な影響を及ぼします。

建設業界の役割

災害時にいち早く現場に駆けつけ、二次災害を防止すること、迅速にインフラを復旧させ、住民生活を取り戻すことは、建設業界に課せられた重要な使命です。建設会社は、平時から災害時に備えて防災協定を締結しています。発注機関の多くが、建設会社に対して、震度六強程度の地震と広域水害に際して、復旧対応ができるような**事業継続計画**(**BCP**)の策定を期待しています。

＊**防災協定**　大地震・大洪水などのとき、物資や人の援助を受けられるよう、自治体が他の自治体や民間企業と結ぶ救援協定です。多くの建設業者が、自治体との間で防災協定を締結しています。国や特殊法人、自治体と、防災協定を締結している建設業者は経営事項審査で加点評価されます。

最近10年の土砂災害発生件数と人的被害者数

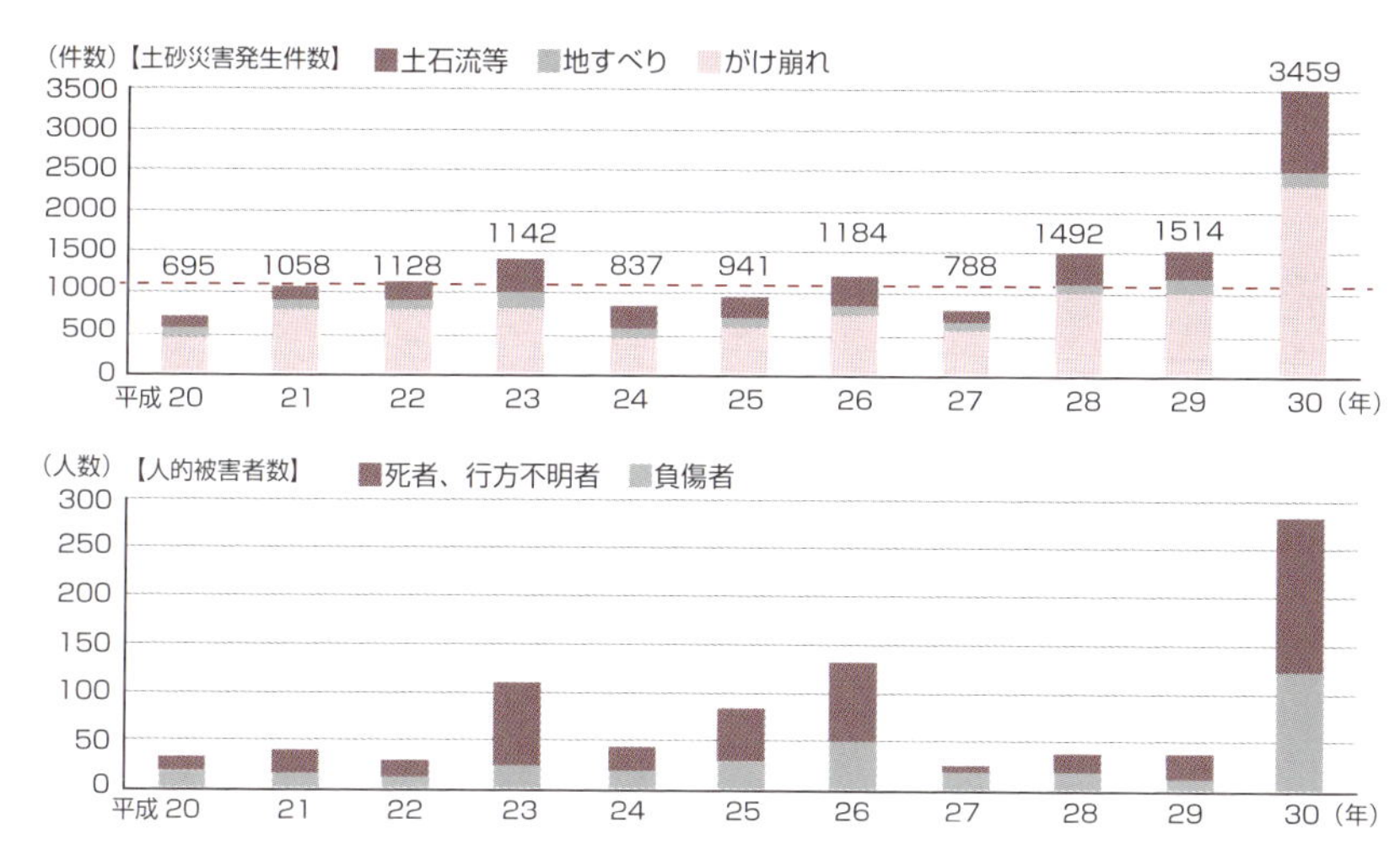

「平成30年 全国の土砂災害発生状況」(国土交通省)

BCPは、災害時に、重要業務が中断しないこと、また万一事業活動が中断した場合でも、目標復旧時間内に重要な機能を再開させるための計画です。

災害への対策

災害発生時に、住民が適切な避難行動を取れるよう、地方自治体では各種のハザードマップの整備を進めています。ハザードマップは、特定の災害による被害予測を地域別に示した地図です。防災意識を高め、被害を軽減するために自治体が作成しています。

しかし、ハザードマップは、過去の災害に基づいて作成されるため、東日本大震災のように過去最大級の災害では、被害が予想を上回ることもあります。

地域の建築物や自然・風土を熟知し、資材や建設機械を備えた建設会社は、災害の初動対応や復旧には欠かせない存在です。災害発生時には、建設会社は様々な障害のもとで、不眠不休の活動を続け、地域の安全を守るという役割を果たしています。二〇一九年の台風一九号でも約一週間で全ての箇所での仮堤防を完成させました。

用語解説

*** 崖崩れ、山崩れ、地すべり、土石流**　「崖崩れ」は台地上の斜面の崩壊で、「山崩れ」は山の斜面の崩壊です。「地すべり」は、山崩れが表層のみが崩れるのに対し、深部から幅広く崩壊するものです。「土石流」は渓流や沢に厚く堆積していた多量の石や礫が一気に流出するものです。豪雨や地震、地震後の降雨によって発生することもあります。

建設構造物の再生と長寿命化

老朽化した建設構造物の建て替えには多額の費用がかかります。建設構造物の再生と長寿命化が重要な課題となっています。

国土交通省では、二〇六〇年度までの五〇年間で社会資本の更新費用が一九〇兆円に上ると見込んでいます。高度経済成長期に整備された道路や橋がいっせいに更新時期を迎えるためです。長寿命化を図らなければ、二〇二七年度には維持管理・更新だけで、現在と同じ規模の公共事業費となり、新規事業ができなくなると試算しています。そこで、点検・修繕の頻度を上げて、更新までの期間を長期化させる方針です。長寿命化は、再建設にかかるエネルギーや費用を削減できるだけでなく、取り壊しによる廃棄物の発生も抑制します。

長寿命化を実現する予防保全

建設構造物を定期的に点検・診断し、異常や致命的欠陥が発現する前に速やかに対策を講じるのが**予防保全**です。予防保全を行うことで、ライフサイクルコストを低減することができます。単に修理を行うのではなく、戦略的な維持管理、更新が重要です。道路や橋などを長寿命化するためには、耐久性だけでなく将来の交通需要の変化などにも対応していく必要があります。

二〇一四年七月から、二m以上の道路橋やトンネルなどを五年に一回の頻度で点検することが義務付けられました。道路橋は全国に七二万橋、トンネルは一万本あります。

二〇一八年までに一巡目の検査が完了し、緊急措置段階と診断されたものは道路橋〇・一%、トンネル一%と多くありませんでしたが、早期措置段階と診断されたものは道路橋の一〇%、トンネルでは四一%に上りました。これは構造物の機能に支障が生じる可能性が

＊**ライフサイクルコスト(LCC：Life cycle cost)**　構造物の企画・設計から工事、運用、修繕までの全期間に要する費用を意味します。イニシャルコストと、運営費、保全・更新費などのランニングコストから構成されます。費用対効果は、イニシャルコストだけでなくトータルのライフサイクルコストを用いて検討する必要があります。

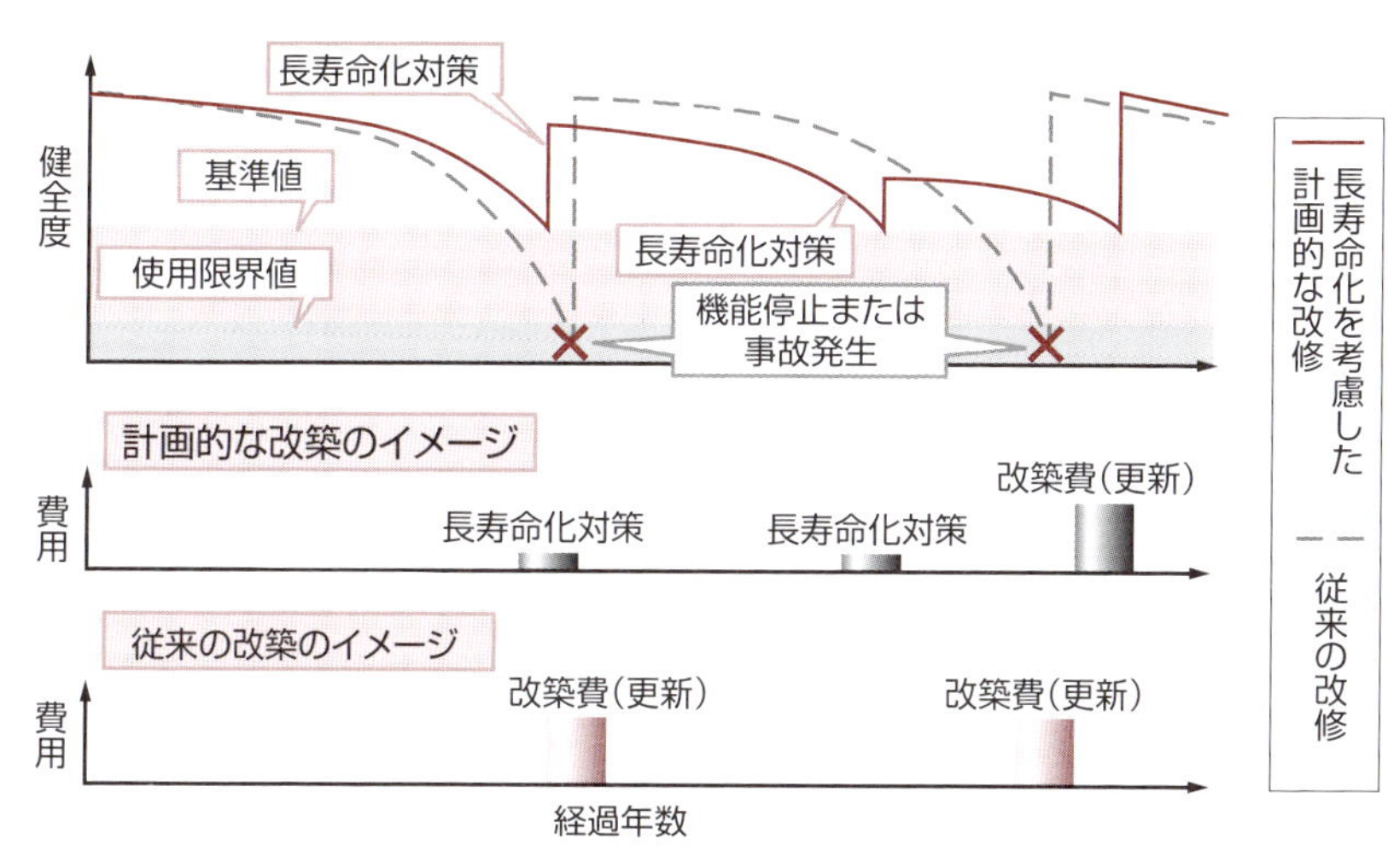

「計画的な改築・維持管理」(国土交通省)

あり、早期に措置を講ずべき状態です。

インフラ長寿命化計画

二〇一四年に国土交通省で策定されたインフラ長寿命化計画では、①定期的な点検で必要な修繕・更新を実施するとともに、情報をカルテとしてデータベース化してメンテナンスサイクルを構築する、②予防保全で長寿命化を進めることなどが示されています。

多くの市町村では、点検を行う人材と技術力が不足しています。そのため、点検・診断の発注を都道府県等が行う地域一括発注を実施しています。

一括発注を行うことで、①点検の発注規模を大きくできる、②点検実施主体となる都道府県等の技術支援を受けることができる、③点検データを一元的に管理できる、④市町村の業務を省力化できる、などが挙げられます。

点検を行った自治体からは、老朽化構造物の増加に対して、今後は統廃合が必要になるとの意見も出ています。

＊**コンバージョン** 既存のビルや商業施設、倉庫などを集合住宅などに用途転換することです。古いオフィスビルを安く買い取って都心型住居として供給するビジネスも登場しています。建築基準法における、採光や接道条件、避難階段などの規制は、オフィスとマンションでは異なるため注意が必要です。

8 魅力ある建設業界のために

平成二九年七月、国土交通省から「建設産業政策2017+10」が公表されました。労働人口の減少やAI・IoT技術の発達などの環境変化の元で「生産性」を高めながら「現場力」を維持するための方向性が示されています。

「建設産業政策2017+10」のキャッチコピーは、~若い人たちに明日の建設産業を語ろう~です。ここで示された課題を解決することが魅力ある建設業の実現につながります。建設業界の現状として、次のような課題が整理されました。

(1)人口減少や少子化・高齢化に伴い、担い手の確保が喫緊の課題となっている。

(2)長時間労働の是正や週休二日に向けた環境整備を進めることが必要である。そして、週休二日の確保が技能労働者の収入減少につながらないようにする必要がある。

(3)今後は、十分な人材を確保できない可能性を踏まえ、AIやIoTなどの技術を活用して生産性向上を図ることが必要である。

(4)住宅、オフィスビル等の建築物の整備、インフラの維持更新やマンション等の大規模修繕工事にも対応していくことが必要である。

(5)地方では、十年前と比べて建設業許可業者や建設業就業者が大きく減少している。また、大企業と中小企業での営業利益率や就業者の賃金の格差が拡大している。

(6)建設産業に対しては、ゆるぎない信頼は得られていない。二〇一四年には基礎ぐい工事問題、二〇一五年に落橋防止装置の溶接不良問題などが発生している。

(7)一方で、東日本大震災や熊本地震からの復旧・復興等を通じて、建設産業が国民の安全・安心に果たす役割が改めて認識されている。

【近隣対策】 市街地で建設工事を行う場合は、近隣対策に十分配慮しなければなりません。近隣対策で出てくる問題としては、工事による騒音、振動などの障害だけでなく、建設物による日照問題、眺望問題、電波障害、プライバシーの侵害、交通障害などがあります。

(8) アジアを始めとしてインフラ需要が増大する見込みである。中国・韓国や欧米の競合企業との国際競争が激化している。

これからの建設産業政策

このような現状に対して、①働き方改革、②生産性向上、③良質な建設サービスの提供、④地域力強化の分野での政策が提言されています。

建設業界に関わる人たちは「建設産業政策2017+10」を国の政策として受け身で捉えるのではなく、自らが主体的に取り組み、建設産業を魅力ある産業にしていくことが求められています。

具体的な建設産業政策

①働き方改革	③良質な建設サービス
処遇の改善	設計品質の向上
現場の安全性	発注者体制の補完
適切な工期	顧客(発注者)保護
休日の拡大	働く人の「見える化」
若者のキャリアパス	④地域力の強化
指導者の確保	地域建設業の役割
②生産性向上	経営力を高める
手戻り・手待ち削減	地域貢献の後押し
配置・活用の最適化	地域での連携強化
繁閑の波をなくす	
ICT 化の推進	
書類の簡素化	
フィールドの拡大	

「建設産業2017+10」(平成29年7月4日　建設産業政策会議) より作成

建設産業政策 2017+10

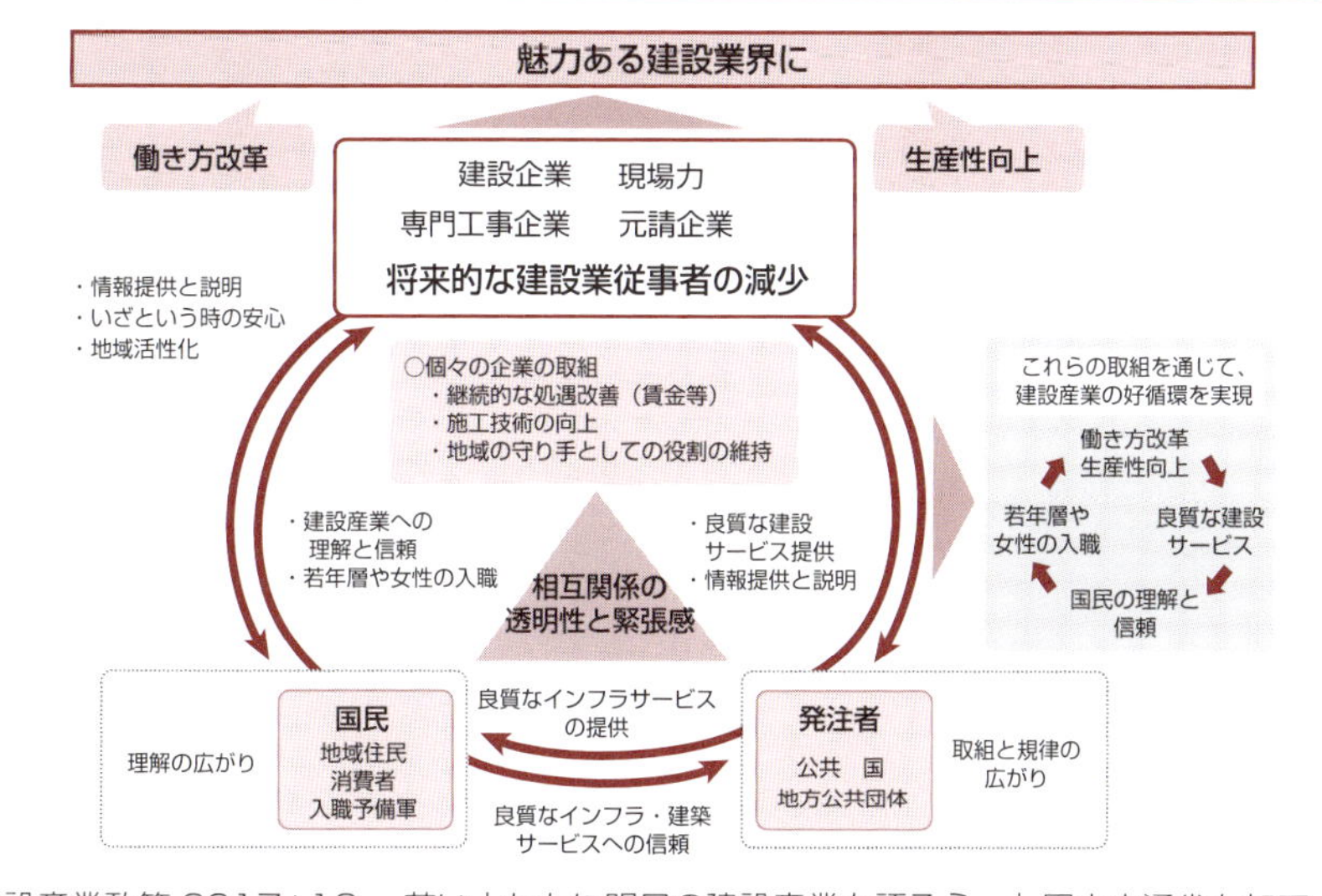

「建設産業政策 2017+10 ～若い人たちに明日の建設産業を語ろう～」国土交通省を加工

＊**会計検査**　会計検査院が、税金がきちんとムダなく使われているかをチェックすることです。会計検査院は、内閣から独立した憲法上の機関として、各省庁、公団、独立行政法人などを厳しく公平に検査します。公共事業は、重点を置いて検査を行う分野として挙げられています。

9 大きく変わりつつある建設業界

十年後には今とは異なる新しい建設業界の姿を見ることができるはずです。

わが国の建設投資額は一九九二年度の八四兆円をピークに二〇一〇年度には半分の四二兆円にまで落ち込みました。その後、東日本大震災の復興需要、オリンピックやインバウンド需要に向けての建設投資の拡大によって建設投資は回復し、二〇二〇年度は六三兆円にまで回復する見込みです。主要建設会社四〇社の売上高は二〇一〇年の一一・三兆円から二〇一八年には一五・九兆円に、営業利益は〇・二兆円から一・二兆円に伸びています。

しかし、多くの地方での建設投資は低迷したままであり、民間投資は都市部に偏っています。地域格差の拡大が進行しており、地方では建設会社の存続が危ぶまれている地域も発生しています。例えば、除雪業務を行う企業に対して(一社)全国建設業協会が行った調査によれば、七割の企業が五年後には人員と機材の維持ができなくなると回答しています。

これからの建設業界

これまで建設業界は、その時々の環境変化に大きく影響を受けてきました。バブルそしてバブル崩壊、建設冬の時代や公共工事削減が続き、そして東日本大震災やオリンピック準備での需要拡大になりました。しかし、冷静に建設業界を見ると、老朽化が進む多くのインフラを前にして、その仕事を担う人材不足が大きな課題になっています。

IoTやAIなどの技術の発達にともない、建設業界の仕事が今まさに変わろうとしています。

ICTやドローンなどのロボット技術による現場の生産性向上、賃金の底上げ、週休二日制の導入による労働環境の改善などです。女性・高齢者・外国人も担

【特殊な作業】 大規模災害が発生する度に建設業の重要性が再認識されます。鳥インフルエンザでの埋設作業も建設会社が対応しました。

更新を待つ多くの構造物

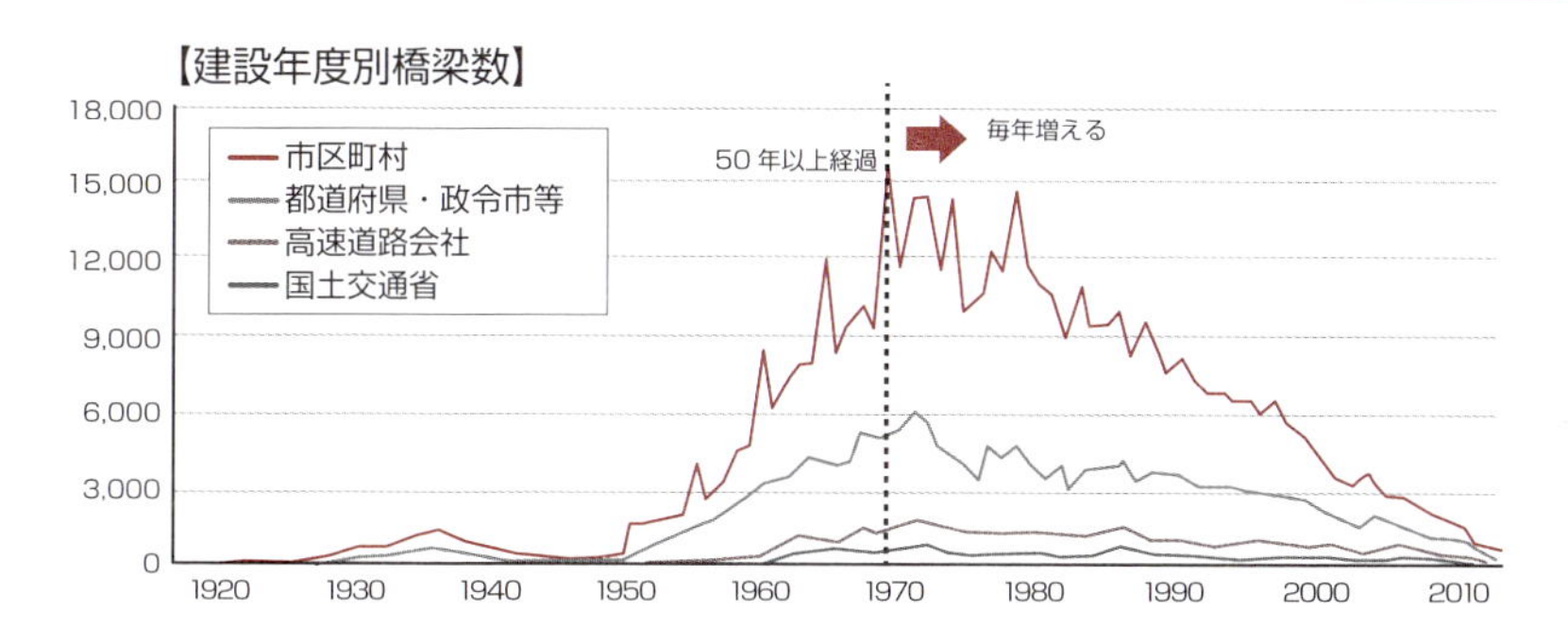

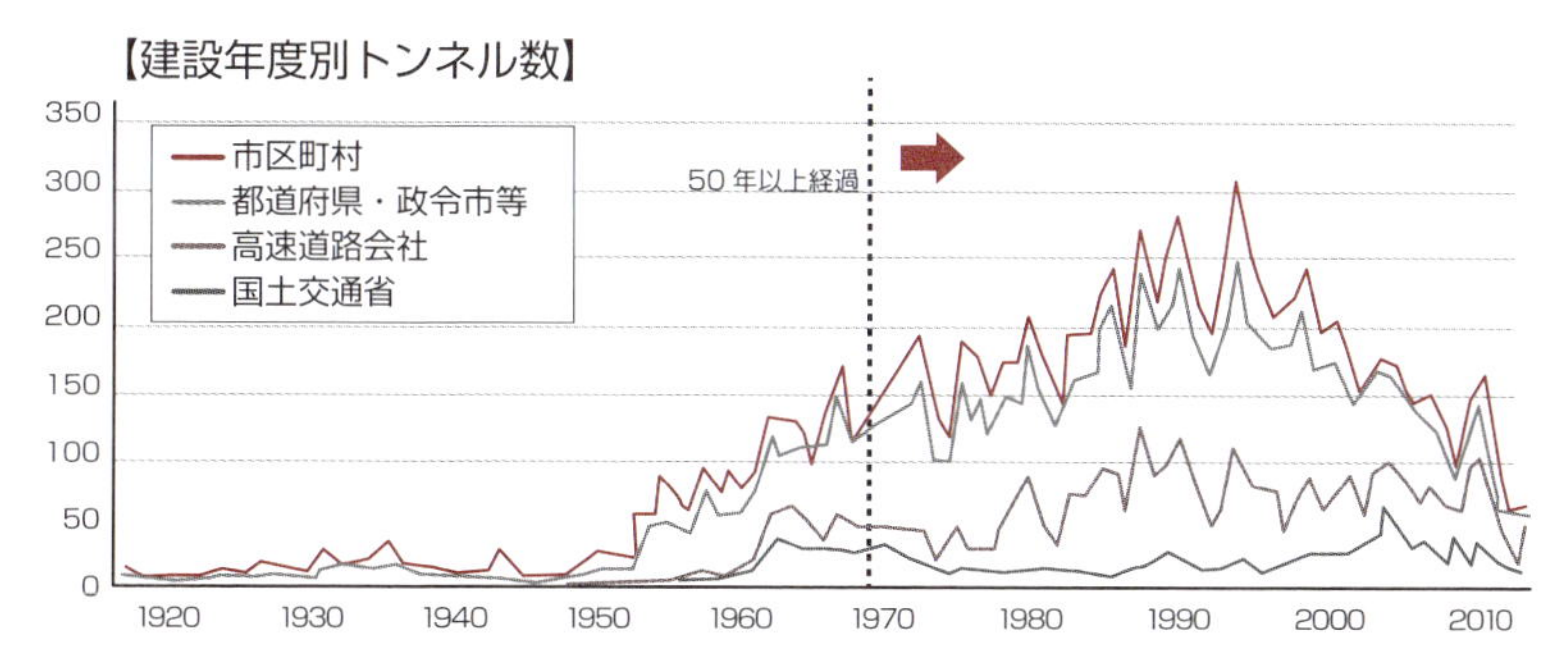

「道路メンテナンス年報　令和元年８月」（国土交通省）に加筆

い手として期待されています。資金力不足、技術者不足、小規模工事中心の企業には効果的な活用が難しいなどの課題もありますが、確実に業界は変わっていきます。

建設業は、良質なインフラ整備や維持管理を行うことで生活環境の向上や活性化をはかります。災害の発生時には危険を顧みず。昼夜を問わず応急対応を行って地域の安全と安心を確保します。このような事業を行うことで地域に貢献しています。この役割は未来永劫代わることはありません。そして目の前には更新を待つ多くの構造物があります。

建設業界が一丸となって課題を解決し、新しい建設業界を描いていくことが求められています。

【大地震の発生確率】　政府の地震本部が発表した全国地震動予測地図2018年版では、今後30年の地震発生確率が示されています。根室沖のプレート間巨大地震80％程度、南海トラフ沿いM8～M9クラスの地震70％～80％、相模トラフ沿いM7程度70％程度となっています。

建設業界の魅力

大規模な建設構造物や新しい建設構造物には、多くの人が関心を持ち、見学に訪れます。建設構造物には人を引き付ける魅力があります。

私は、学校で土木を学び、ゼネコンに入って大きな構造物を造ることを夢みていました。大学3年生の夏には、本州四国連絡橋公団で実習をし、大鳴門橋の建設現場で、ケーブル架設中のキャットウォークを歩いてタワー間を移動しました。塔頂から真下に見た鳴門の渦潮は一生の思い出です。

日建協の組合員約1.5万人の調査によると、建設業に魅力を感じている人は6割となっています。魅力を感じている理由は、①後世に残る、②創造する喜び、③共同して仕事をする喜びが上位に来ています。建設業は、「ものづくり」が大きな魅力です。

逆に魅力を感じない理由としては、①労働時間が長い、②前近代的体質、③請負体質、④社会的評価が低い、⑤賃金水準が低いなどが挙がっています。

2009年には2.9万人にまで減少していた建設業に入職する新規学卒者は、2018年には4.1万人にまで回復していますが、建設業界をさらに魅力的な業界にするための課題は明確です。建設業界がさらに魅力的になり、そして、建設の仕事の素晴らしさを多くの若者に感じて欲しいと思っています。

建設業に魅力を感じる点

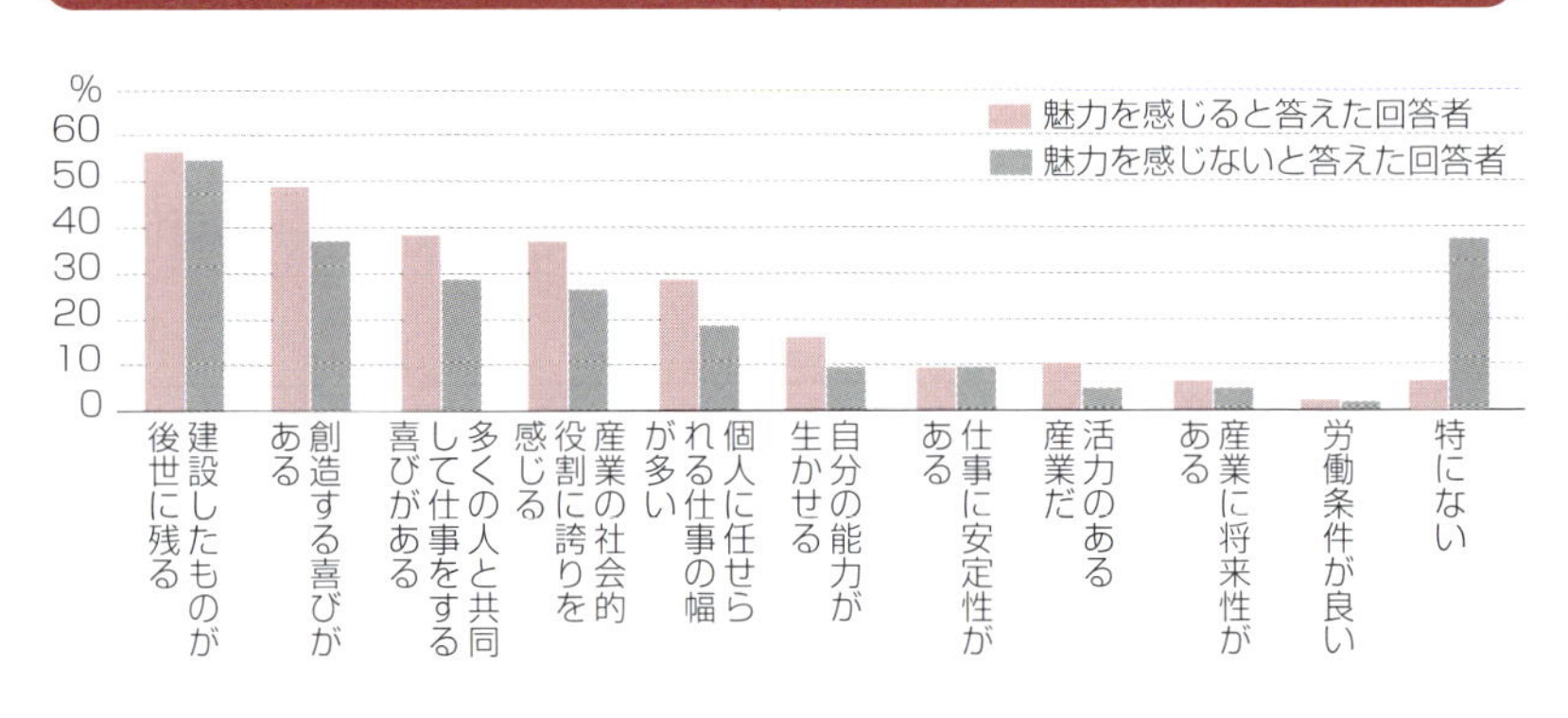

2019 時短アンケートの概要（日本建設産業職員労働組合協議会）

資　料

- 建設業界勢力図
- 主な建設業界関連団体

勢力図

※売上高は2019年度

海洋土木	道路工事	プラント・設備工事	ハウスメーカー
			大和ハウス工業 4兆3,802億円 積水ハウス 2兆4,152億円 大東建託 1兆5,863億円 飯田グループ 1兆4,020億円
五洋建設 5,738億円		関電工 6,161億円 きんでん 5,859億円 協和エクシオ 5,246億円	旭化成ホームズ 6,493億円
東亜建設工業 1,903億円 東洋建設 1,748億円 若築建設 1,078億円	NIPPO 4,291億円 前田道路 2,378億円 日本道路 1,487億円 鹿島道路 1,342億円 大林道路 ※2017年大林組の完全子会社化 東亜道路工業 1,091億円 大成ロテック 1,028億円	日揮 4,808億円 九電工 4,289億円 千代田化工建設 3,859億円 高砂熱学工業 3,209億円 東洋エンジニアリング 2,191億円 東芝プラントシステム ※2020年上場廃止	一条工務店 4,392億円※ ●ミサワホーム 3,993億円※ ●パナソニックホームズ 三井ホーム ※2018年三井不動産の完全子会社化 ●トヨタホーム タマホーム 1,869億円※ 2020年 ミサワホーム、パナソニックホーム、トヨタホーム、村松組がプライムライフテクノロジーズへ
	世紀東急工業 786億円		

建設業界

連結売上高	ゼネコン
1兆円	大林組 2兆730億円 / 鹿島 2兆107億円 / 大成建設 1兆7,513億円 / 清水建設 1兆6,983億円 / 竹中工務店 1兆3,521億円
5,000億円超	長谷工コーポレーション 8,460億円 / 戸田建設 5,211億円 / フジタ 5,098億円 ※2013年大和ハウス工業の子会社化
1,000億円超	前田建設工業 4,878億円 / 三井住友建設 4,724億円 / 熊谷組 4,361億円 / 西松建設 3,916億円 / 安藤ハザマ 3,781億円 / 日鉄エンジニアリング 3,404億円 / 東急建設 3,232億円 / 日鉄住金テックスエンジ（旧 太平工業） 3,176億円 / 鴻池組 2,610億円 / 奥村組 2,264億円 / 鉄建建設 1,928億円 / 福田組 1,821億円 / 大豊建設 1,628億円 / 淺沼組 1,415億円 / 東鉄工業 1,460億円 / 佐藤工業 1,393億円 / 飛島建設 1,348億円 / 錢高組 1,329億円 / 日本国土開発 1,195億円※ / ピーエス三菱 1,057億円
1,000億円以下	大鉄工業 958億円 / JFEシビル 895億円 / 岩田地崎建設 823億円※ / 大本組 791億円

※2018年度

日本人の受賞が最多 建築界のノーベル賞、プリツカー賞

プリツカー賞は、世界中で活躍する建築家の業績をたたえて贈られる賞です。アメリカ合衆国のホテルチェーン，ハイアットの創業者一族であるジェイ・プリツカーとシンディ・プリツカーにより創設されました。

建築業界で最も権威がある賞の一つとされ、建築界のノーベル賞と称されます。「建築を通じて人類や環境に一貫した意義深い貢献をしてきた」という点が評価されます。選考の方式や褒章の内容については、ノーベル賞を手本に定められたといわれています。

2019年に磯崎新氏が受賞して日本人の受賞者はアメリカと並び最多の8人となりました。日本の建築家が世界に評価されています。

日本では、日本建築学会賞や日本建築大賞（日本建築家協会）などがあります。

プリツカー賞を受賞した日本人建築家

受賞年	建築家	代表作
1987年	丹下健三	代々木第一体育館、東京都庁
1993年	槇文彦	幕張メッセ国際展示場、代官山ヒルサイドテラス
1995年	安藤忠雄	住吉の長屋、光の教会、表参道ヒルズ
2010年	SANAA（妹島和世・西沢立衛）	金沢21世紀美術館、ルーブル・ランス、ディオール表参道
2013年	伊東豊雄	仙台メディアテーク、台中メトロポリタン・オペラハウス
2014年	坂茂	静岡県富士山世界遺産センター、ポンピドゥー・センター・メス
2019年	磯崎新	北九州市立美術館、北九州市立中央図書館

【主な建設業界関連団体】

（公財）建設業適正取引推進機構
〒102-0076　東京都千代田区五番町12-3
五番町YSビル3F
TEL：03-3239-5061
URL：http://www.tekitori.or.jp/

（公財）建設業福祉共済団
〒105-0001　東京都港区虎ノ門1-2-8
虎ノ門琴平タワー11F
TEL：03-3591-8451
URL：http://www.kyousaidan.or.jp/

建設業労働災害防止協会
〒108-0014　東京都港区芝5-35-2
安全衛生総合会館7F
TEL：03-3453-8201（代）
URL：http://www.kensaibou.or.jp/

（一財）建設経済研究所
〒105-0003　東京都港区西新橋3-25-33
フロンティア御成門8F
TEL：03-3433-5011
URL：http://www.rice.or.jp/

（一社）建設コンサルタンツ協会
〒102-0075　東京都千代田区三番町1番地
KY三番町ビル8F
TEL：03-3239-7992
URL：http://www.jcca.or.jp/

建設コンサルタンツ協同組合
〒170-0013　東京都豊島区東池袋4-41-24
東池袋センタービル7F
TEL：03-5956-5598
URL：http://www.kencon-coop.or.jp/

（一財）建設産業経理研究機構
〒105-0001　東京都港区虎ノ門4-2-12
虎ノ門4丁目MTビル2号館3F
TEL：03-5425-1261
URL：http://www.farci.or.jp

（一社）建設産業専門団体連合会
〒105-0001　東京都港区虎ノ門4-2-12
虎ノ門4丁目MTビル2号館3F
TEL：03-5425-6805
URL：http://www.kensenren.or.jp/

（一社）海外建設協会
〒104-0032　東京都中央区八丁堀2-24-2
八丁堀第一生命ビル7F
TEL：03-3553-1631（代）
URL：http://www.ocaji.or.jp/

（一社）河川ポンプ施設技術協会
〒107-0052　東京都港区赤坂2-22-15
赤坂加藤ビル3F
TEL：03-5562-0621
URL：http://www.pump.or.jp/

（一財）橋梁調査会
〒112-0013　東京都文京区音羽2-10-2
日本生命音羽ビル8F
TEL：03-5940-7788
URL：http://www.jbec.or.jp/

（独）勤労者退職金共済機構
（建設業退職金共済事業本部）
〒170-8055　東京都豊島区東池袋1-24-1
TEL：03-6731-2841
URL：http://www.taisyokukin.go.jp/

（一社）軽仮設リース業協会
〒101-0052　東京都千代田区神田小川町2-2
サンブリヂ小川町ビル4F
TEL：03-3293-3148
URL：http://www.keikasetsu.or.jp/

（公財）建設技術教育普及センター
〒102-0094　東京都千代田区紀尾井町3-6
紀尾井町パークビル
TEL：03-6261-3310
URL：https://www.jaeic.or.jp/

（一財）建設業情報管理センター
〒104-0045　東京都中央区築地2-11-24
第29興和ビル7F
TEL：03-5565-6131
URL：http://www.ciic.or.jp/

（一財）建設業振興基金
〒105-0001　東京都港区虎ノ門4-2-12
虎ノ門4丁目MTビル2号館
TEL：03-5473-4570
URL：http://www.kensetsu-kikin.or.jp/

(公社) 全国解体工事業団体連合会
〒104-0032　東京都中央区八丁堀4-1-3
安和宝町ビル6F
TEL：03-3555-2196
URL：http://www.zenkaikouren.or.jp/

全国管工事業協同組合連合会
〒170-0004　東京都豊島区北大塚3-30-10
全管連会館
TEL：03-5981-8957
URL：http://www.zenkanren.jp/

(一社) 全国基礎工事業団体連合会
〒132-0035　東京都江戸川区平井5-10-12
アイケイビル4F
TEL：03-3612-6611
URL：http://www.kt.rim.or.jp/~zenkiren/

(一社) 全国クレーン建設業協会
〒104-0028　東京都中央区八重洲2-7-9
相模ビル4F
TEL：03-3281-5003
URL：http://www.jccca.or.jp/

(一社) 全国建設業協会
〒104-0032　東京都中央区八丁堀2-5-1
東京建設会館5F
TEL：03-3551-9396(代)
URL：http://www.zenken-net.or.jp/

全国建設業協同組合連合会
〒104-0032　東京都中央区八丁堀2-5-1
東京建設会館4F
TEL：03-3553-0984
URL：http://www.zenkenkyoren.or.jp/

全国建設産業協会
〒176-0011　東京都練馬区豊玉上2-19-11
サンパーク豊玉2F-2B
TEL：03-3948-6214
URL：http://zenkensan.o.oo7.jp

(一社) 全国建設産業団体連合会
〒105-0001　東京都港区虎ノ門4-2-12
虎ノ門4丁目MTビル2号館3F
TEL：03-5473-1596(代)
URL：http://www.kensanren.or.jp/

(一社) 公共建築協会
〒104-0033　東京都中央区新川1-24-8
東熱新川ビル6F
TEL：03-3523-0381(代)
URL：http://www.pbaweb.jp/

(一社) 国際建設技術協会
〒112-0014　東京都文京区関口1-23-6
プラザ江戸川橋3F
TEL：03-5227-4100
URL：http://www.idi.or.jp/

(一社) 斜面防災対策技術協会
〒105-0004　東京都港区新橋6-12-7
新橋SDビル6F
TEL：03-3438-0493
URL：http://www.jasdim.or.jp/

(一社) 重仮設業協会
〒103-0014　東京都中央区日本橋蛎殻町1-20-10
ダイアビル3F
TEL：03-3667-4816
URL:http://www.jukasetsu.or.jp/

(一社) 住宅生産団体連合会
〒102-0085　東京都千代田区六番町3番地
六番町SKビル2F
TEL：03-5275-7251
URL:https://www.judanren.or.jp/

(一社) 消防施設工事協会
〒102-0074　東京都千代田区九段南3-5-6
スマイルビル2F
TEL：03-3288-0352
URL：http://www.sskk-net.or.jp/

全国圧接業協同組合連合会
〒111-0053　東京都台東区浅草橋3-1-1
UFビル6　7F
TEL：03-5821-3966
URL：http://www.assetsu.com/

(一社) 全国圧入協会
〒108-0075　東京都港区港南2-4-3
三和港南ビル5F
TEL：03-5781-9155
URL：http://www.atsunyu.gr.jp/

(一社) 全国中小建設業協会
〒104-0041　東京都中央区新富2-4-5
ニュー新富ビル2F
TEL：03-5542-0331
http://www.zenchuken.or.jp/

(一社) 全国中小建築工事業団体連合会
〒103-0013　東京都中央区日本橋人形町2-8-3
第五篠原ビル2F
TEL：03-5643-1065
URL：http://www.zenkenren.or.jp/

(公社) 全国鉄筋工事業協会
〒101-0046　東京都千代田区神田多町2-9-6
田中ビル4F
TEL：03-5577-5959
URL：http://www.zentekkin.or.jp/

(一社) 全国鐵構工業協会
〒103-0026　東京都中央区日本橋兜町21-7
兜町ユニ・スクエア
TEL：03-3667-6501
URL：http://www.jsfa.or.jp/

(一社) 全国防水工事業協会
〒101-0047　東京都千代田区内神田3-3-4
全農薬ビル6F
TEL：03-5298-3793
URL：http://www.jrca.or.jp/

全国マスチック事業協同組合連合会
〒150-0032　東京都渋谷区鶯谷町19-22
塗装会館
TEL：03-3496-3861
URL：http://www.mastic.or.jp/

(一社) 全日本瓦工事業連盟
〒102-0071　東京都千代田区富士見1-7-9
TEL：03-3265-2887
URL：http://www.yane.or.jp/

(一社) 全日本建設技術協会
〒107-0052　東京都港区赤坂3-21-13
キーストーン赤坂ビル7F
TEL：03-3585-4546
URL：http://www.zenken.com/

(一社) 全国建設室内工事業協会
〒103-0013　東京都中央区日本橋人形町1-5-10
神田ビル4F
TEL：03-3666-4482
URL：http://www.zsk.or.jp/

(一社) 全国コンクリート圧送事業団体連合会
〒101-0041　東京都千代田区神田須田町1-13-5
藤野ビル7F
TEL：03-3254-0731
URL：http://www.zenatsuren.com/

(一社) 全国さく井協会
〒104-0032　東京都中央区八丁堀2-5-1
東京建設会館4F
TEL：03-3551-7524
URL：http://www.sakusei.or.jp/

(公社) 全国市街地再開発協会
〒102-0075　東京都千代田区三番町1-5
石油健保ビル2F
TEL：03-6265-6691(代)
URL：http://www.uraja.or.jp/

全国浚渫業協会
〒103-0014　東京都中央区日本橋蛎殻町1-28-9
ヤマナシビル3F
TEL：03-3661-3561
URL：http://www.zen-shun.com/

(公社) 全国上下水道コンサルタント協会
〒116-0013　東京都荒川区西日暮里5-26-8
スズヨシビル7F
TEL：03-6806-5751
URL：http://www.suikon.or.jp/

(一社) 全国測量設計業協会連合会
〒162-0801　東京都新宿区山吹町11-1
測量年金会館8F
TEL：03-3235-7271(代)
URL：http://www.zensokuren.or.jp/

(一社) 全国地質調査業協会連合会
〒101-0047　東京都千代田区内神田1-5-13
内神田TKビル3F
TEL：03-3518-8873
URL：http://www.zenchiren.or.jp/

(一社) 日本埋立浚渫協会
〒107-0052　東京都港区赤坂3-3-5
住友生命山王ビル8F
TEL：03-5549-7468
URL：http://www.umeshunkyo.or.jp/

(一社) 日本運動施設建設業協会
〒101-0032　東京都千代田区岩本町2-4-7
小林ビル4F
TEL：03-6683-8865
URL：http://www.sfca.jp/

(公社) 日本エクステリア建設業協会
〒111-0052　東京都台東区柳橋1-5-2
ツネフジビルディング5F
TEL：03-3865-5671
URL：http://jpex.or.jp/

(一社) 日本海上起重技術協会
〒103-0002　東京都中央区日本橋馬喰町1-3-8
ユースビル8F
TEL：03-5640-2941
URL：http://www.kaigikyo.jp/

日本外壁仕上業協同組合連合会
〒151-0053　東京都渋谷区代々木2-5-1
羽田ビル502
TEL：03-3374-3982
URL：http://n-gaineki.jp/

(一社) 日本型枠工事業協会
〒105-0004 東京都港区新橋6-20-11
IKビル1F
TEL：03-6435-6208
URL：http://www.nikkendaikyou.or.jp/

(一社) 日本基礎建設協会
〒104-0032　東京都中央区八丁4-14-7
ファイブビル八丁堀ビル705
TEL：03-3551-7018
URL：http://www.kisokyo.or.jp/

(一社) 日本機械土工協会
〒110-0015　東京都台東区東上野5-1-8
上野富士ビル9F
TEL：03-3845-2727
URL：http://www.jemca.jp/

ダイヤモンド工事業協同組合
〒108-0014　東京都港区芝5-13-16
三田文銭堂ビル2F
TEL：03-3454-6990
URL：http://www.dca.or.jp/

(一社) ダム・堰施設技術協会
〒112-0014　東京都文京区関口1-47-12
江戸川橋ビル3F
TEL：03-3267-0371
URL：http://www.dam777.ec-net.jp/

(一社) 鉄骨建設業協会
〒101-0032 東京都千代田区岩本町1-3-3
プロスパービル2F
TEL：03-5829-6124
URL：http://www.tekken-kyo.or.jp/

(一社) 電力土木技術協会
〒105-0011　東京都港区芝公園2-8-2
小貝ビル4F
TEL：03-3432-8905
URL：http://www.jepoc.or.jp/

(一社) 都市計画コンサルタント協会
〒102-0093　東京都千代田区平河町2-12-18
ハイツニュー平河3F
TEL：03-3261-6058
URL：http://www.toshicon.or.jp/

(一社) 土地改良建設協会
〒105-0004　東京都港区新橋5-34-4
農業土木会館2F
TEL：03-3434-5961
URL：http://www.dokaikyo.or.jp/

(一社) 日本アンカー協会
〒101-0061　東京都千代田区三崎町2-9-12
弥栄ビル5F
TEL：03-5214-1168
URL：http://www.japan-anchor.or.jp/

(一社) 日本ウエルポイント協会
〒160-0003　東京都新宿区四谷本塩町23
第2田中ビル9F
TEL：03-3226-6221

(一社) 日本建設業経営協会
〒135-0016　東京都江東区東陽5-30-13
東京原木会館10F
TEL：03-6458-7291
URL：http://www.nikkenkei.jp/

(一社) 日本建設業連合会
〒104-0032　東京都中央区八丁堀2-5-1
東京建設会館8F
TEL：03-3553-0701
URL：http://www.nikkenren.com/

(一社) 日本建設躯体工事業団体連合会
〒173-0025　東京都板橋区熊野町34-7
東京躯体会館2F
TEL：03-3972-7221
URL：http://www.nihonkutai.or.jp/

(一社) 日本建設組合連合
〒105-0003　東京都港区西新橋1-6-11
西新橋光和ビル6F
TEL：03-3504-1515
URL：http://www.kensetsurengou.org/

(一社) 日本建築大工技能士会
〒101-0025　東京都千代田区神田佐久間町1-14
第2東ビル9F
TEL：03-3253-8301
URL：http://jptca.jp/

(一社) 日本建築板金協会
〒108-0073　東京都港区三田1-3-37　板金会館5F
TEL：03-3453-7698
URL：http://www.zenban.jp/nichibankyou-top.html

(公社) 日本コンクリート工学会
〒102-0083　東京都千代田区麹町1-7
相互半蔵門ビル12F
TEL：03-3263-1571
URL：http://www.jci-net.or.jp/

(一社) 日本左官業組合連合会
〒162-0841　東京都新宿区払方町25-3
TEL：03-3269-0560
URL：http://www.nissaren.or.jp/

(一社) 日本橋梁建設協会
〒105-0003　東京都港区西新橋1-6-11
西新橋光和ビル9F
TEL：03-3507-5225
URL：http://www.jasbc.or.jp/

(一社) 日本橋梁・鋼構造物塗装技術協会
〒103-0025　東京都中央区日本橋茅場町2-4-5
茅場町2丁目ビル3F
TEL：03-6231-1910
URL：http://www.jasp.or.jp/

(一社) 日本グラウト協会
〒101-0062　東京都千代田区神田駿河台3-1
ステージ駿河台3F
TEL：03-3816-2681
URL：http://www.japan-grout.jp/

(一社) 日本計装工業会
〒101-0311　東京都千代田区東神田2-4-5
東神田堀商ビル4F
TEL：03-5846-9165
URL：http://www.keiso.or.jp/

(一社) 日本建材・住宅設備産業協会
〒103-0007　東京都中央区日本橋浜町2-17-8
浜町平和ビル5F
TEL：03-5640-0901
URL：http://www.kensankyo.org/

日本建設インテリア事業協同組合連合会
〒102-0083　東京都千代田区麹町3-5
柳田ビル4F
TEL：03-3239-6551
URL：http://jcif.org/

(一社) 日本建設機械施工協会
〒105-0011　東京都港区芝公園3-5-8
機械振興会館
TEL：03-3433-1501
URL：http://www.jcmanet.or.jp/

(一社) 日本建設機械レンタル協会
〒101-0038　東京都千代田区神田美倉町12-1
MH-KIYAビル2F
TEL：03-3255-0511
URL：http://www.j-cra.org

(一社) 日本鳶工業連合会
〒105-0011　東京都港区芝公園3-5-20
日鳶連会館
TEL：03-3434-8805
URL：http://www.nittobiren.or.jp/

(一社) 日本トンネル技術協会
〒104-0045　東京都中央区築地2-11-26
築地Mビル6F
TEL：03-3524-1755
URL：http://www.japan-tunnel.org/

(一社) 日本トンネル専門工事業協会
〒105-0003　東京都港区西新橋1-9-1
ブロドリー西新橋9F
TEL：03-5251-4150
URL：http://www.tonnel.jp/

(一社) 日本配管工事業団体連合会
〒110-0015　東京都台東区東上野1-13-10
小宮山ビル4F
TEL：03-3452-5396
URL：http://www.nihonhaikan.jp/

(一社) プレストレスト・コンクリート建設業協会
〒162-0821　東京都新宿区津久戸町4-6
第3都ビル
TEL：03-3260-2535
URL：http://www.pcken.or.jp/

(一社) プレハブ建築協会
〒101-0052　東京都千代田区神田小川町2-3-13
M&Cビル5F
TEL：03-5280-3121
URL：http://www.purekyo.or.jp/

(公社) ロングライフビル推進協会
〒105-0013　東京都港区浜松町2-1-13
芝エクセレントビル4F
TEL：03-5408-9830
URL：http://www.belca.or.jp/

日本室内装飾事業協同組合連合会
〒105-0003　東京都港区西新橋3-6-2
西新橋企画ビル8F
TEL：03-3431-2775
URL：http://www.nissouren.jp/

(公社) 日本推進技術協会
〒135-0047　東京都江東区富岡2-11-18
リードシー門前仲町ビル3F
TEL：03-5639-9215
URL：http://www.suisinkyo.or.jp/

(一社) 日本造園建設業協会
〒113-0033　東京都文京区本郷3-15-2
本郷二村ビル4F
TEL：03-5684-0011
URL：http://www.jalc.or.jp/

(公財) 日本測量調査技術協会
〒169-0075　東京都新宿区高田馬場4-40-11
看山ビル9F
TEL：03-3362-6840
URL：http://www.sokugikyo.or.jp/

(一社) 日本タイル煉瓦工事工業会
〒162-0843　東京都新宿区市谷田町2-29
こくほ21・5F
TEL：03-3260-9023
URL：http://www.nittaren.or.jp/

(一財) 日本ダム協会
〒104-0061　東京都中央区銀座2-14-2
銀座GTビル7F
TEL：03-3545-8361
URL：http://www.damnet.or.jp/

(一社) 日本塗装工業会
〒150-0032　東京都渋谷区鶯谷町19-22
塗装会館3F
TEL：03-3770-9901
URL：http://www.nittoso.or.jp/

(一社) 日本道路建設業協会
〒104-0032　東京都中央区八丁堀2-5-1
東京建設会館3F
TEL：03-3537-3056(代)
URL：http://www.dohkenkyo.or.jp/

参考文献

国土交通白書 2011 ～ 2019 年（国土交通省）
建設業ハンドブック 2000 ～ 2019 年（一社日本建設業連合会）
建設人ハンドブック 2019、2020（日刊建設通信新聞社）
日経コンストラクション（日経 BP 社）
日経アーキテクチュア（日経 BP 社）
日本経済新聞（日本経済新聞社）
令和元年度建設コンサルタント白書（一社建設コンサルタンツ協会）
建設産業政策 2017+10（国土交通省）
建設投資見通し（国土交通省）
法人企業統計（財務省）
令和元年防災白書（内閣府）
建設業許可業者数の調査の結果について（国土交通省）
i-Construction ～建設現場の生産性革命～（国土交通省）
「公共工事の品質確保の促進に関する法律」のポイント（国土交通省）
品確法と建設業法・入契法等の一体的改正について（国土交通省）
最低制限価格及び低入札価格調査基準価格の適切な見直し（国土交通省）
低入札価格調査基準の見直し（工事）（国土交通省）
建設業の人材確保・育成に向けて（国土交通省・厚生労働省）
日本の建築生産と BIM について（一社日本建設業連合会）
南海トラフ沿いの巨大地震による長周期地震動対策（国土交通省）
液状化による建物被害に備えるための手引（東京都）
建物を液状化被害から守ろう（東京都）
公共工事等における新技術活用システム（NETIS）（国土交通省）
新技術活用状況について（国土交通省）
目で見るアスベスト建材（国土交通省）
国土強靭化（内閣官房国土強靭化推進室）
国土強靭化に向けた取組みについて（内閣官房国土強靭化推進室）
国土のグランドデザイン 2050（国土交通省）
2019 時短アンケートの概要（日本建設産業職員労働組合協議会）
2019 年度公共工事の諸課題に関する意見交換会（一社日本建設業連合会）
建設産業の再生と発展のための方策 2011（国土交通省）
Holostruction（国土交通省）
ICT の全面的な活用（ICT 土工）について（国土交通省）
PFI の現状について（内閣府）
PFI 事業、コンセッション事業の現状と今後の方向性について（不動産証券化ジャーナル Vol.51）
PPP/PFI の概要（内閣府）

Society5.0 とは（内閣府）
Society5.0 に向けた建設分野の社会実装（国土交通省）
ZEH のつくり方（一社日本建材・住宅設備産業協会）
インフラシステム輸出戦略（首相官邸）
コンパクトシティの形成に向けて（国土交通省）
デジタル技術の進展を踏まえた規制の総点検　インフラの老朽化と新技術･データ活用について（国土交通省）
フロントローディングの手引き（一社日本建設業連合会）
解体工事に求められる技術者資格について（国土交通省）
改正建築物省エネ法の各措置の内容とポイント（国土交通省）
外国人建設就労者受入事業について（国土交通省）
外国人材の受入れについて（国土交通省）
官公需契約の手引（中小企業庁）
近時の所有者不明土地対策の状況（法務省）
経営事項審査の審査基準の改正について（国土交通省）
建設キャリアアップシステムの活用について（国土交通省）
建設会社から見た民法改正のポイント（一社日本建設業連合会）
建設業の財務統計指標（東日本建設業保証株式会社）
建設業の事業分野別指針（国土交通省）
建設経済レポート 2018 年 4 月、2019 年 4 月、2020 年 4 月（一財建設経済研究所）
建設経済 MONTHLY　No.373（一財建設経済研究所）
建設工事標準請負契約約款の改正について（案）（国土交通省）
建設工事紛争取扱状況（平成 30 年度）（国土交通省）
建設産業の現状と課題（国土交通省）
建築 BIM 推進会議の設置について（国土交通省）
建築物省エネ法が改正されました（国土交通省）
公共工事の入札及び契約の適正化の推進について（国土交通省）
国土交通省の組織（令和元年 7 月 1 日時点）（国土交通省）
最近の建設産業政策について（国土交通省）
資源循環ハンドブック 2019（経済産業省）
質の高いインフラパートナーシップのイメージ（外務省、財務省、経済産業省、国土交通省）
社会保険加入の最新状況について（国土交通省）
社会保険加入対策について（国土交通省）
週休 2 日工事の拡大に向けた取り組み（国土交通省）
週休二日等休日の拡大に向けた取組について（国土交通省）
住宅瑕疵担保履行法（国土交通省）
重層下請構造の改善に向けた取り組みについて（国土交通省）
所有者不明土地の利用の円滑化等に関する特別措置法（国土交通省）

所有者不明土地法の施行について（国土交通省）
所有者不明土地問題研究会最終報告概要（所有者不明土地問題研究会）
女性の定着促進に向けた建設産業行動計画（国土交通省）
新・担い手三法について（国土交通省）
新しい建築士制度（国土交通省）
新たな外国人材の受入れ及び共生社会実現に向けた取組（出入国在留管理庁）
新たな在留資格「特定技能」について（法務省）
新型コロナウイルス感染拡大防止に向けた直轄工事の取扱いについて（国土交通省）
水道事業についての現状と課題（総務省）
都道府県における最低制限価格及び低入札価格調査制度等の運用状況について（一社全国建設業協会）
政令指定都市及び県庁所在市における最低制限価格及び低入札価格調査制度等の運用状況について（一社全国建設業協会）
全国の新幹線鉄道網の現状（国土交通省）
大気汚染防止法の一部を改正する法律案の概要（環境省）
第38回経協インフラ戦略会議（2018年4月27日） テーマ：水（首相官邸）
地域建設業将来展望（一社全国建設業協会）
築後30、40、50年超の分譲マンション戸数（国土交通省）
低入札価格調査基準の範囲を10年ぶりに改定（国土交通省）
総合住宅展示場来場者アンケート2019調査報告書（住宅展示場協議会）
都市計画基本問題小委員会中間とりまとめ概要（国土交通省）
都市計画基本問題委員会中間とりまとめ参考資料（国土交通省）
土壌汚染対策法に基づく措置の概要（環境省）
働き方改革（厚生労働省）
道路メンテナンス年報（国土交通省）
分譲マンションストック戸数（国土交通省）
平成23年（2011年）東北地方太平洋沖地震（東日本大震災）について（消防庁）
平成30年改正　建築基準法・同施行令等の解説（国土交通省）
平成30年度　土壌汚染対策法の施行状況及び土壌汚染調査・対策事例等に関する調査結果（環境省）
平成30年度　環境産業の市場規模推計等委託業務（環境省）
平成30年度　建設業における研究開発に関するアンケート調査結果報告書（一社日本建設業連合会）
平成30年　全国の土砂災害発生状況（国土交通省）
平成30年度　建設総合統計年度報（国土交通省）
予定価格の事前公表のメリット・デメリット（総務省）
令和2年3月から適用する公共工事設計労務単価について（国土交通省）
令和2年度　国土交通省土木工事・業務の積算基準等の改定（国土交通省）
令和元年度　中小企業者に関する国等の契約の基本方針（経済産業省）
老朽化の現状・老朽化対策の課題（国土交通省）

索 引

INDEX

あ行

か行

さ行

た行

ま行

や行

な行

は行

数字

ら行

アルファベット

MEMO

■著者紹介

阿部　守（あべ　まもる）

1962年生まれ。九州工業大学大学院開発土木工学専攻修了後、大手建材メーカーを経て、現在、MABコンサルティング代表。一級建築士、中小企業診断士。
東京国際大学非常勤講師（中小企業論・生産管理論）
（一社）東京都中小企業診断士協会　建設業経営研究会幹事

著書：『最新　土木業界の動向とカラクリがよ～くわかる本（第2版）』
『最新　住宅業界の動向とカラクリがよ～くわかる本（第3版）』
（秀和システム）
ホームページ：http://www.mab-con.com/

図解入門業界研究
最新建設業界の動向とカラクリがよ～くわかる本［第4版］

発行日　2020年　7月27日　　第1版第1刷

著　者　阿部　守

発行者　斉藤　和邦
発行所　株式会社　秀和システム
〒135-0016
東京都江東区東陽2-4-2　新宮ビル2F
Tel 03-6264-3105（販売）Fax 03-6264-3094
印刷所　三松堂印刷株式会社　　Printed in Japan

ISBN978-4-7980-6197-9 C0033